Springer

FROM NATUFIANS TO
NANOTECHNOLOGY
The Evolution of Biotechnology

从纳吐夫人
到纳米技术

生物技术发展史

〔美〕 马丁娜·纽厄尔－麦格劳林（Martina Newell-McGloughlin） ◎著
　　　爱德华·布赖恩·雷（Edward Brian Re）
　　　陶文娜 ◎译
　　　谢华平 ◎审校

北京大学出版社
PEKING UNIVERSITY PRESS

著作权合同登记号　图字:01-2022-4215

图书在版编目(CIP)数据

从纳吐夫人到纳米技术：生物技术发展史 / (美) 马丁娜·纽厄尔-麦格劳林
(Martina Newell-McGloughlin)，(美) 爱德华·布赖恩·雷 (Edward Brian Re) 著;
陶文娜译. --北京: 北京大学出版社，2024.10. --ISBN 978-7-301-35711-8

Ⅰ.Q81-091

中国国家版本馆 CIP 数据核字第 2024E7P890 号

First published in English under the title
The Evolution of Biotechnology: From Natufians to Nanotechnology
by Martina Newell-McGloughlin and Edward Re, edition: 1
Copyright © Springer Science+Business Media B. V., 2006
This edition has been translated and published under licence from
Springer Nature B. V
Springer Nature B. V. takes no responsibility and shall not be made liable for the accuracy of
the translation.

书　　　名	从纳吐夫人到纳米技术:生物技术发展史	
	CONG NATUFUREN DAO NAMI JISHU:SHENGWU JISHU FAZHANSHI	
著作责任者	〔美〕马丁娜·纽厄尔-麦格劳林(Martina Newell-McGloughlin)	
	〔美〕爱德华·布赖恩·雷(Edward Brian Re) 著	
	陶文娜　译	
策 划 编 辑	黄　炜	
责 任 编 辑	刘　洋	
标 准 书 号	ISBN 978-7-301-35711-8	
出 版 发 行	北京大学出版社	
地　　　址	北京市海淀区成府路 205 号　100871	
网　　　址	http://www.pup.cn	
电 子 邮 箱	zpup@pup.cn	
电　　　话	邮购部 010-62752015　发行部 010-62750672	
	编辑部 010-62764976	
印 刷 者	北京鑫海金澳胶印有限公司	
经 销 者	新华书店	
	720 毫米×1020 毫米　16 开本　20.75 印张　306 千字	
	2024 年 10 月第 1 版　2024 年 10 月第 1 次印刷	
定　　　价	98.00 元	

— 前 言 —

从广义上来说,生物技术可以追溯到史前。这本书的目的不是要从某个时间点来全面介绍这项技术的历史,也不是按时间顺序追溯这项技术的演变,而是我对历史上各种事件的印象,这些事件相互交叉或相互影响,促进了生物技术的向前发展。显然,在如此广阔的历史背景下,为了叙述这项技术的发展所挑选的事件具有很大的差异性,虽然所选择的主题并不是变化无常的,但是它们会受到作者视角的影响。此外,我还做了一些尝试,在经过验证的资源存在的情况下提出一些我的想法,即个人的个性和他们的特定背景经验如何影响他们推动科学或科学推动他们的方向。

本书共分为引言和 5 个章节,本书作者认为这是可以用来追溯技术发展的众多合理划分形式之一。引言对这项技术及技术的组成部分、科学进展、目前的应用和未来的发展前景进行了概述。第 1 章主要介绍史前史,实际上,这部分内容除了有数据支持外,还涉及一些猜想。本章内容有很多潜在的出发点,但我选择了以农业为根源,因为正如著名的人类学家所罗门·卡茨(Solomon Katz)所断言的,动植物的驯化预示着文明的出现。卡茨还认为,最初种植谷物的动机可能是另一项生物技术——酿酒的普遍应用所激发的。因此,对谷物的特殊利用,无论是野生的还是种植的,都是改变人类状况的古老的催化剂。随着智人从狩猎采集社会过渡到定居农业社会,追踪谷物生长状况、核算供应情况和指定谷物所有权的系统方法应运而生。因此,书面语言和数学运算得以发展,用以追踪和量化。这些是大多数关于文明起源的普遍概念的共识基石。

第2章的前半部分记载了早期科学的一些发现和发展，以及研究这些发现和发展的工具，而后半部分则重点介绍了促使生物技术作为一门现代学科诞生的关键事件。第3章涵盖了公认的技术萌芽期，即1972年保罗·伯格（Paul Berg）对第一个重组分子的开创性拼接，到基因组时代（尽管20世纪80年代的事件无疑预示了此事件的发生，但我仍然将这一时期定为1990年）的形成年代。第4章所涵盖的时代（1990—2000）在很大程度上被国家内部和国家与国家之间正在进行的巨大基因组学项目所占据。但是，当然，许多有趣的生物技术发展由很多方面的努力转化而来，但却与这些活动无关或略有相关。这让我想到了克隆羊多莉（Dolly）以及克隆与干细胞时代的起源。

由于在像生物技术这样迅速发展的领域，没有有效的方法能结束这一巨著，所以我把最后一章（第5章）命名为"飞向无限和超越2000—∞"。因为对于这项技术，或者更准确地说，这项技术与20世纪末和21世纪初的其他高科技的结合将会引领我们去往何方，仍有很多猜测。

我没有接受过社会学或伦理学方面的专业训练，所以我不打算在社会背景下对这项技术进行深入的分析。但是，由于不可能在一个无菌的临床框架内讨论这样一个有争议的领域，因此我试图为这门学科以及影响其发展轨迹的实践者和支持者们提供一些背景信息。

—致　谢—

写一本关于科学的书常常是一件艰难的事情,因为旧的资料很难挖掘或证实,而时代的快速发展又使新的资料更迭如潮。就其本质而言,这样的书在出版发行之前就过时了,这迫使作者进入"准现实"领域,在这里,红皇后假说(Red Queen hypothesis)盛行,人们在疯狂的努力中尽可能快地写作,以勉强跟上发展的步伐。我们要感谢那些利用私人时间帮助我们实现大部分目标并在漫长的过程中保持一定程度理智的人:古西·柯伦(Gussie Curran)以其智慧和敏锐的眼光为我们提出了编写方面的修改建议;凯西·米勒(Cathy Miller)在烦琐的政府审批程序中用心且坚持不懈地给予帮助;米拉(Mila)和托马斯(Tomás)一直在体谅我们紧张烦躁的情绪和偶尔的粗心大意;戴维(David),艾伦(Alan)和科林(Colin)始终是我们生活中的快乐源泉。

—目 录—

—引 言—

　　从最简单和最广泛的意义上讲,生物技术是一系列涉及处理生物或其亚细胞成分以开发有用的产品、工艺或技术服务的使能技术。生物技术涵盖了广泛的领域,包括生命科学、化学、农学、环境科学、医学、兽医学、工程学和计算机科学。

　　活体试验是现代生物技术的主要工具之一。尽管广义上的生物技术并不新颖,但新颖的是科学家们目前进行活体试验的复杂程度和精确程度,这使得试验是精确可控且可预测的。生物技术领域涉及的技术范围广泛,包括重组 DNA(recombinant DNA, rDNA)技术、胚胎操作和转移、单克隆抗体生产和生物工程,而与该领域相关的主要技术是重组 DNA 技术或基因工程。重组 DNA 技术可用于提高生物体生产特定化学产物的能力(如提高真菌生产青霉素的能力),或者阻止生物体产生特定产物(如阻断植物细胞中多聚半乳糖酶的产生),又或者使生物体能够生产出一种全新的产物(如利用微生物生产胰岛素)。

　　迄今为止,生物技术最大和最显著的影响发生在医疗和制药领域。美国食品药品监督管理局(FDA)所批准的 155 种生物技术药物和疫苗已为全球超过 3.25 亿人提供了帮助。现在市面上 70% 的生物技术类药物是在过去 6年里获得批准的。目前,有针对 200 多种疾病的 370 多种生物技术药物和疫苗正在进行临床试验,这些疾病包括各种癌症、阿尔茨海默病、心脏病、糖尿病、多发性硬化症、艾滋病和关节炎等。利用生物技术来生产具有治疗价值的分子药物,是医学领域的重要进展。通过生物技术所生产的部分药物已经获得了美国食品药品监督管理局的审批,它们可用于治疗患有癌症、糖尿病、囊性纤维化、血友病、多发性硬化症、乙型肝炎和卡波西肉瘤的患者。生物技术药物可用于治疗侵袭性真菌感染、肺栓塞、缺血性脑卒中、肾移植排斥反应、不孕不育、生长激素缺乏症和其他一些严重疾病。此外,科学家们还开发了能够改善动物健康的生物技术药物。科学家们目前正在研究先进基因疗法的应用,将来有一天这项技术可能会用于遗传性疾病的精准定位和治疗。

生物技术工具所制造的产品广泛应用于我们日常的吃、穿、用等方面。科学家们利用基因工程能够改良农作物性状,如生物和非生物压力耐受性、生长季节和产量,以及产出性状,如加工特性、保质期和生产作物的营养含量、质地、颜色、风味与其他特性。基因修饰(genetically modified,GM)技术被应用于养殖动物,以改善农业上重要的哺乳动物、家禽和鱼类的生长、健康和其他品质。农作物和动物也可用于生产重要药品和工业产品。用重组DNA方法生产的酶可用于制作奶酪、保持面包新鲜、生产果汁、酿造葡萄酒、处理蓝色牛仔裤和其他牛仔服装。有些重组DNA生产的酶可用作洗衣机和自动洗碗机的洗涤剂。

我们还可以通过改造微生物来改善我们的环境。除了提供各种新产品(包括可生物降解的产品)的可能性外,利用工程微生物和酶进行生物处理,可为处理和利用废物以及利用可再生资源作为材料和燃料提供新的途径。我们可以通过改造生物,将玉米、谷物秸秆、木材和城市垃圾以及其他生物物质转化为燃料、生物塑料和其他有用的产品,而不是依赖不可再生的化石燃料。天然存在的微生物被用来处理土壤、地下水和空气中的有机污染物与无机污染物。这种生物技术的应用创造了环境生物技术产业这样一个新的产业,该产业在水处理、城市垃圾管理、危险废物处理和生物修复等领域都有重要的价值。DNA指纹是一种生物技术,它极大地改善了刑事调查方法和法医学的发展,并在人类学和野生动植物管理方面取得了重大成就。

本书旨在涵盖生物技术的历史、工具和跨时代、跨学科的应用,并着眼于技术融合的未来潜力。

美国专利及商标局(Patent and Trademark Office，PTO)通过增加生物技术专利审查员的数量并提高技术水平来应对生物技术产业对专利日益增长的需求。在1988年,美国专利及商标局有67名专利审查员。到1998年,生物技术审查员的数量增加了一倍多,达到了184人。

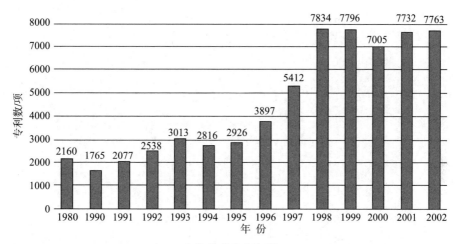

生物技术产业专利

统计数据由生物技术创新组织(Biotechnology Innovation Organization，BIO)提供。

资料来源:美国专利及商标局《技术概况报告》;专利审查技术中心,1630—1650组;生物技术1/1977—1/1998,1999年4月。

史　前

第1章

早期历史：耕种与文明

　　新技术在发展过程中已应用于医药、农业和食品生产。尽管赖斯(Reiss，1996)断言，任何革命性的技术都会在社会经济层面上产生破坏性影响，但大多数应用于这些领域的技术都已在普通消费者对此并没有太多争议甚至不知情的情况下得到了普遍使用。在过去，我们没有基于不可预测的社会经济后果来监管所感知的革命性变化。然而，最近的一些创新技术，即生物技术，更具体地说是重组DNA技术，以不同于以往任何科技发展的方式吸引了公众的注意力。为了将这一点放在背景中，我们需要在社会和历史的背景下审查技术的采用情况。

　　历史上研究范式转换的变化往往可以追溯到一系列事件的交汇。在这些事件中，机会偏向于有准备的头脑，或者在技术史中，偏向于有准备的集体头脑。根据分子进化学和考古学这两个不同学科的研究，现代文明史上最重要的交汇点之一并非人们普遍认为的那样，发生在伊拉克南部底格里斯河和幼发拉底河两河流域形成的沼泽地，而是发生在死海半径160 km的范围内，在今天的约旦和以色列之间(McCorriston & Hole，1991；Sokal et al.，1991)。来自穆尔(Moore)等人(2000)的研究对这一实际位置提出了质疑，他们认为放射性碳数据可以追溯到公元前11000年，并将阿布胡赖拉(Abu Hureyra)，一个位于现代叙利亚幼发拉底河流域的村庄，视为耕种和文明的实际"发源地"。我无意冒犯阿特金斯(Atkins)博士，但历史学家和人类学家的普遍共识是,碳水化合物是文明诞生的导火索。长期以来,这一地区的谷类作物一直被认为是最早种植的作物之一。它们的使用被认为是东西方文明的先决条件。

科学家们普遍将文明的发展归功于生活在苏美尔地区的苏美尔人。尽管近现代的河谷文明也在埃及的尼罗河流域和巴基斯坦的印度河流域发展了起来,但苏美尔人似乎是第一批生活在城市中并创造了一种书写体系的人(Whitehouse,1977)。科学家们还认为,这条连接伊朗、伊拉克、叙利亚、黎巴嫩、约旦、以色列和巴勒斯坦的弧形新月沃土是早期新石器革命的遗址,当时狩猎采集者首先学会种植农作物,然后建立了永久性定居点来种植、保护和收获作物。有证据表明,与中东和欧洲传统农业相关的粮食作物的野生祖先原产于这个被称为新月沃土的地区。

穆尔、麦克科里斯顿(McCorriston)和弗兰克·霍尔(Frank Hole,1991)都认为,在公元前 12000 年左右,新月沃土西端的黎凡特(Levant)地区的夏季气候变得越来越炎热和干燥,这减少了河水对野生动物和植被的供应,并使小湖变得干涸,而这些小湖是那些已经熟悉野生谷物的觅食者赖以生存的水源。该地区古代湖泊的岩心样本表明,气候变化导致该地植被向地中海型植被转变,这种植被具有坚韧的表皮和保持水分的叶子。一年生草本植物在艰苦的条件下结出大粒种子,这些种子将经受干旱季节的考验,随着水分的回归而发芽,并在春季完成其生命周期。这样的一年生草本植物逐渐取代了多年生植物。

根据麦克科里斯顿和霍尔(1991)的研究,纳吐夫文化(Natufian culture)正是为了利用这种情况应运而生的。在这种情况下,合适的植物正在繁殖,气候需要纳吐夫人有能力克服无法获得食物的漫长周期。其他地区尚未发现这种早期的趋同现象。在气候变化时期,纳吐夫谷地(Wadi Al-Natuf,在靠近今天巴勒斯坦杰利科的地方,位于约旦河谷的一个绿洲)的纳吐夫人发明了收割和加工野生谷物所需的燧石镰刀、石臼和杵。根据在他们的墓穴中发现的贝壳徽章推测,纳吐夫人已经发展出了很发达的社会结构。

巴尔-约瑟夫(Bar-Yosef,1990)认为,降温的趋势加上随之而来的食物供应量的下降,促使人们开始播种和收获原始谷物。所谓的"新仙女木时期"(Younger Dryas)是从格陵兰岛冰芯的可靠气候记录中得出的。在新仙女木时期,纳吐夫地区的森林退化,留下了半干旱疏林。凉爽干燥的环境使得包括小麦和大麦的野生近亲在内的传统食物更难找到,这迫使纳吐夫人离开家乡,恢复他们半定居的生活方式。从格陵兰岛的冰芯和其他证据来看,驯化实际上发生在黎凡特,因为在新仙女木时期,该地区的其他地方并没有可驯化的野生谷物。种植的开始源于一种压力环境,这种环境迫使人们更多地依赖于种植的物种。据推测,纳吐夫人看到野生谷物枯竭,再也无法与旱地灌木竞争,但为了维持相对较大的定居人口,他们已经变得依赖于这些谷物,因此他们得出结论,应该开始种植,而不是在野外采集。

谷物是第一个被驯化的物种,因为它们具有多种优势。这些草种子的单个子房在受精后会成熟为单个果实,其中种皮和子房壁(果皮)融合成一种称为麸皮(bran)的结构。麸皮内部有一层被称为糊粉层(aleurone layer)的结构,这个区域通常富含蛋白质和脂肪。胚乳通常含有淀粉,但也可能含有一些蛋白质、脂肪和维生素。胚或胚芽吸收由胚乳的酶促消化产生的营养物质。

根据霍尔等人的说法,大麦(*Hordeum vulgare*)可能是黎凡特地区最古老的驯化谷物祖先。栽培大麦是野生大麦(*Hordeum spontaneum*)的后代,野生大麦在中东地区仍然可以找到。这两种大麦都是二倍体($2n = 14$ 条染色体)。大麦的所有变种都可以产生可育后代,因此今天这些变种被认为属于同一物种。野生大麦与驯化大麦的主要区别在于前者具有脆性轴,这有利于自体繁殖,我们将在后面的章节对此展开讨论。最初,谷物被研磨成糊状,做成一种粥,或者在热石头上烤成扁平的面包。潮湿的大麦糊及其内部的微生物群体易于发酵,这是发酵面包和啤酒制造的前奏。这些粥、面包和发酵饮料在苏美尔人、古埃及人和希腊人的饮食中很常见。尽管一位爱丁堡考古学家对啤酒起源提出了一个有争议的理论。他在 1983 年从一个凯尔特人狩猎采集营地中出土了陶器碎片,碎片上面覆盖的残留物被确定为新石器时代的石楠和蜂蜜酒,这可以追溯到公元前 6500 年(Smith, 1995)!

从生物技术的角度来看,这种融合最有趣的地方之一是有利的基因突

从纳吐夫人到纳米技术：生物技术发展史

变,而基因突变是进化的原材料。在历史上,第一次出现这样的情况——基因突变受人为选择而不是自然选择的影响。这种基因突变也发生在该地区的野生小麦中,因为黎凡特的农民开始种植和收获小麦。普通小麦(*Triticum aestivum*)在该地区的驯化时间可能比大麦稍晚一些。这种早期驯化的小麦被称为单粒小麦或一粒小麦(*Triticum monococcum* L. ssp. *boeoticum*)。

4   与麦克科里斯顿和霍尔的观点相反,20世纪90年代末的考古法医DNA指纹分析表明,位于土耳其东南部新月沃土边缘的克拉卡达(Karacadag)山脉,是大约11000年前首次从野生物种中驯化单粒小麦的地方。此外,他们还发现,正如植物学家所怀疑的那样,人工培育的单粒植物在基因和外观上与其祖先的野生品种非常相似,这似乎可以解释考古学证据所表明的向农业的相对快速过渡。由挪威农业大学曼弗雷德·霍伊恩(Manfred Heun)领导的一个欧洲科学家团队(Heun, 1997)分析了68个栽培单粒小麦品系(*Triticum monococcum* L. ssp. *monococcum*)以及261个野生单粒小麦品系(这些品系仍然生长在中东和其他地方)的DNA。在这项研究中,科学家们确定了11个在基因上有差异的品种,这些品种也与人工培育的单粒小麦最为相似。由于该野生种群至今仍生长在克拉卡达山脉附近,靠近现代城市迪亚巴克尔(Diyarbakir),而且可能在古代就存在,因此科学家得出结论,这里"很可能是单粒小麦驯化的地点"。当然,霍尔等人对这种说法持有异议。

挪威研究小组确实认可这样一种观点——知道任何作物的驯化地点并不一定意味着当时生活在那里的人是第一批农民。但是他们假设一个人类群体可能已经驯化了该地区的所有主要作物。考古学家则表示,放射性碳测年(radiocarbon dating)还不够精确,无法确定单粒小麦、二粒小麦或大麦是否是最早被驯化的谷物。这三种作物的驯化都发生在新月沃土的范围内,可能相隔几十年或几个世纪。小麦最初不如大麦受欢迎,但大约6000年前,小麦成了主要谷物,现在则被认为是"生命的支柱"(staff of life)。小麦的早期形态为二倍体($2n=14$)。对于植物来说,种子开裂和散播是一个明显的优势,但是对于栽培植物来说,种子留在分蘖上对于收获者来说才是一个优势。导致这一事件的突变以及随之而来的更大的粒径在野生植物中会产生相反的效果，但这些可能是定居者培养作物的选择特征。一根结实的秸秆可以防止种子掉到地上，从而使种子更容易被收获。最终，这种选择导致了这些作物的遗传特性发生了变化，一个强有力的连接（技术上称为"轴"）确实是驯化小麦的标志。

分子遗传学证据表明，在公元前 6000 年左右，单粒小麦或基于分子标记的一个近亲乌拉尔图小麦（$T.\ urartu$）是小麦的 AA 供体，并与拟斯卑尔脱山羊草（$Aegilops\ speltoides$ 或 $T.\ speltoides$）形成了一个可育的杂交四倍体小麦（$2n = 28$），称为野生二粒小麦（$T.\ dicoccoides$ 或 $T.\ turgidum$ ssp. $dicoccoides$）。一些证据表明，该杂交种也可能与高大山羊草（$A.\ longissima$）或西尔斯山羊草（$A.\ searsii$）杂交。最初的二倍体二粒小麦（$2n = 14$）可能是不育的，因为它只含有 2 套染色体，一套来自单粒亲本（$n = 7$），一套来自拟斯卑尔脱山羊草亲本（$n = 7$）。通过染色体自然加倍，具有 4 套染色体的可育四倍体二粒小麦出现了。四倍体二粒小麦含有谷蛋白，它们结合在一起可以形成坚韧的复合面筋。四倍体野生二粒小麦发生突变，导致包围籽粒的苞片（颖片）容易脱落，从而产生四倍体圆锥小麦（$T.\ turgidum$ 或 $T.\ turgidum$ ssp. $durum$），而这种小麦目前已经经过了辐射诱变，以改善其面食制作特性。四倍体圆锥小麦进一步与另一种山羊草——粗山羊草（$A.\ tauschii$ 或 $T.\ tauschii$）杂交，产生了德国小麦（$T.\ spelta$）和现代的二粒小麦（emmer，$T.\ dicoccum$ 或 $T.\ turgidum$ ssp. $Dicoccoum$）。最终出现了一个具有 6 套染色体的六倍体物种（$2n = 42$）。关于这种情况何时发生的记录并不一致。这种组合最终形成了我们现代的小麦。大约在 16 世纪 20 年代，小麦和西班牙征服者一起穿越了大西洋。

这些事件发生的时间尚有争议，但最近的分子技术已经可以确定最佳猜测时间。如前所述，六倍体小麦｛AABBDD｝有 3 个基因组来源。黄（2002）对编码质体乙酰辅酶 A 羧化酶（Acc-1）和 3-磷酸甘油酸激酶（Pgk-1）基因的分析研究显示，多倍体小麦的 A 基因组在不到 50 万年前与乌拉尔图小麦分离，这表明多倍体小麦的起源相对较晚。普通小麦和粗山羊草的 D 基因组序列是相同的，证实了小麦起源于 8000 年前的圆锥小麦和粗山羊草的杂交。A，B，D，G 和 S 基因组的二倍体小麦和山羊草属祖先都是在 450 万～250 万年

5

前辐射传播的。黄的数据显示，Acc-1 和 Pgk-1 的基因座（locus）在不同的谱系中有不同的历史，这表明了基因组的镶嵌性和显著的种内分化。拟斯卑尔脱山羊草的 S 基因组的某些基因座与提莫非维小麦（T. timophevii）的 G 基因组的某些基因座密切相关，这表明它们基因组的某些部分同源。研究中所分析的山羊草属基因组没有一个与 B 基因组具有亲缘关系，因此 B 基因组的二倍体祖先仍然是未知的。有趣的是，从 2006 年 11 月的一份报告来看，有证据表明，这种选择方案并不总是最佳的。加利福尼亚大学戴维斯分校的简·杜布佐夫斯基（Jan Dubcovsky）教授与以色列海法起源中心的一个研究小组合作，从野生小麦中克隆出一种名为 Gpc-B1 的基因，该基因可以增加谷物中的蛋白质以及锌、铁等微量元素的含量。研究小组惊奇地发现，迄今为止分析的所有可做面食的小麦品种都有一个 Gpc-B1 的非功能性拷贝，这表明该基因在黎凡特小麦的驯化过程中丢失了。因此，将野生物种的功能基因重新引入商品小麦品种中，有可能提高我们目前的大部分培育小麦品种的营养价值，并抵消我们的生物技术祖先在很久以前做出的不利选择（Uauy, 2006）。

后来的一些研究表明，异源多倍体的形成与遗传和表观遗传的变化有关，这些变化可以使异源多倍体更稳定。奥兹坎（Ozkan, 2001）认为，这些多倍体物种的成功建立可能得益于胞嘧啶甲基化和异源多倍体诱导的序列消除，这些序列消除发生在基因组中的相当一部分和部分非编码序列中，从而增加了同源染色体在多倍体水平上的分化，为新形成的异源多倍体具有类似二倍体的减数分裂行为提供物理基础。研究者一致认为，快速的基因组调整可能有助于成功建立新形成的异源多倍体作为新物种。

在所有谷物中，小麦是独一无二的，因为小麦面粉本身就具有形成面团的能力，这种能力表现出生产发酵面包所需的流变特性（rheological property），通过利用这种特性，人类开发出了更多的食物种类。小麦籽粒的独特特性主要在于其胚乳中有能形成谷蛋白的储存蛋白质。正是这流变特性使小麦成为谷类家族中最重要的蛋白质来源。目前，生物技术正在从两个不同的方向改变小麦的麸质含量，以改良其多基因性状，一方面是提高面粉产量，另一方面则是为对谷蛋白不耐受的人降低其谷蛋白相关基因的表达。

一些历史学家认为，黑麦（*Secale cereale*）可能比其他重要谷物更早在中东地区发展起来，这在某种程度上与驯化年代学的观点有些矛盾。现代黑麦被认为起源于南欧和亚洲附近地区的野生黑麦——山黑麦（*S. montanum*），或者起源于叙利亚、亚美尼亚、伊朗、哈萨克斯坦和吉尔吉斯斯坦大草原的野生黑麦——安纳托利亚黑麦（*S. anatolicum*）。后一个品种的首次人类利用可能来自叙利亚北部的阿布胡赖拉丘（Tell Abu Hureyra）遗址，这可以追溯到公元前 11500 年，即旧石器时代晚期（Moore，2000）。黑麦是一种二倍体植物（$2n = 14$），由 2 套染色体组成，每套染色体有 7 条染色体，是一种适应于凉爽气候的作物。大约从公元前 1800 年开始，黑麦传遍了整个欧洲。到 11 世纪的时候，黑麦已经成为俄罗斯的主要粮食。黑麦是除小麦外唯一一种能够生产发酵面粉产品的主要谷物，它能够制作出颜色深、口感重的面包。然而，黑麦面粉的麸质含量很低，所以人们通常将其与小麦面粉对半混合来制作面包。和其他谷物一样，黑麦也可以用作动物饲料，还可以用来发酵制作黑麦威士忌。

病原体（包括植物病原体和动物病原体）对社会经济动荡的影响在历史上屡见不鲜，其中一个最引人入胜的例子来自黑麦种植过程中的一个有趣插曲。黑麦是一种叫作黑麦麦角菌（*Claviceps purpurea*）的潜在真菌的主要宿主，这种真菌会在谷粒上产生黑色的可繁殖结构，且毒性很强。黑麦麦角菌可以产生一种叫作麦角胺（ergotamine）的化学物质，这种物质可以收缩血管，从而导致血液流动受阻，进而使人体四肢产生剧烈的灼痛感。这种收缩作用可以产生一种蚂蚁在皮肤上爬行并沉积酸性物质的感觉，因此医学上称之为"蚁走感"（formication）。这种真菌还会产生精神活性化学物质——麦角生物碱（ergot alkaloid），包括类似于麦角酸二乙基酰胺（lysergic acid diethylamide，LSD）的麦角酸（lysergic acid）。食用受污染的谷物可能会产生奇怪的幻觉，这种类型的流行病在历史上的寒冷和潮湿的气候时期都有发生。

1692 年马萨诸塞州塞勒姆（Salem）的女巫审判可能是食用受黑麦麦角菌污染的黑麦引起的。塞勒姆地区的 3 个女孩出现了抽搐和幻觉，她们在村里的某些妇女身上看到了魔鬼的标记。根据女孩们的证词，该镇最终处决了20名无辜的妇女。几乎所有的指控者都住在塞勒姆的西部，那里有一片沼泽地，是这种真菌的主要滋生地。当时，黑麦是塞勒姆的主要谷物。1691—1692年冬季（报告第一个出现异常症状的时间），食用的黑麦作物很容易被大量的黑麦麦角菌污染。然而，1692年的夏天是干燥的，这就可以解释为什么"魔法"突然结束了。许多真菌学家和历史学家认为，整个事件很可能是由受污染的黑麦引起的（Woolf, A., 2000）。这种真菌甚至可能影响了文学，莎士比亚的戏剧《暴风雨》（*The Tempest*）中的人物卡利班（Caliban）的症状与黑麦麦角菌中毒患者的描述相吻合。正如在作物驯化和人类迁徙方面所指出的那样，生物技术的进步可以为法医考古生物学家的工具箱增添有趣的工具。而且，就病原体对社会经济事件的影响而言，不断更新的技术，像加利福尼亚大学旧金山分校的约瑟夫·德里西（Joseph DeRisi）教授所领导的实验室开发的病毒芯片之类的微阵列分析这样前所未有的新技术（下一章将对其进行详细介绍），将成为收集分子生物学线索的宝贵资源。

巴尔-约瑟夫认为，在谷物驯化这一关键发明之后，各种变化迅速发生，发明接踵而至，技术稳步发展。例如，要种植和食用谷物，就需要镰刀、磨石以及储存和烹饪设备。支持这一观点的考古学证据包括在灶火附近发现的谷物残骸、用于收割谷物的石镰刀以及从可食用的谷粒中去除不可食用谷糠的舂石。研究（McCorriston & Hole, 1991）还显示，就在纳吐夫文化结束之后，不仅驯化的小麦迅速扩散，而且大麦、豌豆与其他豆类也迅速传播开来。科学家们估计，第一次农业革命以每年约1 km的速度向北传播到了土耳其和美索不达米亚。新月沃土地区所享有的一个偶然优势是，它也是少数可驯化动物（具有内部社会等级和相对快速繁殖周期的群居动物）的家园。到公元前8000年左右，绵羊和山羊已经被驯化，为农业革命带来了更多的动物蛋白质。况且，动物不仅提供了肉类和奶，它们还是燃料（粪便）、衣物（羊毛和皮革）、运输和拖运马力的来源，这为社会转型增加了杠杆作用，极大地提高了粮食生产、收获和分配的效率。

除此之外，历史文献中也有先进应用和定向选择的证据。例如，有报告指出,公元前 2000 年左右的巴比伦人通过选择性地用某些雄树的花粉给雌树授粉来控制椰枣育种。公元前 250 年,亚里士多德的学生、古希腊植物学之父泰奥弗拉斯托斯(Theophrastus)已经证实了作物轮作的存在。他在书中写道,希腊人用蚕豆轮作,以提高土壤肥力。他说蚕豆在土壤里留下了魔力(French,1986)。然而,直到详细的氮(N)平衡研究成为可能的时候,人们才发现豆科植物能从土壤和肥料以外的来源积累氮。1886 年,黑尔里格尔(Hellriegel)和维尔法斯(Wilfarth)证明,豆科植物能将大气中的氮气转化为植物可以利用的化合物,这是由豆科植物根部的隆起或结节,以及这些结节内部存在的特殊细菌带来的。如今,生物技术正被用于研究如何将这种神奇的固氮作用用于单子叶禾本科植物等非传统作物上。

通过改善饮食和减少对野生动植物的依赖,农业引起了中东、亚洲、中美洲和欧洲人口的爆发性增长。更多的人口和更高的人口密度促进了更大、更复杂的社会组织、帝国和军队的形成。农耕社会拥有更多营养充足、武器精良的定居者,很容易就战胜了狩猎-采集社会,并进一步延续了他们的生活方式。20 世纪 80 年代早期,斯坦福大学的安默曼和卡瓦利-斯福尔扎(Ammer-man & Cavalli-Sforza,1984)首次提出了这样一个假设,即农业的发展使人口增长并迫使新增人口寻找新的土地,这样,遗传和文化的变化就通过巴尔干半岛在中东同步发生了。他们认为农业是通过人们的物理运动而非信息交流进行传播的。

进化生物学家索卡尔(Sokal,1991)和他的同事收集的证据表明,在文化交融中幸存下来的狩猎-采集者被吸收到了不断增长的农民人口中。希基(Chikhi)等人(2002)认为 Y 基因数据支持这种新石器时代的人口扩散模型。由于不再需要寻找食物,一些人把他们的犁头打成了剑,而其他人则追求不那么好战的选择,如生产纺织品、金属和陶瓷等工艺品。记录田地、农作物和税收的需要是文字和数学被发明的主要动力。在随后的几年里,农业从黎凡特向东和西迁移到了新月沃土的其他地区,新月沃土最终成了苏美尔人的家园,他们发明了文字(除了啤酒以外),并催生了中东的帝国和宗教。

琼斯(Jones,2001)和希基等人(2002)的研究证明,现代欧洲人的基因构

9

成仍然反映了他们是从中东地区迁徙而来的古代农民的后代。尽管巴尔-约瑟夫认为农作物最初是由于环境压力而被驯化的，但普赖斯（Price，1995）认为这在欧洲不太可能发生，在那里经过 3000 年的发展，农业变得无处不在。正如普赖斯所指出的那样，欧洲人口密度低，使得环境压力不太可能用于解释农业的发展。普赖斯认为，更有可能出现的情况是社会制度的影响，一个特别有趣的、当今世界普遍存在的主题，往往与生物技术创新相关，即社会不平等。虽然社会曾经相当平等，但有权有势的人想要奢侈品和贸易商品。这种需求，以及贸易网络的兴起，催生了对用于贸易的食物的需求。来自爱尔兰北梅奥塞德地区（Ceide Fields of North Mayo）被沼泽覆盖并保存完好的遗迹所提供的证据表明，在公元前 4000 年，燕麦和大麦的种植已经到达了欧洲的边远地区。这个新石器时代遗址发现于 20 世纪 90 年代，是欧洲现存最古老的保存完好的封闭农田。

贾里德·戴蒙德（Jared Diamond，1997）提出的理论认为，欧亚大陆的地理环境可能有利于农业从中东迅速发展到整个欧亚大陆。他指出，欧亚大陆的东西轴线以及新月沃土，使农作物、牲畜和人类可以在同一纬度迁徙，而不必适应新的昼长、气候或疾病。相比之下，美洲、非洲和印度次大陆的南北方向可能减缓了农业创新的扩散。贾里德·戴蒙德认为，这可以解释为什么一些社会在人类历史进程中领先于其他社会。

非洲除了有根据"走出非洲"（Out of Africa）假说的线粒体证据支持的智人（Homo sapiens）之外，其对耕种和文明的主要贡献是高粱（Sorghum bicolor）。这是一种原产于非洲的重要谷物，在人类营养重要性方面排名第 4，仅次于水稻、玉米和小麦。高粱主要有 4 种：谷物高粱（包括小米）、甜高粱或高粱（用作动物食品）、苏丹草（一种不同但相关的品种）和扫帚高粱（帚高粱）。一些谷物高粱被称为"小米"，但是这个词也指其他几种可食用的禾本科植物，包括黍（Panicum milliaceum）、穆（Eleusine coracana）、埃塞俄比亚特有的苔麸（Eragrostis tef）和御谷（Pennisetum glaucum）。其中一些抗旱谷物为非洲干旱地区的人们提供了重要的粮食来源，因为它们生长在其他作物不能很好生长的恶劣环境中。几个世纪以来，高粱和小米一直是亚洲和非洲半干旱热带地区的重要主食。这些作物仍然是这些地区数百万最贫困人口的主要能源、蛋白质、维生素和矿物质来源。改进这些粮食作物的生产、供应、储存、利用和消费，将大大有助于这些地区居民的家庭粮食安全和营养。这就是为什么应该把生物技术研究工作的重点放在欠发达国家。

纵观整个东方大陆分水岭，社会经济变革的主要催化剂应该是水稻的驯化。如今，水稻养活了全世界近 17 亿的人口。水稻被认为是在东南亚热带的低地区域发现的，那里每年都遭受洪水的侵袭。即使在今天，这种作物仍然种植在以前被洪水淹没的田地里。在某些情况下，人们会采用独特的轮作方式，在被水淹没的田地里养鱼，以减少昆虫数量，并增加膳食中的蛋白质（Erickson，2000）。水稻起源于至少 8000 年前，它可能是在公元前 320 年由亚历山大大帝带到欧洲的。在接下来的 300 年里，大米被运往中东各地。最终在 16 世纪，一艘英国船只偏离了航线，大米也被意外地运到了新大陆，到达了南卡罗来纳州的查尔斯顿（Charleston，South Carolina）。船长把一小袋大米作为礼物送给了当地的种植园主，到 1726 年，查尔斯顿每年出口的大米超过了 4000 t。

水稻种子主要由谷粒（颖果）和坚韧的外壳（花萼或稻壳）组成，这个外壳必须强行去除。谷粒也被称为糙米，由胚和胚乳组成，后者含有淀粉。胚乳受到麸皮层的保护，糙米因此而得名。在这些麸皮层被去掉后才能生产出精米或白米。不同品种的米粒宽度、长度、厚度和颜色都有很大差异。虽然糙米是一种更完整的谷物，并优于精米，但从口感的角度来看，人们通常更喜欢精米。糙米含有更多的营养成分，以精米为基础的饮食可能会导致多种营养素的缺乏。这就是为什么水稻是许多现代生物技术研究的重点之一了，科学家们努力从营养角度使其成为更完整的食物来源，特别是在以大米为主要营养来源的地区。

在大西洋和太平洋的另一端，具有国际经济意义的两种主要作物是南美洲的马铃薯和北美洲的玉米。在美洲，玉米或玉蜀黍（*Zea mays* L.）可能是在大约 5000 年前于墨西哥发展起来的。这种植物很有可能是由生长在墨西哥的一种野生草本植物——墨西哥玉米亚种——大刍草（teosinte，*Z. luxurians*）

的祖先产生的。最新的证据表明，玉米起源于大刍草和鸭足状磨擦草（gamagrass, *Tripsacum dactyloides*）或磨擦草（*T. laxum*）的杂交种（Eubanks, 2004）。这一证据与已故生物学家保罗·曼格尔斯多夫（Paul Mangelsdorf）提出的一种极具争议的理论形成了鲜明对比。保罗·曼格尔斯多夫认为大刍草是玉米和磨擦草杂交种的一个分支，而不是玉米的祖先。对大刍草和磨擦草分类群以及来自墨西哥和南美的原始爆裂玉米的 100 多个基因进行比较 DNA 指纹分析，结果表明在玉米中发现的特定基因中约 20% 的等位基因（allele）仅可以在磨擦草中被发现。此外，玉米中约有 36% 的等位基因与大刍草具有独特的共享性。来自其他研究人员的新证据表明，玉米进化得非常迅速，也许只用了一个多世纪，这支持了这一理论。与漫长的、缓慢的从大刍草演化为玉米不同，大刍草和鸭足状磨擦草之间的可育杂交可以相对较快地产生早期版本的玉米。这项研究的初步证据支持这样的假设，即磨擦草的渗入可能是人类选择培育玉米的突变来源的激励因素。

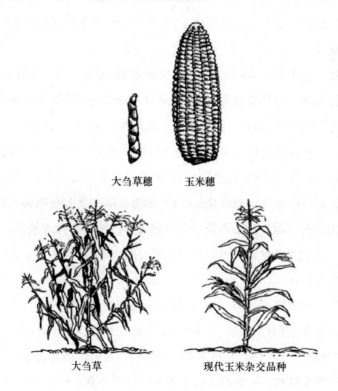

大刍草穗　　玉米穗

大刍草　　　　　现代玉米杂交品种

2004 年,加利福尼亚大学圣迭戈分校(University of California, San Diego)的施密特(Schmidt)发现了一种基因,这种基因所呈现的关键特征使得 7000 年前的最早的植物育种者可以改造大刍草。研究人员报告说发现了一种调节植物次生分枝发育的基因,据推测,这种基因可能使枝繁叶茂的大刍草植物转变成茎状的现代玉米。研究人员还表示,这种基因在大刍草中存在许多变种,但是在现代玉米的所有近交系品种中只有一种变种,这提供了部分证据,表明中美洲的作物育种者很可能利用这种性状与少数其他性状相结合,选择性地将大刍草转化为了玉米,这是现代农业发展中的里程碑事件之一。科学家们克隆了这种基因,并称其为不育茎基因(*barren stalk1*),因为当这种基因产物缺失时,就会产生一种相对不育的茎——有叶子但没有次级分枝。在玉米中,这些次级分枝包括植株的雌性生殖器官(或雌穗,ears of corn)和雄性生殖器官(或雄穗,tassel),即植株顶部的多分枝冠。

最初,大刍草被归入了类蜀黍属(*Euchlaena*),而不是与玉米一起放在玉蜀黍属(*Zea*)中,因为它的果穗结构与玉米的果穗非常不同,以至于 19 世纪的植物学家并没有意识到这些植物之间的密切关系。事实上,当 19 世纪末发现第一个玉米杂交种时,它并没有被认为是杂交种,而被认为是一个新的、独特的物种——犬玉米(*Zea canina*)! 就在这时,以阐明"一种基因一种酶理论"(one gene one enzyme theory)而闻名的乔治·比德尔(George Beadle)出现了,他的专业导师罗林斯·A. 埃默森(Rollins A. Emerson)教授在康奈尔大学玉米研究小组(1928 年在纽约举行冬季科学会议期间,在埃默森的酒店房间举行的一次晚间聚会上,该研究小组正式确定为玉米遗传学合作组织)成立前不久,就开始对大刍草产生了兴趣。这个研究小组包含了植物遗传学史上最杰出的一批学生——芭芭拉·麦克林托克(Barbara McClintock)、马库斯·罗兹(Marcus Rhoades)、查尔斯·伯纳姆(Charles Burnham),当然还有比德尔。当研究小组努力弄清楚染色体行为和遗传之间的关系时,埃默森指派比德尔从事玉米-大刍草杂交种的细胞学和遗传学研究(Beadle, 1977)。比德尔确定,与墨西哥一年生大刍草(Chalco 型)杂交的玉米表现出完全正常的减数分裂,是完全可育的,并且基因间的连锁距离与玉米-玉米杂交中的连锁

12

距离相同。比德尔和埃默森总结道,这种类型的大刍草与玉米属于同一物种,这一事实在 1972 年被分类学家认可,将墨西哥一年生大刍草与玉米合并为同一物种,归为玉米属,学名改为 *Zea mays* ssp. *Mexicana*(Beadle,1977)。

玉米既有雄花也有雌花。雄花在植株顶部附近的穗状花序中产生。单籽雌花在植株下部产生,在受粉后形成胚轴。雌花也会产生一种长的花柱或丝,用于接收花粉。像大多数草一样,玉米是风媒传粉的。与中东的谷物一样,突变使栽培品种具有选择性优势,这使得它们对美洲本土农学家很有吸引力。玉米与大刍草不同的突变包括:玉米缺失了在谷粒周围的硬杯状物和外颖壳,而这些结构有助于大刍草谷粒通过动物的消化系统而存活下来;从穗尖突出用于授粉的细长花柱;较大的谷粒尺寸;休眠期的丧失和穗上未开裂的成熟谷粒。此外,大刍草穗中的两排谷物在加倍后还进行了再加倍。这些都是牧草驯化的典型特征。

来自墨西哥普埃布拉(Puebla)的特瓦坎洞穴(Tehuacan caves)的考古证据表明,从公元前 5000 年左右开始,人们就在使用玉米而不是大刍草。在这些洞穴中发现的玉米的遗骸仍然与大刍草非常相似,它们的穗小而纤细,谷粒细而坚硬。不过,这种玉米的穗轴不易断,主要由八棱籽粒突变体组成,研究人员推测这种性状可能是由鸭足状磨擦草引起的,但仍有少数非突变型四棱籽粒。这种玉米可能是用来做爆米花的! 根据最近用分子探针对回交的玉米–大刍草杂交种的分析(Jaenicke-Després,2003;Lauter & Despres,2002),玉米和大刍草之间的差异可以追溯到仅 5 个基因组的区域。在其中两个区域,差异归因于仅有各一个替代等位基因:影响籽粒结构和植物结构的大刍草颖片结构基因(*tga1*)和大刍草分支基因(*tb1*)。*tga1* 基因控制颖片硬度、大小和曲率。正如前面所指出的那样,玉米籽粒和大刍草籽粒的主要区别之一在于包围籽粒的结构(苞片和外颖片)。玉米籽粒不会形成果壳,因为玉米籽粒的颖片更薄、更短,而且籽粒的胚轴塌陷。大刍草的硬度来自其颖片表皮细胞中的二氧化硅沉积物以及聚合物——木质素对颖片细胞的浸渍。与大刍草 *tga1* 等位基因相比,玉米 *tga1* 等位基因支持较慢的颖片生长和较少的二氧化硅沉积以及木质化。

13

　　tb1 基因是造成这两种植物有不同结构的主要原因。大刍草会产生许多长的侧枝，每一个侧枝顶端都有一个雄花（雄穗），而雌花（雌穗）是由生长在主枝上的次级分枝产生的。现代玉米有一个主茎，顶部有一个雄穗，它的侧枝很短，长着大大的雌穗。这种差异在很大程度上归因于最初在一种类似于大刍草的玉米突变体中发现的 *tb1* 基因。一个基因就能造成如此大的差异！突变通常会消除基因功能，这暗示着玉米等位基因通过抑制侧枝发育而将枝繁叶茂的大刍草转化为了纤细的单茎现代玉米，并将雄性生殖结构转化为了雌性生殖结构。加利福尼亚大学河滨分校（University of California, Riverside）的丹·加利（Dan Gallie），对玉米进行了现代生物技术研究，采用一种有趣的新方法间接地增加了玉米中蛋白质和油脂的含量。玉米是雌雄同株的物种，它们会开出不完全（单性）的高度衍生的花朵，被称为小花（floret）。在玉米小穗内，分生组织会产生上部和下部的小花，雄性和雌性特有的小花则分别生于不同的花序上。雄花序（雄穗）由营养枝顶端的分生组织发育而成，负责产生花粉；雌花序（雌穗）起源于腋生分生组织，其子房在受粉后会形成籽粒。此外，每一个小穗的下部小花在发育早期都会夭折，留下上部小花作为唯一的雌花而成熟。在拟南芥（*Arabidopsis thaliana*）衰老诱导启动子 *SAG12*（senescence-associated gene，衰老相关基因）的控制下，细菌细胞分裂素会表达并合成异戊烯基转移酶（isopentenyl transferase, IPT），这种酶会使下部小花免于败育，从而导致每个小穗产生两个功能小花。每个小花的雌蕊都是可育的，但是每个小穗只会产生一个由融合的胚乳和两个可存活的胚组成的籽粒。这两个胚在基因上是不同的，这表明它们是由独立的受精事件产生的。胚芽包含了玉米籽粒中的大部分蛋白质和油脂，因此含有两个胚的玉米籽粒比普通玉米含有更多的蛋白质和油脂。在一个正常大小的籽粒中存在两个胚会导致胚乳生长位移，还会导致籽粒中胚含量与胚乳含量的比例提高。最终的结果是玉米含有更多的蛋白质和更少的碳水化合物。

　　知道了这些性状仅由两个基因控制后，理解这些基因中的遗传差异使得大刍草成为一种更好的食用植物就顺理成章了。然而，无论 *tga1* 突变对人类多么有用，它都会对大刍草产生不利影响，使其更容易在消费者的消化道中

14

被破坏,从而更难传播种子。因此,这种突变能够持续下去的唯一方法就是我们的祖先(至少是美洲原住民)自己繁殖种子。这意味着在这些突变出现之前,人们不仅在收获——而且很可能在研磨和烹饪——种子,并且还在选择有利的特征,如籽粒质量和大小。反过来讲,这表明了玉米进化的瓶颈:几种有用的基因修饰被集中在了一株植物上,然后从这株植物中繁殖出了所有的当代玉米品种。

玉米种子能产生大量淀粉,但不能产生足够的面筋来把面团粘在一起。因为它缺少麦醇溶蛋白(gliadin),这是一种关键的面筋蛋白质,所以玉米面包不能被做成结实的面包。玉米有很多品种,包括面粉玉米(用于煎炸和烘焙)、硬粒玉米(含有硬淀粉)、凹痕玉米(主要用作动物饲料)、甜玉米(用于煮着吃)、糯玉米(一种几乎完全由支链淀粉组成的相对较新的玉米)和爆裂玉米(胚乳中含有水分且种皮较重)。爆裂玉米可能是第一种用作食物的玉米。玉米为印加、阿兹特克和玛雅文明提供了营养(碳水化合物)基础。一种流行的墨西哥饮料 chicha,是通过咀嚼玉米籽粒并将其吐入罐中,经过一段时间后,混合物开始发酵,产生的一种类似啤酒的饮料。

当哥伦布(Columbus)到达美洲的时候,人们已经培育出了多个玉米品种,并且经常在彼此紧邻的地方种植。尽管玉米是风媒传粉的,但由于多种原因,当地育种者能够保持不同品种的遗传差异,包括将不同品种种植在不同的地块,中间有森林或丘陵等天然屏障;同种花粉沿长花柱向下生长的速度快于异种花粉;育种者能够从具有多个种群来源的花粉中区分出杂交玉米穗轴,因为谷物的颜色往往不同。这是 20 世纪 40 年代由芭芭拉·麦克林托克所阐明的一种表观遗传机制,表现出这种不良性状的玉米将被拒绝作为种子玉米的来源。

哥伦布将原产于加勒比海大安的列斯群岛(Greater Antilles in the Caribbean)的玉米引入西班牙宫廷,并于 1493 年在西班牙种植。皮萨罗(Pizarro)的巴斯克同伴从秘鲁带回了玉米粒,并将玉米种植引入了比利牛斯山(Pyrenees)。尽管玉米只有在南欧才是主要作物,但玉米种植在整个欧洲迅速蔓延开来。玉米在这个地区受欢迎的原因是它比小麦等其他春季作物的产量更高。玉米很快成了贫穷农民的主食,因为玉米缺乏氨基酸赖氨酸和辅因子烟酸,而白玉米缺乏维生素 A 的前体胡萝卜素,所以导致这些人群中出现了营养不良的状况。由于缺乏烟酸,糙皮病(字面意思是粗糙的皮肤)在这些地区变得很常见,这展示了美洲原住民种植豆类和南瓜所暗含的营养知识,这有助于提供必需氨基酸赖氨酸来弥补玉米中赖氨酸的缺乏。这些都是生物技术研究人员试图纠正的营养缺乏的例子。此外,现代玉米在改善许多宏观和微观营养特性方面受到了广泛关注。

来自美洲的另一个主要的营养来源是马铃薯(*Solanum tuberosum*),它通常被误称为爱尔兰马铃薯(Irish potato)。像番茄一样,这种植物属于茄科(Solanaceae)或"致命的颠茄"属。由于含有糖生物碱——茄碱(solanine),因此这个科的许多成员都是有毒的,这在一些现代育种实验中是一个有趣和令人困惑的因素,我们将在后面的章节中进行讨论。像这样的毒素对于在野外与捕食者竞争来说是一个明显的优势,但是对于粮食作物来说却是不利的,因此在驯化过程中会被选中。毒素的缺乏具有负面的选择价值,因为如此选择的家庭作物对虫害和疾病的抗性往往较低,这导致人们必须采取化学干预措施来对抗这种易感性,并在随后加紧开发更加生态友好的生物技术解决方案。

马铃薯可以产生可食用的淀粉块茎,这是一种常见且可口的碳水化合物来源。考古证据表明,这种植物已经在安第斯山脉种植了 7000 年了,最早可以追溯到前哥伦布时代(Graves,2001)。有证据表明,在安第斯山脉,美洲原住民在天气相当寒冷的晚上会把马铃薯撒在地上,在马铃薯冻结后,他们会踩着马铃薯,挤出水分,生产出可以长期保存的冻干产品 chuno。16 世纪 70 年代,西班牙征服者把这些块茎带到了西班牙。最终马铃薯传到了德国和法国,并在英格兰和爱尔兰大受欢迎,成为英格兰人和爱尔兰人的主食。到了 19 世纪 40 年代,爱尔兰已经变得非常依赖马铃薯作物,因为大多数其他作物和牲畜都是由并不在此居住的英格兰地主生产并用于出口的。19 世纪 40 年代,一批来自南美洲的马铃薯受到致病疫霉(*Phytophthora infestans*,会导致马铃薯晚疫病)的污染,导致爱尔兰马铃薯大量减产。自从许多爱尔兰人移民到美国后,这种马铃薯晚疫病不仅影响了两大洲的社会经济未来,而且还为词典引入了许多新词汇,包括抵制(boycott)。该词本是爱尔兰西部一位房东的姓氏,他的房客在挨饿时期拒绝交房租。在马铃薯饥荒(potato famine)之前,爱尔兰的总人口是 800 万,后来减少到了 400 万,直到现在还未超过这个数字,部分原因在于该国的生物技术繁荣。

同样,从医学角度来看,机会和观察为现代生物技术的应用铺平了道路。在罗伯特·科赫(Robert Koch)提出他的假设,即看不见的细菌和病毒会导致疾病之前的很长时间里,人们就已经注意到某些疾病的幸存者不会再次感染这种疾病(Brock,1999)。早在公元前 429 年,希腊历史学家修西得底斯(Thucydides)就观察到,那些在雅典瘟疫中幸存下来的人并没有再次感染这种疾病。与许多其他“发明”一样,中国人最早将这一观察结果付诸实践,早在 10 世纪,尤其是 14—17 世纪之间,中国人就通过一种早期形式的疫苗进行了接种操作。其目的是通过让健康人暴露在由天花引起的病变渗出物中来预防天花,具体方法是将天花病变渗出物植入皮下,或者更常见的方法是将天花脓疱的结痂粉末塞入健康人的鼻子中。天花接种最终传到了土耳其,并在 18 世纪初引起了英国驻土耳其大使夫人玛丽·沃特利·蒙塔古(Mary Wortley Montagu)女士的注意。她本人在 1715 年与这种疾病的较量中留下了伤疤,这种疾病还夺去了她哥哥的生命。她写信给一位朋友说:“我是一个足够爱国的人,我会不遗余力地把这项有用的发明带到英国,并使其流行起来。”为此,她让自己的两个孩子都接种了疫苗,并敦促其他许多人也这样做。

当时,天花是欧洲最严重的传染病,无论是富人还是穷人都感染了天花。在多次大流行中,多达 1/5 的感染者最终死亡。在 1721 年的流行期间,这种新的做法引起了皇室医生汉斯·斯隆(Hans Sloane)爵士的注意。他在早期一种不那么道德的临床试验中,在伦敦的一些因犯身上试验了天花病毒,发现这是一种成功的预防感染的方法。通过斯隆,威尔士亲王的两个女儿接种了疫苗,这种方法得到了王室的认可。尽管通常情况下,导致轻微疾病的变异很难被控制,因为诱发疾病的严重程度难以预测,更糟糕的是,这些受试者即使没有因接种而变得虚弱,也会成为疾病的携带者,并导致这种疾病在社区中进一步传播。然而尽管如此，据报道，天花发病率在接种天花的人群中依然较低。在 18 世纪晚期，一个名叫爱德华·詹纳的小男孩接种了天花疫苗。他长大后成了一名乡村医生，并开始注意到牛痘和天花之间的相似之处。他观察到，挤奶女工的肤色比许多贵妇的肤色要浅得多，但这不是因为她们喝了她们的劳动果实，而是因为她们感染了牛痘。牛痘似乎可以为其提供保护，抵御最致命的牛痘近亲——天花。詹纳通过对感染牛痘的人进行观察并发现这是真的。

1796 年，詹纳故意让园丁 8 岁的儿子詹姆斯·菲普斯（James Phipps）感染牛痘病变引起的脓疱。当男孩康复后，他在男孩的皮下注射了一些天花病变的渗出物，结果那个男孩并没有感染天花。这是接种疫苗的第一次科学论证，证明了以前被认为只是一种民间传统做法的小妙招实际上是一种有效的预防疾病的方法。接种疫苗比直接接种天花病毒造成的损伤更小。詹纳创造了"疫苗接种"（vaccination）这个术语，因为他使用了牛痘，而牛痘在拉丁语中是"vacca"（Scott & J. A. Pierce，2004）。

詹纳获得了政府资助，并于 1803 年成立了皇家詹纳研究所。疫苗接种在整个欧洲流行起来，不久之后，美国也流行起来。那位杰出的科学先驱、美国总统托马斯·杰斐逊（Thomas Jefferson，他还为植物生物技术做出了贡献，提出一个人能为一个国家做出的最大贡献就是将一种新的农作物引入农业）是一位伟大的倡导者，他为 18 名家庭成员接种了疫苗，并在 1801 年成立了国家疫苗研究所，这是疾病控制中心的前身。在接下来的几年里，成千上万的人通过故意接触牛痘而免受天花的侵害。在这种疫苗的现代变种中，牛痘病毒被用作开发许多活重组疫苗的载体，包括后来批准的牛瘟疫苗。

与生物技术领域的许多争议一样，关于疫苗的争议不是一种现代现象。尽管疫苗接种受到了许多人的热烈追捧，但随着疫苗接种的普及，也出现了一些强烈的反对意见。人们很难相信，正如乔治·吉布斯（George Gibbs）在 1870 年所写的那样，"一种从患病动物的血液中提取的令人厌恶的病毒"可以帮助预防天花。还有一种争议在于公民自由受到了侵犯。1853 年，当英国政府实施强制接种疫苗的法案时，一个反疫苗接种的协会迅速成立，他们对

17

"医学间谍强行进入家庭圈子"的想法感到愤怒。1898 年，一项新的法案承认了"出于道义原因而拒服兵役者"（conscientious objector）的权利，尽管政府积极鼓励疫苗接种，但公众也可以拒绝接种。

虽然詹纳已经知道了疫苗接种的过程，但要真正理解这一过程背后的科学原理还需要一段时间。将近一个世纪之后，路易斯·巴斯德（Louis Pasteur）证实了传染病是由微生物引起的（Dubos，1998）。他通过培养细菌，发现老化的细菌培养物太弱，不会在实验动物身上引起疾病，如果将弱化的、减毒的禽霍乱细菌注射到鸡体内，鸡就会对禽霍乱免疫。1885 年，巴斯德继续使用这种方法研制出了狂犬病疫苗。这种使用减毒病原体来预防疾病的方法至今仍在许多疫苗中被使用。然而，现代生物技术方法已经取代了这种方法，后面我们将对此进行阐述。

巴斯德的另一个遗产也引起了争议。在第二次世界大战之前，人们极力反对采用巴氏灭菌法对牛奶进行杀菌。巴氏灭菌法可以防止传染病，如溶血性尿毒症综合征、结核病、弯曲杆菌病、李斯特菌病等。反对者声称，这一过程破坏了食物质量，夺走了牛奶的"生命"，掩盖了质量低劣、不干净、价值低的牛奶，同时增加了生产成本。的确，10% ～30% 的热敏性维生素，如维生素 C 和维生素 B_1，在巴氏灭菌的过程中会被破坏，但牛奶并不是这些营养物质的重要来源。在第二次世界大战的闪电战期间，伦敦的儿童被疏散到乡

18

下，在那里他们喝"生牛奶"，许多人因污染物而生病。在经历了上述社会历史教训之后，人们普遍采用巴氏灭菌法作为一种安全有效的方法来保护这种食物。

"我要把整桌人都喝死"

随着免疫学的发展，科学家们开始更多地了解疾病是如何起作用的，其他疫苗也随之出现了。1890 年，埃米尔·冯·贝林（Emil von Behring，被认为是免疫学学科的创始人）和北里柴三郎（Shibasaburo Kitasato）证明，通过向动物注射另一种感染了破伤风的动物的血清，可以为动物提供对破伤风的被动免疫力。随后，贝林与保罗·埃尔利希（Paul Ehrlich）合作，将这种抗毒素免疫（antitoxic immunity，这个术语是他和北里柴三郎共同发明的）技术应用于预防白喉。白喉抗毒素于 1892 年成功上市，使利用白喉抗毒素成为治疗这种疾病的常规操作。1901 年，贝林因其在血清治疗方面的工作，特别是在抗白喉方面的贡献，获得了第一个诺贝尔生理学或医学奖。到 20 世纪 20 年代末，白喉、破伤风、百日咳和肺结核（卡介苗）的疫苗都已问世。尽管有疫苗可用，但这些疫苗并没有立即实现大范围的覆盖。这意味着在整个 20 世纪 30

19

年代和 40 年代,可预防疾病仍在世界各地暴发。第二次世界大战之后,技术的进步创造了更多的新疫苗,如脊髓灰质炎疫苗和麻疹疫苗,现有的疫苗也得到了更广泛的使用。通过生物技术,仅利用重组表面抗原刺激抗体产生就能生产疫苗的方式,大大提高了疫苗的有效性和安全性,并提高了疫苗开发的质量。

通过这个简短的引言,我们可以看到气候、人口、物资短缺、疾病、战争和许多其他相互作用的因素是如何影响农业的发展和传播的,以及由此产生的文明和文明的属性,如延年益寿的药物。

下一章我们将介绍生物技术的历史,以及它们是如何通过能力和需求的融合而产生的。

参考文献

Ammerman AJ, Cavalli-Sforza LL (1984) The Neolithic Transition and the Genetics of Populations in Europe. Princeton University Press, New Jersey

Bar-Yosef O, Valla F (1990) The Natufian culture and the origin of the neolithic in the Levant. Curr Anthropol 31(4): 433–436

Beadle GW (1977) The Origin of *Zea mays*. In: Reed CE (ed) Origins of Agriculture. Mouton, The Hague, pp 615–635

Brock TD (1999) Robert Koch, a Life in Medicine and Bacteriology. ASM Press, Washington, D. C., pp 1–364

Chikhi L, Nichols RA, Barbujani G, Beaumont MA (2002) Y genetic data support the Neolithic demic diffusion model. Proc Natl Acad Sci USA 99(17): 11008–11013

Diamond J (1997) Guns, Germs, and Steel: The Fates of Human Societies. Norton, New York

Dubos R (1998) Pasteur and Modern Science, Brock TD (ed). The Pasteur Foundation of New York, ASM Press

Erickson C (2000) An artificial landscape-scale fishery in the Bolivian Amazon. Nature 408: 190–193

Eubanks M (2004) Maize symposium. Annual meeting of the Society for American Archaeology Montreal. www. saa. org

French R, Greenaway F (1986) Science in the Early Roman Empire: Pliny the Elder, His

Sources and Influence. (In reference to Theophrastus, In his Historia Plantarum) Sydney, Croom Helm

Graves C (2001) The Potato, Treasure of the Andes: From Agriculture to Culture Peru. International Potato Center (CIP)

Heun M, Schäfer-Pregl R, Klawan D, Castagna R, Accerbi M, Borghi B, Salamini F (1997) Site of einkorn wheat domestication identified by DNA fingerprinting. Science 278(5341): 1312–1314

Huang S, Sirikhachornkit A, Su X, Faris J, Gill B, Haselkorn R, Gornicki P (2002) Genes encoding plastid acetyl-CoA carboxylase and 3-phosphoglycerate kinase of the Triticum/ Aegilops complex and the evolutionary history of polyploid wheat. Proc Natl Acad Sci USA 99(12): 8133–8138

Jaenicke-Després Viviane Ed S, Buckler, Bruce D, Smith M, Thomas P, Gilbert, Alan Cooper, John Doebley, Svante Pääbo (2003) Early allelic selection in maize as revealed by ancient DNA. Science 302(5648): 1206–1208

Jones CI (2001) Was an industrial revolution inevitable? Economic growth over the very long run. Adv Macroecon 1: 1–43

Lauter N, Despres J (2002) Genetic variation for phenotypically invariant traits detected in teosinte: implications for the evolution of novel forms. Genetics 160(1): 333–342

McCorriston J, Hole F (1991) The ecology of seasonal stress and the origins of agriculture in the near east, Am Anthropologist 93: 46–69 (New York Times Science section, 3 April 1991)

Moore AMT, Hillman GC, Legge AJ (2000). Village on the Euphrates. Oxford Press. http://www.rit.edu/~698awww/statement.html-http://super5.arcl.ed.ac.uk/a1/module_1/sum4b1c.htm

Ozkan H, Levy AA, Feldman M (2001) Allopolyploidy-induced rapid genome evolution in the wheat (Aegilops-Triticum) group. Plant Cell 13(8): 1735–1747

Price TD (1995) Social Inequality at the Origins of Agriculture. In: Feinman GM, Price TD (eds) Foundations of Social Inequality. Plenum Press, London, pp 129–151

Reiss MJ, Straughan R (1996) Improving Nature? The Science and Ethics of Genetic Engineering. Cambridge, Cambridge University Press

Scott P, Pierce JA (accessed 2004) Edward Jenner and the Discovery of Vaccination. Un.

20

South Carolina. http://www.sc.edu/library/spcoll/nathist/jenner.html

Smith G (1995) Beer: A History of Suds and Civilization From Mesopotamia to Microbreweries, AVON Books

Sokal RR, Oden NL, Wilson C (1991) Genetic evidence for the spread of agriculture in Europe by demic diffusion. Nature 351: 143-145

Uauy C, Distelfeld A, Fahima T, Blechl A, Dubcovsky J (2006) A NAC gene regulating senescence improves grain protein, zinc, and iron content in wheat. Science 24; 314(5803): 1298-301

Whitehouse R (1977) The First Cities. Oxford, Phaidon Press

Woolf A (2000) Witchcraft or mycotoxin? The Salemwitch trials. J Toxicol Clin Toxicol 38(4): 457-460

早期技术

第 2 章

早期技术：工具的演变

正如在第 1 章中所指出的,人类在动物王国中的独特之处在于操纵我们周围世界的能力。除了驯化动植物外,公元前数千年里人们还发现微生物可以用于发酵,比如制作面包、酿酒和生产奶酪。随着时间的推移,通过突变和选择过程,使用微生物作为加工工具变得越来越复杂,而 1973 年重组 DNA 技术的出现,使得使用微生物进入了另一个维度。

尽管生物技术包含了一系列广泛的技术,包括基因工程、胚胎操作和移植、单克隆抗体生产和生物工程,但与该领域相关的主要技术是基因工程。该技术可以用来提高有机体生产特定化学产品(如番茄中的番茄红素)的能力,或者防止有机体生产某种产品(如牛奶中的高饱和脂肪),又或者使有机体生产一种全新的产品(如利用微生物生产胰岛素)。

基因工程重组项目的步骤包括:(1)鉴定指导所需物质生产的基因。(2)使用限制性内切酶分离基因。(3)将基因置于单独的 DNA 片段中。(4)将重组的 DNA 转移到细菌或其他合适的宿主中。一个典型的基因工程实验的最后一步是"克隆"工程有机体,也就是选择一个具有你想要的特征的生物并使其繁殖。我们将按照时间的发展来追溯产生这种能力的技术的历史。

1. 早期技术

当然,我们不可能挑选或确定一个具有开创性的技术的发明日期,而这种技术引领了现代生物技术发展道路上的第一步。然而,如果必须选择一个开始的时间，那 1590 年是最好的一年，因为这一年，一项使在细胞水平上观察生命成为可能的技术首次被投入使用。虽然这项技术还需要很多年才能达到足够成熟，并使基因工程成为可能。在那一年，汉斯（Hans）和扎卡赖亚斯·詹森（Zacharias Jansen）（一个眼镜商和一个假货商）将 2 个凸透镜组合在一根管子里，从而发明了复合显微镜。最早的复合显微镜由于光学性能差，几乎没有什么科学价值。简易显微镜（一个放在支架上的单透镜）可以追溯到 17 世纪早期。简易显微镜具有更好的光学性能，尤其是约翰尼斯·胡德［Johannes Hudde，1628—1704，他曾教过安东尼·范·列文虎克（Antonie van Leeuwenhoek）和斯瓦默丹（Swammerdam）］制造的显微镜，但这种显微镜放大倍数有限。直到 1800 年，最好的简易显微镜仍然具有比复合显微镜更好的光学性能和更高的分辨率。当然，17 世纪的技术进步也使罗伯特·胡克（Robert Hooke）、马尔切洛·马尔皮吉（Marcello Malpighi）、列文虎克和斯瓦默丹的工作得以完成。

1665 年，胡克在他的《显微术》中描述了"细胞"（cell），然而，他最初在软木切片中观察这些细胞时没有借助仪器。他认为细胞结构广泛存在于植物组织中，但并不一定能将其与维管结构区分开来。他在这些研究中使用了克里斯托弗·科克（Christopher Cock）发明的复合显微镜。他之所以将这种结构单元命名为细胞，是因为它们看起来像修道院里修道士的极简主义小屋。1675 年，马尔皮吉利用坎帕尼（Campani）设计的小型复合显微镜，首次系统地描述了植物器官的微观结构，这标志着植物解剖学的开始。格鲁是一名执业医师，同时也是英国皇家学会的秘书，他于 1664 年开始研究植物解剖学，目的是比较植物组织和动物组织的异同。格鲁于 1670 年在英国皇家学会宣读了一篇文章，一年后这篇文章出版了。马尔皮吉也把他的研究成果寄给了英国皇家学会，并在 1671 年 12 月的会议上宣读了一份摘要，当时格鲁已经印刷的手稿"被放在了桌子上"。尽管格鲁有优先权，但由于他们展示的这两个作品的日期相同，因此英国皇家学会认定格鲁和马尔皮吉对植物组织结构的普遍特征（由囊泡组成）得出了相同的结论，然而这对细胞的研究却没有任何意义。这些细胞与小管和血管一起被认为只是一些结构，它们可以在显微镜这种新工具下通过检查植物组织而观察到。同年，列文虎克发明了一台自制显微镜，通过这台显微镜他发现了红细胞和微观动物的世界，他称精子和细菌为"非常小的微生物"（very little animalcules）。列文虎克是第一个看到细胞核（nucleus）的人，并在 1700 年写给英国皇家学会的一封信中对细胞核进行了描述。细胞核这一发现是在鲑鱼的红细胞中得到的。

1802 年，德国博物学家戈特弗里德·特雷维拉努斯（Gottfried Treviranus）创造了"生物学"（biology）一词，并以此来命名生物技术这门学科。在一个有趣的历史背景下，一个被某些人用来描述一些当代反生物技术活动家的组织也首次出现在了 1802 年。在那一年，一群有组织的英国手工业者暴动，反对取代他们技能的纺织机械。所谓的卢德运动（Luddite movement）是以他们的领导人命名的，他们有时称之为"卢德国王"（King Ludd），这项运动始于英格兰的诺丁汉附近。

19 世纪是所有科学领域都极具创造力的时期，为 20 世纪的发现奠定了基础，这些发现导致了许多现代生物技术的发展。19 世纪 30 年代是一个特别富有成效的时期。1830 年，苏格兰植物学家罗伯特·布朗（Robert Brown）发现了生物技术的一个重点关注领域——植物细胞中的一个小黑体，它被称为细胞核或"小坚果"。"蛋白质"（protein）这个词最早出现在 1830 年格拉尔杜斯·约翰尼斯·穆尔德（Gerardus Johannes Mulder）的一篇论文中，他对蛋白质进行了第一次系统的研究。穆尔德认为所有的"胚乳材料"（albuminous materials）都是由"蛋白质"构成的。然后，蛋白质被描述为一种分子，由碳、氢、氧、氮和少量的硫与磷组成。例如，酪蛋白（casein）等于 10 个蛋白质单位加一个硫；血清清蛋白（serum albumin）等于 10 个蛋白质单位加一个磷。永斯·雅各布·贝采利乌斯（Jöns Jacob Berzelius）在大约 1838 年写给穆尔德的一封信中提到了"蛋白质"这个名字，它来自希腊语"原始的、最重要的"（primitive）。1833 年，生物技术的主要工具之一，也是使重组 DNA 成为可能的实体，即第一个酶被发现并分离了出来。酵母（yeast）是在 1835 年被物理学家查尔斯·卡尼亚尔·德拉图尔（Charles Cagniard de Latour）发现的，这是另一个生物技术的重要组成部分，酵母也是最原始、最简单的真核生物之一。

23

德拉图尔唯一一次涉足生物学是受到了法国科学院的诱惑,法国科学院于1779 年悬赏一千克黄金给解决发酵之谜的人。遗憾的是,同许多事件一样,由于政治事态的发展,这项提议不得不在 1793 年被取消,但德拉图尔并没有因为取消这一奖励而气馁。通过显微镜观察,他发现酵母是一团通过出芽繁殖的小细胞,由此他确定酵母是"蔬菜"。同年,由于对德拉图尔的工作缺乏了解,施莱登(Schleiden)和施旺(Schwann)提出所有的生物体都是由细胞组成的。魏尔肖(Virchow)宣称,"每个细胞都是由一个细胞产生的。"1840 年,剑桥大学三一学院的硕士威廉·休厄尔(William Whewell)将"科学家"(scientist)一词加入了英语。

在这一时期,科学家们面临的一个挑战是,辨别微生物是疾病的起因还是结果。1856 年,路易斯·巴斯德发明了巴氏灭菌法,将葡萄酒加热到足够的温度以灭活微生物[否则会使葡萄酒("vin")变成酸葡萄酒("vin aigre")],同时确保葡萄酒的风味不被破坏,从而找到了一种对抗不良细菌的一些负面影响的方法。1856 年,巴斯德在没有金条诱惑的情况下延续了他对微生物的兴趣,他断言微生物是发酵的原因。在随后的几年里,他的实验证明了发酵是酵母菌和细菌活动的结果。在 1864 年,巴斯德提出了腐烂的生物体是在空气中发现的小的有机"微粒"或"细菌"的理论。巴斯德还指出,有些细菌在与特定的一些细菌一起培养时会死亡,这表明有些细菌会释放出杀死其他细菌的物质。1887 年,鲁道夫·艾默里奇(Rudolf Emmerich)指出,在先前感染链球菌然后注射了霍乱杆菌的动物中,霍乱得到了预防。虽然这些研究表明细菌可以治疗疾病,但直到一年后,即 1888 年,德国科学家弗罗伊登赖希(Freudenreich)才从一种具有抗菌特性的细菌中分离出了一种真正的产品。弗罗伊登赖希发现绿脓杆菌(*Bacillus pyocyaneus*)在培养过程中释放的蓝色色素阻止了其他细菌在细胞培养过程中的生长。实验结果表明,从绿脓杆菌中分离得到的绿脓菌酶(pyocyanase)能够杀死多种致病菌。然而,在临床上,绿脓菌酶被证明是有毒且不稳定的,这种第一个被发现的天然抗生素无法被开发成一种有效的药物。直到 1928 年亚历山大·弗莱明(Alexander Fleming)发现青霉素(penicillin)和 1939 年勒内·朱尔·迪博(René Jules

24

Dubos)首次分离出细菌产生的细菌素(bacteriocin),抗生素的实际应用才得以开始。1888 年,安东·德巴里(Anton de Bary)又一次证明了微生物的另一种不良影响,他证明了真菌,后来被重新归类为卵菌(oomycetes,包括硅藻、褐藻和海藻),会导致马铃薯疫病。

19 世纪中叶,现代生物学和基础生物技术的两个最大贡献在 5 年内相继完成了。1859 年,查尔斯·达尔文(Charles Darwin)具有里程碑意义的著作《物种起源》(*On the Origin of Species*)在伦敦出版。达尔文提出了通过自然选择进行进化的观点,但当时支持其理论的遗传学原理尚未广为人知。1865 年,奥古斯丁修道院修士格雷戈尔·孟德尔(Gregor Mendel)向奥地利布鲁恩自然科学学会提交了他的遗传定律,并于 1866 年发表了《植物杂交实验》(Experiments in plant hybridization)。孟德尔在其中提到,看不见的内部信息单元可以解释可观察到的性状,而这些"因子"(factor),即遗传原理,可以代代相传。他还引入了显性基因(dominant gene)和隐性基因(recessive gene)的概念,以解释一个特征为什么在一代中被抑制,但在下一代中又会出现。尽管孟德尔现在被称为现代遗传学之父,但当时科学界对达尔文的新进化论兴奋不已,很少有人关注孟德尔的发现。

查尔斯·达尔文　　　　　　　格雷戈尔·孟德尔

又过了 5 年,瑞士化学家弗雷德里克·米舍(Frederick Miescher)于 1869 年首次发现了 DNA。关于他究竟是在哪里发现的 DNA,至今仍有争议。一些人认为莱茵河的鳟鱼是精子的捐献者，DNA 存在的第一个证据就来自这些精子；而另一些人则认为这来自受伤士兵的带血绷带。然而他的著作表明他关注的重点是白细胞。众所周知，白细胞是无毒脓液的主要细胞组成部分，而新鲜脓液每天都可以从附近医院用过的绷带中获得。他的第一个任务是从细胞质中分离出未受损的细胞核。米舍首先用温酒精处理细胞以去除脂质，然后用蛋白水解酶、胃蛋白酶消化细胞质中的蛋白质。他所使用的并不是像今天所使用的那样纯的结晶胃蛋白酶制剂，当时也没有任何类似的东西。于是，他用稀释的盐酸从猪胃中提取出了一种有活性但高度不纯的酶，用于消化。胃蛋白酶的处理使细胞质溶解，留下了作为灰色沉淀的细胞核。他将提纯后的细胞核置于同先前用于整个细胞的碱性提取溶液一样的溶液中，经酸化后，他得到了一种沉淀物。很明显，这种物质一定是来自细胞核的，因此他将其命名为核素（nuclein）。通过元素分析，米舍发现他的新物质中含有 14% 的氮，3% 的磷和 2% 的硫。元素分析是为数不多的几种可以用来表征未知化合物的方法之一，其相对较高的磷含量以及不能被胃蛋白酶消化的特征，表明该物质不是蛋白质。然而，米舍并不知道它的功能。

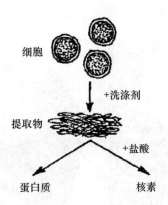

在同一年，即 1869 年，一种严重影响社会结构的病原体袭来。这种植物病原体虽然不像爱尔兰马铃薯大饥荒那样对经济或人道主义造成毁灭性的破坏，但却影响了一种具有重大社会经济意义的植物。直到 16 世纪，欧洲人唯一有效的镇静剂是酒精，与世界上其他任何文明不同的是，他们没有生物碱兴奋剂。一旦各个帝国出现，兴奋剂就会从遥远的土地上传播开来，其使用也会迅速蔓延。第一种兴奋剂是来自阿兹特克富含咖啡因的可可,由此欧洲人开始了他们对巧克力的长期热爱。巧克力最初是液态的,后来才由博恩维尔的吉百利兄弟开发出了固体形式。随着对东部地区的进军,首先出现的是咖啡,这是来自近东的另一种咖啡因来源,最后是来自远东的茶,这又是一种更强效的咖啡因来源,但茶是以一种更稀释的形式被饮用的。欧洲人从此养成了从印度和近东引进的将咖啡因与糖混合的习惯,这种做法可以降低饮料的苦味,并提高它的效果。当一种致命的咖啡树疾病咖啡驼孢锈菌(*Hemileia vastatrix*)摧毁了英国殖民地锡兰(现在的斯里兰卡)的咖啡产业时,英国失去了咖啡馆,成了一个饮茶者的国家,尽管伦敦街头的星巴克店铺盛行,但这种情况一直持续到了今天。

1876 年,威廉·弗里德里希·屈内(Wilhelm Friedrich Kühne)在胰液中发现了一种可以降解其他生物物质的物质,他称之为"胰蛋白酶"(trypsin,Über das Sekret des Pankreas)。他随后提出了术语"酶"(enzyme,意思是"在酵母中")而不是消化中的"淀粉酶"(Vasic-Racki, 2006),并将酶与产生它们的微生物区分开来(Vasic-Racki, 2006)。值得注意的是,在生物技术中使用的两个最普遍的术语"发酵"和"酶"都与酵母有关:发酵是酵母的一个古老术语,直接来源于发酵糖溶液的搅拌性质;而酶是指在酵母中发现的概念,而不是作为其固有的、与生命有关的部分。根据巴斯德在 1897 年所描述的工作,爱德华·布赫纳(Eduard Buchner)已经证明,在没有完整的酵母细胞的情况下,酵母的提取物也可以进行发酵。这是生物化学和酶学的开创性时刻。

屈内还为生物化学贡献了另外两个术语,其中一个我们将在生物技术未来方向更深远影响的背景下进行讨论,即"视紫红质"(rhodopsin),现在这种物质被认为是一种具有内在特性的分子,使其成为生物计算的有趣前景。他创造的另一个术语是"肌球蛋白"(myosin),它的重要性同样不能忽视,但其含义更为宽泛(Vasic-Racki, 2006)。

1877 年,德国医生罗伯特·科赫发明了一种可以对细菌进行染色和鉴定的技术。作为一个采矿工程师的儿子,科赫在 5 岁的时候告诉他的父母,他在报纸的帮助下自己学会了阅读,他的父母大为震惊,这一壮举预示着他在以后的生活中所具有的智慧和有条不紊的毅力。利用豚鼠作为替代宿主，科赫描述了引起人类结核病的细菌，并为科学贡献了典型的模式生物。由此，他设计了一种巧妙的机制来确定传染病的致病因素。被称为"科赫法则"的基本原则如下：(1)在疾病的每个阶段，都必须在受感染的宿主体内检测到微生物。(2)微生物必须从患病宿主中分离出来，并在纯培养条件下生长。(3)当易感、健康的生物体被来自纯培养物的病原体感染时，就必然出现疾病的特定症状。(4)微生物必须从患病生物体中重新被分离出来，并与纯培养的原始微生物相对应。然而，这些步骤并不适用于所有传染病。值得注意的是，引起麻风的细菌——麻风杆菌（*Mycobacterium leprae*），不能在实验室环境中进行培养。然而，麻风病仍然被认为是一种传染病。

27 　　1882 年，瑞士植物学家阿方斯·德堪多（Alphonse de Candolle），在系统水平而非分子水平，对植物遗传学做出了重大贡献。他撰写了第一份关于栽培植物起源和历史的广泛研究的报告，这份工作后来在绘制世界多样性中心地图中发挥了重要作用。这个地图是由一个著名的俄罗斯人——N. I. 瓦维洛夫（N. I. Vavilov）绘制的，因为他不被李森科（Lysenko）所信任，所以地图后来又被李森科毁掉了。1883 年 8 月，德国植物生理学家奥古斯特·魏斯曼（August Weismann）创造了"种质"（germ plasm）一词。

　　一位名不见经传的德国生物学家华尔瑟·弗莱明（Walther Flemming）在1879—1882 年间见证了有丝分裂或细胞分裂，以及一种"新的染色技术"，并观察到蝾螈幼体细胞核内正在分裂的"细丝"。在此过程中，他发现了染色质，即细胞核内的杆状结构，后来这种结构被称为染色体（chromosomes），但当时他没有提出任何染色体的功能。最终，弗莱明在 1882 年出版的一篇文章中，描述了有丝分裂从染色体加倍到均匀分裂成两个细胞的整个过程。他所用的术语，如前期（prophase）、中期（metaphase）和后期（anaphase），仍然被用来描述细胞分裂的步骤，他的工作帮助形成了遗传的染色体理论基础。

　　此后不久，也就是 1889 年，魏斯曼发表了他的系列论文中的第一篇，他在论文中提出了遗传的物质基础位于染色体上的理论。他在这篇论文中提出，雄性和雌性父母对后代遗传的贡献是相等的，有性生殖因此产生了遗传因素的新组合,而染色体必定是遗传的载体。在 1887—1890 年发表的研究论文中,他写道,为了发现"那些从亲本生殖物质中创造出具有明确特征的新个体的过程",特奥多尔·博韦里(Theodor Boveri)对细胞分裂过程中染色体的行为方式进行了几次关键的观察。博韦里在研究海胆卵的受精过程中发现,精子和卵子的细胞核不会像之前认为的那样融合。相反,它们各自贡献的染色体数量相等。1890 年发表的这项研究引起了人们对染色体的极大兴趣,但是他所持有的观点,即认为染色体是遗传的核心,则经常遭到质疑。1887 年,爱德华·范贝内登(Edouard van Beneden)发现每个物种都有固定数量的染色体,他还发现在精子和卵子的细胞分裂(减数分裂)过程中会形成单倍体细胞。1889 年,细胞学家和植物胚胎学家谢尔盖·加夫里洛维奇·纳瓦申(Sergei Gavrilovich Navashin)发现被子植物存在双受精现象,从而为染色体形态学和核系统学的研究奠定了基础。

1885 年,法国化学家皮埃尔·贝特洛(Pierre Berthelot)在一次国家间的积极互动中提出,一些土壤生物可能能够"固定"大气中的氮。同年,威诺格拉德斯基(Winogradski)证明了梭状芽孢杆菌(*Clostridia bacteria*)在缺氧条件下的固氮作用。1888 年,荷兰微生物学家马丁努斯·威廉·拜耶林克(Martinus Willem Beijerinck)观察到豌豆根瘤菌(*Rhizobium leguminosarum*)可以使豌豆结瘤。利用这一点,1895 年,德国公司赫希斯特(Höchst am Main)出售了"根瘤菌素"(Nitragin),这是从根瘤中分离出来的第一种商业培养的根瘤菌。到 1896 年,根瘤菌在美国开始商业化销售。1889 年,美国还发现了另一种农业生物学上的先驱——澳洲瓢虫(vedalia beetle),俗称瓢虫,是从澳大利亚引入加利福尼亚州以控制吹棉蚧(这种害虫正在毁坏该州的柑橘园)的昆虫。这一事件代表了北美首次将生物防治技术用于害虫管理的科学实践。另一种害虫——烟草花叶病的病原体是由德米特里·伊万诺夫斯基(Dmitry Ivanovsky)在 1892 年确定为可传播的并能通过捕捉最小细菌的过滤器的生物。这种病原体后来被称为"可滤过病毒"(filterable virus)或"病毒"(virus),这个词来自拉丁语"virus",指的是毒药或其他有毒物质,1392 年首次在英语中被使用。1897 年晚些时候,弗里德里希·勒夫勒(Friedrich Loef-

28

fler)和 P. 弗罗施(P. Frosch)报告称,牛口蹄疫的病原体非常小,以至于可以通过过滤细菌的过滤器,这种病原体也属于"可滤过病毒"的广义范畴。

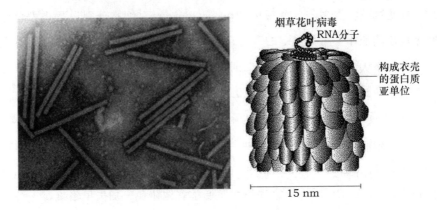

• 2. 20 世纪

在这些早期成就的基础上,20 世纪在遗传学方面带来了特别令人兴奋的发现。20 世纪开始于遗传学科学的重新发现,结束于人类基因组序列的开始。1900 年 5 月 8 日,英国动物学家威廉·贝特森(William Bateson)登上了一列开往伦敦的火车,去做一个关于"遗传问题"的演讲,据称在这次旅行中,他阅读了孟德尔的著作。贝特森是达尔文自然选择理论的坚定支持者,他需要一个"遗传"对进化论的解释。贝特森认为孟德尔的发现满足了这一需要,贝特森通过他的著作和演讲为孟德尔的遗传学传奇做出了重大贡献。有趣的是,孟德尔的遗传学原理在 1900 年被 3 位不同的遗传学家独立地重新发现了:雨果·德弗里斯(Hugo de Vries)、卡尔·科伦斯(Carl Correns)、埃里克·冯·切尔马克(Erich von Tschermak),他们每个人都在查阅科学文献从而为自己的"原创"工作提供先例。德弗里斯和科伦斯利用几种植物物种,进行了与孟德尔的早期研究相似的育种实验,并各自对其结果做出了类似的解释。因此,一读到孟德尔的著作,他们就立刻意识到它的重要性。有一些证据表明,科伦斯的参与可能阻止了德弗里斯将大部分功劳归于孟德尔一个人。

1900 年，另一项重大发现由沃尔特·里德(Walter Reed)创造出来，他发现黄热病是通过蚊子传播的，这是人类疾病首次被证明是由病毒引起的。早些时候，罗纳德·罗斯(Ronald Ross)在按蚊(*Anopheles mosquito*)体内发现了导致疟疾的原生动物疟原虫，并且证明了蚊子可以将病原体从一个人身上传播给另一个人。

同样在世纪之交，在一系列海胆卵的实验操作中，博韦里证明了单个染色体对发育的独特影响。海胆卵可以与两个精子受精。博韦里指出，这种双结合的子细胞拥有可变数量的染色体。在所产生的胚胎中，博韦里发现只有少数(约 11%)拥有完整的 36 条染色体的胚胎才能正常发育。博韦里在1902 年写道，"一种特定的染色体组合负责正常发育，这只能意味着单个染色体具有不同的特性。"在世界的另一端，沃尔特·斯坦伯勒·萨顿(Walter Stanborough Sutton)在 1902 年观察蚱蜢细胞中的同源染色体对时得出了同样的结论，即染色体是成对的，可能是遗传的载体。他进一步提出，孟德尔的"因子"位于染色体上，并且在减数分裂过程中，每条染色体的拷贝都是从双亲遗传的。他创造了"基因"(gene)一词，认为它比孟德尔的"因子"更具描述性。这个词源自希腊语"genos"，意思是"出生"。贝特森对这一领域的贡献之一是将"遗传学"(genetics)一词延伸为对基因的研究。贝特森指出，有些特征是不能独立遗传的，这导致了"基因连锁"(gene linkage)的概念和对"基因图谱"(gene map)的需求。

1909 年，遗传学家威廉·约翰森(Wilhelm Johannsen)采纳了萨顿的建议，以"基因"取代了孟德尔的"因子"，用来描述遗传的载体，用"基因型"(genotype)来描述有机体的遗传构成，用"表型"(phenotype)来描述实际的有机体。就在世纪之交之前，即 1883 年，遗传学不幸偏离了轨道，达尔文的表亲弗朗西斯·高尔顿(Francis Galton)创造了"优生学"(eugenics)这个词，来描述通过选择性繁殖来改善人类的做法。他在早期的实验中，向兔子注射了从其他皮毛颜色不同的兔子身上提取的血液，测试一种被称为"泛生论"(pangenesis)的推测性理论。正如高尔顿很快意识到的那样，血液中的微粒

30

携带遗传信息的理论是错误的。然而，高尔顿是一位严谨的统计学家，并且是遗传数学处理的先驱。"优生学"起源于希腊语，意思是"出生优良"或"遗传高贵"。他在伦敦大学学院建立了国家优生学实验室，并组建了世界上第一个人类遗传学系。

1901年，在孟德尔的工作被重新发现之后，戈特利布·哈伯兰特（Gottlieb Haberlandt）从另一个角度将植物视为一个潜在的自主细胞的集合体。他展示了敏锐的洞察力，他表示："据我所知，还没有系统的、有组织的尝试，在简单的营养液中培养从高等植物中分离出的营养细胞"。然而，这种培养实验的结果应该会对细胞作为基本有机体所具有的特性和潜力提供一些有趣的见解。此外，这种尝试还将提供有关多细胞生物体内细胞所显露的相互关系和互补影响的信息。

当孟德尔的工作为科学家所知以后，具有孟德尔方式分离特征的例子很快在植物和动物中被大量发现。首先被描述的特征之一既不是植物的也不是其他动物的，而是典范生物智人（*Homo sapiens*）的。这一开创性的发现促进了生化遗传学的诞生。在了解孟德尔的重新发现之前，阿奇博尔德·加罗德（Archibald Garrod）爵士描述了一种生物化学紊乱，这种紊乱表现为一个家族的"鹅脚"或者"灰脚"谱系（巾），而且这种紊乱是可遗传的。1902年，加罗德在他具有里程碑意义的论文《碱尿症的发病率：化学个体化的研究》（The incidence of alkaptonuria：A study in chemical individuality）中首次描述了这种生化疾病，这是人类隐性遗传病例的首次公开报道。这是一种相对良性的疾病，通常在婴儿时期就可以被诊断出来，因为婴儿的尿布沉积物呈褐色。这种疾病是由于尿黑酸氧化酶缺乏或不活跃而导致尿液中大量排泄尿黑酸物质，这种物质通常不存在于尿液中。虽然患者通常都很健康，但是在晚年，他们特别容易患上一种叫作尿黑酸尿症的慢性关节炎，这是因为他们体内沉积了一种来自尿黑酸的物质。直到1997年，编码尿黑酸氧化酶的基因才被克隆出来，并且科学家在其中发现了第一个突变。

作为这种"缺陷记录"的鼻祖，加罗德于1909年从贝特森那里了解到了孟德尔的工作,并由此描述了尿黑酸尿症。通过对尿黑酸尿症的研究,加罗德提出了这样一个概念,即某些终身疾病的产生是由控制单一代谢步骤的酶活性降低或缺失所导致的。加罗德在他的那本名为《遗传性代谢缺陷》(*Inborn Errors of Metabolism*)的书中描述了这个概念。这些是罕见的疾病,其中一种酶缺乏,导致代谢途径阻滞或"错误"。这些隐性的酶通常是催化剂,所以杂合子个体中酶活性存在一半水平就足够了,这些个体通常完全不会受影响。由于这项工作,加罗德现在被认为是生物化学遗传学的鼻祖。1929年,理查德·舍恩海默(Richard Schönheimer)在加罗德的遗传代谢病词库中增加了一项关于一名因大量糖原储存而导致肝肿大的病人的研究,并提出这种疾病也可能是由于酶缺乏而引起的。然而,直到 1952 年,科里(Cori)才发现葡萄糖-6-磷酸酶在"von Gierke 病"(糖原贮积症 I 型)中的缺乏。这一观察结果标志着人们首次将遗传性代谢缺陷归因于特定的酶缺乏症。

1934 年,阿斯比约恩·弗林(Asbjörn Fölling)首次将智力障碍归因于代谢紊乱,这种紊乱会导致尿液中苯丙酮酸的排泄量增加,该疾病就是后来广为人知的苯丙酮尿症(phenylketonuria)。有趣的是,这种疾病后来成为首批要求在"生物工程"食品添加剂上贴上特定警示标签的禁忌证之一。甜味剂阿斯巴甜(aspartame)是由天冬氨酸和苯丙氨酸这两种氨基酸组合而成的,后者不能被缺乏这种酶的个体代谢(直到很久以后这一点才被阐明)。而这种酶在患有苯丙酮尿症的个体中是缺乏的,如果食用含苯丙氨酸的阿斯巴甜,最终会导致个体脑损伤和死亡。苯丙酮尿症是由于缺乏将苯丙氨酸转化为酪氨酸的苯丙氨酸羟化酶。为避免这种氨基酸而设计的饮食将允许患病个体过上正常的生活。20 世纪 50 年代初,通过提供低苯丙氨酸饮食而制定的苯丙酮尿症治疗策略,是生物化学遗传学史上的另一个标志。由于有可能预防受影响婴儿的智力障碍,罗伯特·格思里(Robert Guthrie)开发了一种性价比很高的苯丙酮尿症筛查方法,即通过从新生儿采集的滤纸上的干燥小血点来进行筛查。20 世纪 60 年代开始,美国在全国范围内针对苯丙酮尿症对新生儿进行筛查,基因筛查由此诞生。

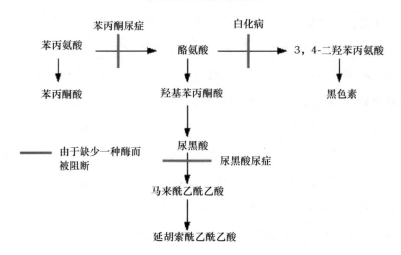

苯丙氨酸的部分代谢路径

由于重大的技术进步，除了其他遗传性疾病外，现在还发现了超过 1000 种"遗传性代谢缺陷"。将串联质谱技术应用于新生儿筛查，使单个干血点中可检测到的遗传性代谢疾病的数量增加到了 30 多种。这些测试现在允许在婴儿出生时就进行，以至于可以立即提醒他们的看护人这一特定的饮食要求。这是一套不断增加的、有争议的、基于生物化学遗传学的测试之一，这些测试对我们的缺陷进行了条形码编码，并且由于 20 世纪末的发现，即人类基因组计划（Human Genome Project, HGP），这项测试的内容正在加速增加。

与此同时，让我们回到完整的细胞中，细胞遗传学家正忙于确定人类的染色体数目。至于是 1918 年的赫伯特·M. 埃文斯（Herbert M. Evans）还是 1922 年的西奥多·佩因特（Theodore Painter）在对人类睾丸切片的研究基础上确定了人类细胞含有 48 条染色体还存在一些争议。但不管怎样他们都错了，正确的数字应该是 46 条。

1907 年托马斯·亨特·摩尔根（Thomas Hunt Morgan）在哥伦比亚大学工作期间，开发了一些工具用以解释这些新陈代谢紊乱的遗传基础。他在果蝇（主要是嗜好露水的黑腹果蝇）身上进行了实验，并确定了一些由基因决定的性状与性别相关，因此他被认为是遗传学学科的主要功臣。就像康奈尔大学的埃默森实验室是 20 世纪植物遗传学的培育基地一样，摩尔根实验室也

33

是物理遗传学中最多产的实验室之一。毫无疑问,果蝇在 20 世纪遗传学中的主角地位是由人才的大量涌现而引起的。1913 年,摩尔根的学生之一卡尔文·布里奇斯(Calvin Bridges)建立了基因位于染色体上的观点,实际上这一观点是由萨顿和贝特森提出的建议发展而来的。这有点讽刺,因为最初摩尔根不仅对染色体理论的某些方面持高度怀疑态度,而且对孟德尔的遗传理论也持怀疑态度,坦率地说,他不相信达尔文的自然选择理论可以解释新物种的出现。

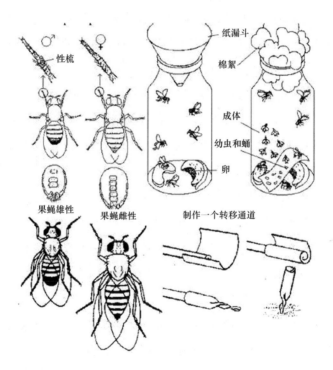

同年,摩尔根的另一个学生艾尔弗雷德·斯特蒂文特(Alfred Sturtevant)确定染色体上的基因是以线性方式排列的,很像"项链上的珍珠",并因此研制出第一张物理遗传图谱。为了纪念摩尔根的贡献,他的图谱上的距离是用厘摩(centimorgan, CM)为单位的。此外,斯特蒂文特还证明,任何特定性状的基因都位于一个固定的位置或基因座上。为了证明他的完全转变,摩尔根和他的同事在 1915 年出版了《孟德尔遗传机制》(The mechanism of Mendelian heredity),为了使这种转变更加复杂,他从胚胎学和细胞理论中引用的证据为遗传学与进化论的结合指明了道路。1926 年，另一位摩尔根的学生赫尔曼·J. 穆勒（Herman J. Muller）假设进化的原材料是突变，他决定帮助自然进化，利用电离辐射和其他诱变剂，以比"自然"方式快 1500 倍的速度人工培育果蝇的突变体。在此过程中，他通过突变发现了新基因的起源，而这一理论最早是由雨果·德弗里斯在 20 世纪初提出的。穆勒在 1927 年发表的论文《基因的人工变异》中只是对他的数据做了一个粗略的描述。但是同年晚些时候他在国际植物科学大会上的演讲却引起了媒体的轰动。正如穆勒自己所认识到的，基因操纵有朝一日可能会应用于工业、农业和医学领域。遗传特征可能被有意改变或控制（并应用于人类）的前景引起了广泛的惊叹和赞美。然而，没有任何迹象表明，在这次会议之后，有人对他的实验的"非自然性"提出任何直言不讳的抗议！但他后来的一些言论确实引起了争议。虽然他不是高尔顿的信徒（高尔顿在第二次世界大战后的工作，毫无疑问地表明他的言论是温和的），但穆勒提倡控制人口（和武器），他认为应该支持通过精子库和人工授精等生殖技术进行"积极的"优生学。然而，他认为，"任何试图通过命令来实现基因改良的尝试都必定是失败和弄巧成拙的。"

在另一个关于突变主题的变异中，虽然形成了进化的原材料，但这些影响大多数都是有害的，而且突变很少能带来可选择的优势。这种突变有很多来源，其中一个被归因于一种病毒。当劳斯（Rous）在 1911 年发现这种致癌病毒之后，这种病毒就一直臭名昭著，它被称为劳斯肉瘤病毒。1914 年，特奥多尔·博韦里根据他对海胆的研究，提出了染色体异常会导致癌症这一有先见之明的理论。1960 年，美国费城的彼得·诺埃尔（Peter Nowell）和戴维·享格福德（David Hungerford）发现 22 号染色体的异常与慢性粒细胞白血病有关。这一发现正式标志着癌细胞遗传学的诞生。

1916 年，法裔加拿大细菌学家弗利克斯·于贝尔·德埃雷勒（Félix Hubert d'Hérelle）发现了一种病毒，这种病毒后来被证明是生物技术发展的一个有用工具。德埃雷勒发现这种病毒以细菌为食，并将其命名为"噬菌体"（bacteriophage）或"食菌者"。1919 年，当匈牙利工程师卡尔·埃赖基（Karl Ereky）创造了一个词来描述生物学与技术之间的相互作用时，"生物技术"

（biotechnology）一词也被添加到了词典中。当时，这个术语指的是在生物体的帮助下，利用原材料生产产品的所有工作流程。埃赖基设想了一个类似于石器时代和铁器时代的生化时代。

1926 年，霍尔丹在一本名为《生命的起源》（*The Origin of Life*）的大部头书中推测了生命本身的起源，他写道："细胞由许多悬浮在水中并包裹在油膜中的半活化的化学分子组成。当整个海洋是一个巨大的化学实验室时，形成这种薄膜的条件一定是相对有利的"。1928 年，为了阐明这些半活化的化学分子中最重要的一种，弗雷德里克·格里菲思（Frederick Griffith）对肺炎链球菌（*Streptococcus pneumoniae*）进行了研究，并发现了一种"转化物质"可以从死亡的有毒细菌转移到活的无毒细菌上，当时许多研究人员认为该"转化物质"是蛋白质。1941 年，乔治·比德尔和爱德华·塔特姆（Edward Tatum）继对玉米遗传学的贡献，即将大刍草确立为祖先之后，又在另一个早期遗传学家钟爱的模型脉孢菌（neurospora）上进行了实验。早在 1927 年，B. D. 道奇（B. O. Dodge）就开始了对脉孢菌的研究，以阐明遗传学的生物化学基本原理。比德尔通过脉孢菌的互补性证明了"一种基因一种酶理论"，并因此成为遗传学史的主要参与者。他们检查了通过 X 射线照射而损坏的霉菌标本，发现这些标本不会在样品培养基上生长，但如果加入某种维生素，这些霉菌就会再次生长，因此他们假设 X 射线破坏了合成蛋白质的基因。同年，也就是 1941 年，多斯沃尔德·西奥多·埃弗里（Oswald Theodore Avery）沉淀出了一份他称为"转化因子"的纯样本，尽管很少有科学家相信他，但他确实首次分离出了DNA。巧合的是，也是在 1941 年，丹麦微生物学家 A. 约斯特（A. Jost）在波兰利沃夫技术研究所（the Technical Institute in Lwow）的一次关于酵母有性生殖的演讲中创造了"基因工程"（genetic engineering）这个词。

与此同时，在平行的微生物世界中，生物技术发展的另一个重要组成部分正在被发现。根据亚历山大·弗莱明的说法，他发现青霉菌具有显著的抗菌作用是偶然的。他说："无论我走到哪里，人们都想感谢我拯救了他们的生命。我真的不知道为什么……大自然创造了青霉素，我只是在一个经常被引用的例子中发现了它。"在科学的偶然发现中，机会偏爱有准备的头脑。然

35

而,他对生物技术的第一个贡献是在几年前做出的。20世纪20年代早期,弗莱明报告说,人类眼泪中的一种成分可以裂解细菌细胞。弗莱明将他的这一发现称为溶菌酶(lysozyme),这是在人体中发现的第一个抗菌剂。与绿脓菌酶一样,溶菌酶也被证明是寻找有效抗生素的死胡同,因为它通常会破坏非致病性细菌细胞。溶菌酶现在被广泛使用于生物技术应用中,在分离DNA时裂解细胞,并在转基因动物中进行检测,以改善牛奶的抗菌和生物加工特性。

1928年,弗莱明正在研究和培养葡萄球菌(staphylococcus),这是一种导致败血症和其他感染的细菌。度假归来后,弗莱明发现自己的一个培养皿中长出了一种霉菌。通过更仔细的观察,他注意到在霉菌周围有一个透明的区域,这部分的葡萄球菌被溶解了。显然,霉菌中的某种物质杀死了进入它接触区域的所有细菌,这种霉菌是特异青霉(*Penicillium notatum*)中的一种。从技术上讲,自从1896年法国医学院学生埃内斯特·迪歇纳(Ernest Duchesne)发现青霉菌的抗生素特性以来,弗莱明再次发现了青霉菌,但是他没有报告真菌和抗菌物质之间的联系。弗莱明将这种物质以产生它的青霉菌命名为青霉素。通过从培养皿中提取这种物质,弗莱明能够直接显示青霉素的效果。然而,当他无法稳定并大量提纯这种物质,以便在动物和人类身上进行临床试验来测试这种药物的效力时,他转向了其他项目。他最后一次发表有关青霉素的研究成果是在1931年左右。

下一个重大突破,是1940年澳大利亚出生的病理学家霍华德·弗洛里(Howard Florey)和德国出生的化学家恩斯特·钱恩(Ernst Chain)在牛津大学实现了青霉素的稳定化。处于败血症晚期的动物和人类被奇迹般地从濒临死亡的边缘救了回来,即使只是使用了少量的原始形式的药物。这一事件的时机也是偶然的。当时英国缺乏大规模生产这种药物的能力,因为该国几乎把所有的工业产能都投入战争中了,因此弗洛里和钱恩与美国合作扩大了生产,该项目被认为是最早的合作研究项目之一。鉴于青霉素被重新发现和生产时的政治环境,最初青霉素几乎完全被用于治疗在战争中受伤的人员也就不足为奇了。

　　然而,也许青霉素最重要的临床试验发生在 1942 年 11 月 20 日,波士顿最古老的夜总会发生火灾之后,火灾导致无数烧伤患者被送往波士顿地区的医院。在当时,严重烧伤患者死于感染尤其是葡萄球菌感染是很常见的。为了应对这场危机,默克(Merck)公司迅速向马萨诸塞州总医院提供了大量青霉素。许多严重烧伤的受害者在那晚幸存了下来,这在很大程度上要归功于青霉素的作用。那天晚上,青霉素不仅成为第一种超级药物,而且也为它的局限性埋下了种子,即耐药性。

　　同年发生了另一件更微妙但在许多方面同样重要的事件。1942 年出版的一本小册子似乎对决定遗传分子竞赛中的最后 200 m 的一些关键角色产生了深远的影响。詹姆斯·沃森(James Watson)、莫里斯·威尔金斯(Maurice Wilkins)、乔治·伽莫夫(George Gamow),甚至后来的弗朗西斯·科林斯(Francis Collins)都声称,他们之所以对遗传学感兴趣,是因为阅读了 1942 年一位理论物理学家埃德温·薛定谔(Edwin Schrödinger)流亡都柏林圣三一大学时写的一本小册子,这位理论物理学家毫无疑问地应该被称为分子生物学的先驱。由于对物理学应用于他饱受战争蹂躏的祖国所产生的影响感到失望,薛定谔转向了生物学,并将其视为在冲突深处更有意义的追求。在这本叫作《生命是什么?》(What Is Life?)的小书里,薛定谔推测基因由三维排列的原子组成,排列在染色体中,这些染色体编码了他称之为生命的"遗传密码"(hereditary code-script)。他补充道:"当然,'密码'这个术语太狭隘了。染色体结构在它们所预示的发展方面起着重要作用。同时,它们也是法律法规和行政权力——或者,用另一个比喻来说,它们是建筑师的计划和建筑商的手艺——合二为一。"他认为这些双重功能元素被编织到了染色体的分子结构中。人们希望通过了解染色体的确切分子结构,既懂得"建筑师的计划",又明白这个计划是如何通过"建筑工艺"来实现的。

　　在为薛定谔所提概念提供功能证据方面,萨尔瓦多·卢里亚(Salvador Luria)和马克斯·德尔布吕克(Max Delbrück)在 1943 年进行了"变量试验",第一次对细菌中的突变进行了定量研究。这是细菌遗传学作为一门独立学科的开端,也是著名的"噬菌体小组"的开始,噬菌体对分子生物学的基本理

36

解做出了重要贡献，从而成了生物技术工具。通过研究噬菌体这种被蛋白质包裹着 DNA 的病毒是如何在宿主细胞中繁殖的，实质上是在研究被剥离的基因的作用。1944 年，格里菲思的工作由埃弗里及其同事科林·麦克劳德（Colin MacLeod）和麦克林恩·麦夫蒂（Maclyn McCarty）继续进行，他们在研究肺炎球菌的过程中，证明了转化物质是 DNA，因此 DNA 被认为是大多数活细胞的遗传物质。早在 1928 年，埃弗里就对有关这些微生物的实验结果感到困惑。他给小鼠注射了一种活的但无害的肺炎球菌，以及一种惰性但致命的肺炎球菌，尽管预计这些小鼠会活下来，但实际上它们很快就死于感染，而且从小鼠身上回收的细菌在随后的几代中仍然是致命的。对于非致命的细菌是如何获得致命菌株的毒力的，他们断定这两种形式的区别在于细菌的外壳。免疫系统能够检测并破坏无害的"R"型细菌的粗糙（rough）外壳，但是致命的"S"型细菌有一个平滑（smooth）的外壳，可以使其避开免疫系统的检测，得以繁殖。埃弗里很快发现，只要在试管中与致命的"S"型细菌相结合，"R"型细菌就可能变得致命（小鼠是多余的！）。这些细菌在当时被认为与高等生物中的物种一样稳定，因此他们猜测究竟是什么促成了这种"转变"。

37　　　　与麦克劳德和麦卡蒂一起，埃弗里致力于从大约 4 L 的细菌中提纯他称之为"转化因子"（transforming factor）的物质。早在 1936 年，埃弗里就注意到这种物质似乎不是一种蛋白质或碳水化合物，而是核酸。进一步的分析表明这种物质是 DNA。科学家们普遍对埃弗里的开创性工作持怀疑态度，认为 DNA 是一种过于简单的分子，无法包含生物体的所有遗传信息。包括博学的莱纳斯·鲍林（Linus Pauling）在内的大多数科学家，都认为只有足够复杂的蛋白质才能够表达所有的遗传组合。到 1946 年，德尔布吕克和卢里亚已经开发了一个简单的模型系统，使用他们首选的噬菌体模型来研究遗传信息是如何转移到宿主细菌细胞的。他们利用一种特殊类型的噬菌体——T 噬菌体开展了一项课题，T 噬菌体仅由一个包裹着 DNA 的蛋白质外壳组成。德尔布吕克和卢里亚的课题吸引了许多科学家来到冷泉港实验室，那里很快成了一个在细胞和分子水平上解释遗传的新思想中心。

　　　　与此同时，在植物方面，科学家们首次明确地证明了病毒不是小型细菌。

1933 年,温德尔·斯坦利(Wendell Stanley)提纯了烟草花叶病毒(tobacco mosaic virus, TMV)样本,并得到了晶体。这表明与当时的科学观点相反,病毒不是极小的细菌,因为细菌不会结晶。1934 年,怀特(White)在无机盐、蔗糖和酵母提取物组成的简单培养基上培养独立的番茄根时,在植物方面做出了另一项贡献。而且,在植物组织培养的第一次尝试中,戈特雷(Gautheret)发现黄花柳(*Salix capraea*)和银白杨(*Populas alba*)的形成层组织能够增殖,但其生长受到限制。当埃弗里在 1944 年研究转化因子时,芭芭拉·麦克林托克正在进行一次不同的想象飞跃。她在 1930 年于减数分裂中证明了同源染色体的交叉,并在 20 世纪 30 年代中期证明了端粒(telomere)的存在。20 世纪 30 年代末,受米勒(Mueller)使用 X 射线的启发,麦克林托克发现一些植物的染色体在没有辐射的情况下也会自发断裂。更令人惊讶的是,随着植物的生长,这些断裂仍在继续,在一个自我实现的断裂、融合和"桥接"的周期中,融合的染色体在细胞分裂时断裂。麦克林托克在 1938 年发现了这个"断裂—融合—桥接"循环,这为她研究染色体组成提供了一个强有力的工具。利用这个工具,她在 1944 年夏天进行的一项实验深刻地改变了她对遗传学的研究重点和整个视角。在那年夏天种植的植物中,麦克林托克发现了两个新的基因位点,她将其命名为"解离子"(dissociator, Ds)和"激活子"(activator, Ac)。虽然将其命名为解离子,但解离子不仅会解离或破坏染色体,它似乎对相邻的基因也有一系列的影响,但这种情况只有当激活子也存在时才会发生。1948 年初,麦克林托克惊奇地发现解离子和激活子都可以发生转座或改变染色体上的位置。与公认的可变但固定的基因理论相反,她引入了"跳跃基因"(jumping gene)或可移动遗传元件(mobile genetic element)的概念。麦克林托克进一步假设,这些可移动的元件不是常规的基因,而是选择性抑制或调节基因行为的元件。她把解离子和激活子称为"控制单元",后来又称为"调控元件"(controlling element),以便将它们与基因区分开来。麦克林托克相信她的结论,并且后来的几代人也证实了这一点,调控元件是解决胚胎学和发育中存在了几十年的问题的关键:当生物体中的每个细胞都有相同的基因时,复杂的生物体如何能够分化成许多不同类型的细胞和组

38

织。答案就在于对这些基因的调控。在这个特别多产的年份，今天所称的"跳跃基因"被报道成了"转座元件"。麦克林托克继续对这个问题进行研究，并发现了一个新的元素，她称之为"抑制突变子"（suppressor-mutator，Spm），虽然与 Ac/Ds 类似，但抑制突变子表现出更复杂的行为。自 1953 年以来，麦克林托克觉得自己有可能偏离了科学主流，因此她停止了发表自己对控制元件的研究报告。与埃弗里的转化因子相比，麦克林托克的观察确实遭到了更大的质疑。直到 20 世纪 70 年代，分子生物学家证实了"转座酶"（transposase）基因的存在，她的工作的重要性才得到认可。这种酶使麦克林托克的可移动遗传元素能够在 DNA 上跳跃以寻找特定的基因。麦克林托克的工作最终使她在 80 多岁的时候获得了诺贝尔奖。

在几乎轻而易举地开辟了量子化学领域并阐明了蛋白质的 α 和 β 螺旋结构之后，超凡的博学家鲍林转向了遗传问题。在他首次涉足这一领域时，他不仅做出了重大贡献，而且有效地催生了一门新的学科。利用电泳技术，鲍林、哈维·伊塔诺（Harvey Itano）、辛格（S. J. Singer）和伊贝特·韦尔斯（Ibert Wells）证明，患有镰状细胞贫血的患者的红细胞中有一个修饰过的血红蛋白，而具有镰状细胞特征的个体的血液在电泳后，既有正常的血红蛋白，也有异常的血红蛋白。因此，他们证明了镰状细胞贫血是一种可遗传的"分子疾病"，由单一氨基酸变化而引起，这种变化会导致红细胞在低氧条件下变成镰刀状。因此，鲍林为分子遗传学时代的建立做出了贡献。

在争夺 DNA 这一"圣杯"的竞赛中，一个经常被忽视的贡献者是欧文·夏格夫（Erwin Chargaff）。他在 1950 年利用新开发的纸色谱法和紫外分光光度计技术，发现核酸碱基腺嘌呤与胸腺嘧啶、鸟嘌呤与胞嘧啶的比例总是接近于 1∶1。这一观察结果为核酸碱基在 DNA 分子内形成互补对的观点提供了强有力的证据。后来这一规律被称为"夏格夫法则"（Chargaff's rule），并成为理解 DNA 结构的关键。夏格夫是一个脾气比较暴躁的人，他与人相处并不是很好，而且对弗朗西斯·克里克（Francis Crick）和詹姆斯·沃森感到厌恶，因为他们没有受过核酸生物化学的训练，但却可以解决 DNA 的结构问题。但是，作为一个科学至上的科学家，他确实在 1952 年访问剑桥时向克里克和沃森解释了他的比例实验结果。

　　在 1972 年美国哲学学会的一次口述历史采访中，夏格夫评论克里克和沃森是非常不同的。夏格夫指出，沃森现在是一位非常能干、高效的管理者，并补充道（在采访者看来，这是一种优越的语气），"在这方面，他很好地代表了美国的企业家类型。克里克很不一样，比沃森更聪明，但他说了很多，所以他说了很多废话。"夏格夫感到困惑的是，他们想"不受任何化学知识的影响"，将 DNA 组装成螺旋结构。主要原因似乎是鲍林的 α-螺旋蛋白质模型。"我告诉了他们我所知道的一切，如果他们之前听说过配对规则，他们就会隐瞒起来。但由于他们似乎对任何事情都知之甚少，所以我并不感到过分惊讶。我提到了我们早期试图通过假设来解释互补关系，即在核酸链中，腺苷酸总是紧挨着胸苷酸，胞苷酸总是紧挨着鸟苷酸……我相信 DNA 的双链模型是我们谈话的结果，但这样的事情只能由后来的判断来决定。"（Chargaff，1972）

　　1952 年是 DNA 竞赛的倒数第二年，这是非常富有成效的一年，因为乔舒亚·莱德·伯格（Joshua Lederberg）和诺顿·津德（Norton Zinder）指出，细菌有时会通过间接的方式交换基因，他们称之为"转导"（transduction），即病毒从一个细菌细胞中捕获 DNA 片段并将细菌基因转移到其感染的下一个细胞中，从而介导基因交换。同年，赫尔希（Hershey）和蔡斯（Chase）利用噬菌体进行了"搅拌器实验"。他们假设，如果人们能够分别"标记"噬菌体中的 DNA 和蛋白质，那么就可以通过噬菌体的复制过程来跟踪 DNA 和蛋白质。赫尔希和蔡斯在新鲜的细菌培养物中加入了带有 ^{32}P 标记的 DNA 和 ^{35}S 标记的蛋白质的病毒颗粒，使噬菌体能够通过将其遗传物质注入宿主细胞来感染细菌。但在关键时刻，他们把细菌放进了瓦林搅拌机（Waring Blender）里，赫尔希已经确定这种搅拌机产生的剪切力恰到好处，可以在不破坏细菌的情况下将噬菌体颗粒从细菌壁上撕裂下来。他们发现，只有带有 ^{32}P 标记的病毒 DNA 才能大量进入细胞，这证实了埃弗里团队在 1944 年的发现。蔡斯的朋友、肿瘤学家瓦茨拉夫·希巴尔斯基（Waclaw Szybalski）出席了赫尔希-蔡斯实验的首次员工展示会，他对此印象深刻，于是当晚便邀请蔡斯共进晚餐并

39

跳舞。"我的印象是，她没有意识到自己所做的工作有多么重要，但我认为那天晚上我说服了她。"他说，"以前，她认为自己只是一个收入微薄的技术人员。"在寻找 T2 噬菌体染色体数量和大小的过程中，蔡斯和赫尔希还开发了色谱分析方法和离心分析方法，这些方法至今仍在使用。早在汉密尔顿·史密斯（Hamilton Smith）的噬菌体限制工作之前，他们就已经确定噬菌体在复制过程中会产生"黏性末端"，这一观察结果为重组 DNA 技术提供了一个关键的工具。

这些研究提供了确凿的证据，证明了 DNA 包含创造新病毒颗粒所必需的所有信息，包括其 DNA 和蛋白质外壳。这一结果支持了 DNA 作为遗传物质的作用，并驳斥了蛋白质作为遗传物质的作用。作为生物技术的主力军之一，质粒（plasmid）是由莱德伯格引入的，用来描述他发现的含有染色体外遗传物质的细菌结构。质粒的存在是在细菌结合的背景下被证明的，细菌通过这种结合互相交换自己的一部分。威廉·海斯（William Hayes）实际上证明了结合过程，即一个细菌细胞将它的某些基因拷贝导入另一个细菌细胞的过程，这个过程在 20 年后生物技术新兴领域的第一场重大法庭斗争中，成了经常被忽视的核心原则之一。在当年的另一个有先见之明的宣言中，让·布拉谢（Jean Brachet）提出 RNA（一种核酸）在蛋白质合成中发挥着重要作用。

虽然 DNA 作为遗传分子这种观点在 1952 年已经非常明确，但是这种分子的结构仍然难以捉摸。这种编码遗传信息的分子所体现的独特功能意味着某些属性，包括作为精确复制和信息转录模板的能力。结构生物学的工具被用来解释这种二元性。早在 1951 年，罗莎琳德·富兰克林（Rosalind Franklin），一位训练有素的 X 射线晶体学家，就在确定煤和其他碳的结构方面做出了重大贡献，并拍摄了著名的 51 号照片。被伦敦国王学院的约翰·兰德尔（John Randall）指派确定生物分子结构的任务后，富兰克林就把在巴黎学到的技术应用到了煤炭的研究中。当她的同事威尔金斯研究"干"的 A 型 DNA 时，富兰克林研究的是水合的 B 型 DNA。利用这种技术，通过观察在 X 射线束下晶体的衍射模型，可以精确地描绘出任何晶体中的原子位置。富兰克林当时拍摄的 X 射线衍射照片被伯纳尔（J. D. Bernal）称为"有史

40

以来拍摄的最美丽的 X 射线照片之一"。经过复杂的数学分析,她阐明了分子的基本螺旋结构,发现 DNA 的糖-磷酸主链位于分子的外部。在嘲笑沃森和克里克第一次尝试构建的分子时,她就特别强调了这一点。然而,她并没有把整个情况综合起来考虑。

　　两次旅程,一次成功,另一次失败,帮助确定了寻找结构这场竞赛的结局。完成这段旅程的是夏格夫,他来到了剑桥,而鲍林则没有成功。由于他的社会主义倾向,刚刚进入麦卡锡时代的美国国务院就没收了鲍林的护照。因此,由于无法接触到富兰克林清晰的 X 射线照片,他和科里(Corey)假设了一个数据不支持的三重螺旋结构。他们的模型由三条相互缠绕的链组成,磷酸盐位于纤维轴附近,碱基位于外侧。他们没有提到碱基配对,但如果没有碱基配对,就没有对夏格夫法则的解释。鲍林个人对夏格夫的强烈反感并没有对他的处境有任何帮助。如果鲍林参加了比赛,看到了 X 射线衍射图谱,历史可能会有不同的结果。尽管威尔金斯质疑这个假设。在贾德森(Judson)的《创世八日》(*The Eighth Day of Creation*)一书中,他写道:"人们轻率地认为他本可以想出这个主意——鲍林只是没有去尝试。他自己不可能只花五分钟来研究这个问题,也不可能没有仔细研究他们在那篇论文中发表的关于基本配对的细节。几乎所有的细节都是错误的。"

　　当沃森和克里克把所有的部件放在一起时,比如夏格夫的碱基配对法则以及富兰克林优美的 51 号照片,该照片清楚地表明 DNA 是由磷酸盐支撑的双螺旋结构,办公室同事杰里·多诺霍(Jerry Donohue)脱口而出的评论——教科书错误地把碱基描绘成"酮"的形式而不是"烯醇"的形式,优雅的结构出现了。1953 年 4 月 25 日,《自然》(*Nature*)杂志发表了他们的简短通信,其中有他们著名的一句话:"我们所假设的特定配对立即暗示了遗传物质可能存在复制机制。"几个星期后,沃森和克里克详细阐述了一篇较长的论文,但是他们必须在鲍林弄明白之前,将其记录在一个可靠的信息来源中。结构-功能关系的概念已成功地用于解决生物学中的一个重大问题。即使在那之后,夏格夫也没有被过分动摇。他认为:"我们创造了一种机制,使得真正的天才几乎不可能出现。在我自己的领域里,生物化学家弗里茨·李普曼

41

（Fritz Lipman）或备受诟病的鲍林都是非常有才华的人。但总的来说，到1914年，各地的天才似乎都已经绝迹了。如今，大多数人都是被当时的风吹得喘不过气来的平庸之辈。"由此看来，即使是爱因斯坦（Einstein）也不符合他严格的天才标准。

詹姆斯·沃森（左）和弗朗西斯·克里克（右）

另一位没有达到夏格夫标准的物理学家伽莫夫提出了"大爆炸"理论并发明了原子核的液滴模型，就像他之前的许多物理学家在20世纪50年代对遗传学感兴趣一样，他给沃森和克里克写了一封信，概述了连接20种氨基酸和DNA结构的数学代码。1954年，他成立了RNA领带俱乐部，作为一个非正式的科学家小组，该俱乐部致力于"解开RNA结构之谜，并了解它构建蛋白质的方式"。成员之间的友谊是分子生物学早期的特点，促进了对尚未准备好正式发表的未经检验的想法的讨论。随后，1957年俱乐部成员克里克和伽莫夫提出了遗传学的中心法则（central dogma）。他们的"序列假说"假设DNA序列决定了蛋白质中的氨基酸序列。他们还提出，遗传信息只能向一个方向流动，即从DNA到信使RNA（mRNA）再到蛋白质，这就是中心法则的核心概念。同年，马修·梅塞尔森（Matthew Meselson）和富兰克林·斯塔尔（Franklin Stahl）证明了DNA的其他主要功能，即其复制机制。第二年，也就是 1958 年,参与这一过程的主要的酶——DNA 聚合酶 I 被阿瑟·科恩伯格(Arthur Kornberg)发现并分离了出来,成为第一种在试管中制造 DNA 的酶。一年后的 1959 年,弗朗索瓦·雅各布(Francois Jacob)、戴维·佩林(David Perrin)、卡门·桑切斯(Carmen Sanchez)和雅克·莫诺(Jacques Monod)证实了基因调控的存在,这种基因调控可以与染色体上的控制功能按照与 DNA 序列相同的顺序进行映射。由此他们提出了控制细菌基因作用的操纵子(operon)概念。雅各布和莫诺后来提出,一种蛋白质阻遏物会阻断一组特定基因(乳酸操纵子)的 RNA 合成,除非诱导剂(乳糖)结合到阻遏物上。1965 年雅各布和莫诺凭借这项工作获得了诺贝尔生理学或医学奖。

42

在更宏观的层面上,20 世纪 50 年代早期在染色体分析方法学方面取得了一些技术进步,包括徐道觉(T. C. Hsu)发现的能够展开染色体的低渗溶液。1956 年,在瑞典隆德(Lund)工作的蒋有兴(Jo Hin Tjio)和艾伯特·莱文(Albert Levan)利用这些新方法,确定了人类正确的染色体数目为 46。1959 年,人们发现了 4 种重要的染色体综合征。在法国,杰尔姆·勒热纳(Jerome Lejeune)描述了唐氏综合征 21 三体和 5 号染色体短臂的缺失。在英国工作期间,帕特里夏·雅各布斯(Patricia Jacobs)和查尔斯·福特(Charles Ford)发现特纳综合征患者的染色体组成为 45,X,克氏综合征的染色体组成为 47,XXY。总的来说,这些观察结果标志着临床细胞遗传学的诞生。

回到微观层面,马歇尔·尼伦伯格(Marshall Nirenberg)在 1961 年构建了一条仅由碱基尿嘧啶组成的信使 RNA 链。因此,他发现 UUU 是苯丙氨酸的密码子,这是破解遗传密码的第一步。1961 年,实现这一目标的一些机制也得到了阐明。悉尼·布伦纳(Sydney Brenner)、雅各布和梅塞尔森利用噬菌体感的细菌证明了核糖体是蛋白质合成的位点,并证实了信使 RNA 的存在。他们证明,T4 噬菌体感染大肠杆菌后会阻止宿主 RNA 的细胞合成,并导致 T4 RNA 的合成。T4 RNA 附着在细胞核糖体上,控制细胞过程并指导其自身的蛋白质合成。1966 年,乔恩·贝克威思(Jon Beckwith)和伊桑·赛纳(Ethan Signer)将大肠杆菌的乳糖操纵子(lac 区)转移到另一种微生物中,以证明基因控制。事实上,他们成功地实现了这一点,这使他们认识到染色体

59 ◀

并不是(从广义上来讲)一成不变的,它们可以被重新设计,而且基因可以四处移动。1967年,当尼伦伯格、海因里希·马特伊(Heinrich Matthaei)和塞韦罗·奥乔亚(Severo Ochoa)证明20种氨基酸中的每一种都由3个核苷酸碱基(一个密码子)的序列决定时,遗传密码终于被"破解"了。第二年,也就是1968年,尼伦伯格与罗伯特·霍利(Robert Holley)、哈尔·戈宾德·霍拉纳(Har Gobind Khorana)一起获得了诺贝尔生理学或医学奖。早在1967年,希巴尔斯基和威廉·萨默斯(William Summers)就开发了DNA-RNA杂交技术(将核酸混合在一起,使它们成为碱基对)来研究T7噬菌体的活性。

事实证明,这是非常富有成效的一年,一位狂热的登山者托马斯·布罗克(Thomas Brock)在黄石公园度假的时候,被那里许多温泉中呈现的微生物生命蓬勃发展的景象所吸引。他分离并鉴定了一种令人着迷的细菌,该细菌因其发现的地理位置而被命名为水生嗜热杆菌(*Thermus aquaticus*),这种细菌能在85℃的温度下生长得很好。从水生嗜热杆菌中分离出来的一种热稳定DNA聚合酶,在凯利·穆利斯(Kary Mullis)于20世纪80年代早期开发出的极宝贵技术中起着重要的作用。除了引起分子生物学家的兴趣之外,这一发现因为促进了古菌域的发展,而以其自身的方式产生了更为深远的影响。在生物技术方面,同年,沃纳·亚伯(Werner Arber)表明,细菌细胞具有能够通过在胞嘧啶和腺嘌呤上添加甲基来修饰DNA的酶。正如后来的研究所表明的那样,从免疫的角度来看,这种甲基化是自我识别的一种原始形式,有助于细胞在DNA水平上识别自我和非我,事实上这可能对从衰老到克隆的一切发育过程都具有深远的影响。

1970年,约翰斯·霍普金斯大学的汉密尔顿·史密斯在对一种细菌——流感嗜血杆菌(*Haemophilius influenza*)的研究中发现了限制性内切酶(restriction enzyme),这是该系统的另一端,对自我识别至关重要,而对于重组DNA技术来说这并非偶然。在这种生物体中,限制性内切酶是一种原始的免疫防御系统,它切割(限制)外来DNA以阻止病毒等生物体的入侵,但宿主的DNA则会受到包括前面提到过的甲基化在内的各种方式的保护。与之相伴的核酸酶能识别甲基化位点,所以只有在DNA没有被甲基化的情况下才会受到"限制"。同样在 1970 年,霍华德·特明(Howard Temin)和戴维·巴尔的摩(David Baltimore)在独立研究 RNA 病毒并发现一种名为"逆转录酶"(reverse transcriptase)的酶的时候,他们发现克里克的中心法则(即 DNA 可以复制新的 DNA 或转录信使 RNA,然后翻译蛋白质)并不总是成立。他们的工作描述了感染宿主细菌的病毒 RNA 如何利用这种酶将其信息整合到宿主的 DNA 中。逆转录酶以 RNA 为模板合成单链互补 DNA(complementary DNA,cDNA),这一过程为遗传信息从 RNA 流向 DNA 建立了一条途径。这种酶不仅为所有领域的生物技术研究,包括从克隆用于治疗或有价值的生产酶的基因,到人类基因组测序的所有手段提供了宝贵的工具,而且还提供了一个潜在的研究对象,以阻止那些威胁我们、我们的作物和动物的"生命"形式,即 RNA 病毒。1975 年,巴尔的摩、特明和雷纳托·杜尔贝科(Renato Dulbeccoo)一起因这项工作而被授予了诺贝尔生理学或医学奖。这一系列事件为生物技术时代的到来奠定了基础,生物技术时代在进入新的 10 年中的第三年开始蓬勃发展。

参考文献

Avery OT, MacLeod CM, McCarty M (1944) Studies on the chemical nature of the substance inducing transformation of Pneumococcal types. J Exp Med 79: 137–159

Chargaff, Erwin (1972) Oral History Interview, American Philosophical Society. Spring 1972. American Philosophical Society Library, Philadelphia

Chargaff, Erwin (1978), Heraclitean Fire, Rockefeller Press, New York

Charles D (2002) The Origin of Species, Revised edition, 2nd Abrdgd edn. W. W. Norton & Company, London UK

Chase MH, Day A (1952) Independent functions of viral protein and nucleic acid in growth of bacteriophage. J Gen Physiol 36(1): 39–56

Franklin R, Gosling RG (1953) Evidence for 2-chain helix in crystalline structure of sodium deoxyribonucleate. Nature 172: 156–157

Franklin R, Gosling RG (1953) Molecular configuration in sodium thymonucleate. Nature 171: 740–741

44

Freeland JH (1979) The Eighth Day of Creation: Makers of the Revolution in Biology. Cold Spring Harbor Laboratory Press

Kelly TJ Jr, Smith HO (1970) A restriction enzyme from haemophilus influenzae. II. Base sequence of the recognition site. J Mol Biol 51: 393–400

Linus P (1940) Nature of the Chemical Bond, 2nd edn. Ithaca, NY, Cornell University Press, London, H. Milford, Oxford University Press

Mendel G (1866) Versuche über Pflanzen-Hybriden. Verhandlungen des naturforschenden Vereines in Brünn. Proceedings of the Natural History Society of Brünn

Perutz Max F (2002) I Wish I'd Made You Angry Earlier: Essays on Science, Scientists, and Humanity. Cold Spring Harbor Laboratory Press, Boston MA

Smith HO, Wilcox KW (1970) A restriction enzyme from Haemophilus influenzae. I. Purification and general properties. J Mol Biol 51: 379–391

Stahl Franklin W. (2000) We Can Sleep Later: Alfred D. Hershey and the Origins of Molecular Biology. Cold Spring Harbor Laboratory Press, pp. xii+359

Vasic-Racki D (2006) History of Industrial Biotransformations-Dreams and Realities Durda in Industrial Biotransformations. Andreas Liese, Karsten Seelbach, Christian Wandrey (Eds.) WILEY-VCH Verlag GmbH & Co. KGaA, Weinheim

Watson JD, Crick FHC (1953) A structure for deoxyribose nucleic acid. Nature 171: 737–738

Watson JD, Crick FHC (1953) Genetical implications of the structure of deoxyribonucleic acid. Nature 171: 964–967

Wilkins MHF, Stokes AR, Wilson HR (1953) Molecular structure of deoxypentose nucleic acids. Nature 171: 738–740

生物技术的早期历史

第3章

生物技术时代的黎明 1970—1990

　　20 世纪 70 年代,结束于印度研究人员对生物技术领域(一个是在科学领域,另一个是在政策领域)的里程碑式贡献。1970 年 6 月 8 日,《先驱论坛报》(*The Herald-Tribune*) 发表了一篇题为《合成基因革命》(The Synthetic Gene Revolution)的报道,预示着真正的基因时代的到来。这篇文章由三人小组中的一位成员发表,主要描述了第一个基因(酵母基因)的合成,这个小组在三年前因为破译了遗传密码而获得了诺贝尔奖。来自威斯康星大学的哈尔·戈宾德·霍拉纳博士是寡核苷酸的发现者,他利用寡核苷酸更基本的形式来破解遗传密码,并使其成为近代生物技术中不可或缺的工具之一。

　　《先驱论坛报》的文章指出,通过创造人工基因,这一成就与原子分裂一样,被列为我们对物理宇宙的控制或缺乏控制的里程碑。"世界末日到了!"这是一位来自华盛顿大使馆的科学专员对这则报道的反应。"如果你能制造基因,你最终就能制造出无法治愈的新病毒。任何一个拥有优秀生化学家的小国家,只需要一个小实验室,就能制造出这样的生化武器。"换句话说,只要能做到,就会有人去做。

　　从那时起,人们对生物技术的总体反应,特别是某些方面的反应,都是有先见之明的。基因合成也是引发现代生物技术诞生的三大创新之一,并在 20 世纪 70 年代独立发展了起来。这三项技术突破建立了科学家分离和操纵无限量的单基因(DNA 克隆),读取这些基因(DNA 测序)以及编写或创造以前不存在的新基因信息（DNA 合成）的能力。最后，这些技术的自动化和计算机化，及由它们催生的技术，代表了生物技术的诞生和持续发展的第四个独立贡献。

　　其中一个关键工具是来自对细菌原始免疫系统的观察。尽管在 20 世纪 50 年代，卢里亚和休曼（Human）就初次观察到了宿主特异性现象，但直至近 10 年后，亚伯和迪苏（Dussoix）才初次观测到其分子基础。他们提出宿主特异性是基于双酶系统：一种是识别特定 DNA 序列的限制性内切酶，并能够在进入细菌细胞后切割外来入侵 DNA；另一种是负责保护宿主 DNA 免受自身限制性内切酶作用的修饰酶（甲基化酶）。限制性内切酶和修饰性甲基化酶被认为可以识别相同的核苷酸序列，并共同组成限制-修饰（restriction-modification，R-M）系统。1968 年，限制性内切酶 EcoB 和 EcoK 被分离了出来，并被归类为 I 型酶。由于它们切割 DNA 的位置是随机的，因此不能切除用于重组的特定片段。两年后（1970 年），史密斯和威尔科克斯（Wilcox）分离并鉴定了第一个 II 型限制性内切酶 Hind II，该酶能将 DNA 精准地剪切成所需的片段，并能同时产生具有突出单链 DNA 尾的分子。这一发现彻底改变了基因结构和基因表达方面的研究，且为 DNA 重组技术提供了必要的精确系统。1971 年，达纳（K. Dana）和内桑斯（D. Nathans）利用限制性内切酶技术，将猿猴空泡病毒 40（SV40）的环状 DNA 切割成了一系列片段，并推导出了其物理顺序。

　　1972 年，洛班（P. Lobban）和凯泽（A. D. Kaiser）开发了一种连接任意两个 DNA 分子的通用方法，即利用末端转移酶（terminal transferase）在目的 DNA 和载体 DNA 分子的尾部上添加互补的同聚物。同年晚些时候，杰克逊（D. A. Jackson）、西蒙斯（R. H. Symons）和保罗·伯格报道了将病毒的 DNA 拼接到大肠杆菌 λ 噬菌体的 DNA 中。因此，他们是第一个在体外将两种不同生物体的 DNA 合在一起的人。斯坦福大学的生物化学家伯格的想法是将两个 DNA 的平末端片段拼接在一起，从而形成一个杂合的环状分子。通过突袭科恩伯格的冰箱，伯格团队用三磷酸腺嘌呤脱氧核苷酸（dATP）、三磷酸胸腺嘧啶脱氧核苷酸（dTTP）和脱氧核苷酸制作了 A 尾和 T 尾。为了填补缺口和封闭末端,他们分别采用了 DNA 聚合酶 I(即科恩伯格酶,填补缺口)和 DNA 连接酶(封闭末端)。从本质上讲,他们所做的就是创造黏性末端,重组 DNA 双链,再加入 DNA 聚合酶和 DNA 连接酶,然后形成共价封闭的环。这个环的其中一半是 SV40,另一半是 λ dv gal。此前,斯坦利·科恩(Stanley Cohen)、安妮(Annie C. Y. Chang)和莱斯利(Leslie Hsu)的研究已经证明,大肠杆菌可以吸收环状质粒 DNA 分子,利用质粒携带的抗生素抗性基因可以识别和选择细菌群体中的转化子。在此基础上,伯格的最后一步是将新的重组分子转化到大肠杆菌中。然而,由于伯格选择的基因来自 SPV40 猴病毒,他担心病毒潜在的危险性,所以在研究完成前就中止了研究。这既是第一个重组 DNA 分子,也是第一个暂停(自我强制)生产的重组 DNA 分子。在他写的著名的"伯格的信"中称他自愿暂停所有重组 DNA 的研究,直到完全了解其危险性。最终,伯格通过将重组 DNA 分子引入并"改造"大肠杆菌完成了他的研究,并因此于 1980 年获得了诺贝尔化学奖。

1. 新生的生物技术产业

尽管伯格是第一个创造出重组生物的人(1973 年),但真正的生物技术时代始于斯坦福大学的科恩和加利福尼亚大学旧金山分校的赫伯特·博耶(Herbert Boyer)成功地在细菌 DNA 的两端拼接上外源基因并形成重组分子的时候。他们称自己的成果为"重组 DNA",但新闻界更倾向于称之为"基因工程",尽管新闻界可能没有意识到他们借用的是丹麦微生物学家 A. 约斯特在 1941 年于波兰利沃夫技术研究所发表的关于酵母有性生殖的讲座中提出的一个术语。许多人可能会感到惊讶,因为伯格非常明确地表示没有开发分子克隆技术,并且公开承认了科恩和博耶的成就。尽管霍拉纳等人先前已经合成了 DNA 分子,但伯格声称,他自己的实验室开发了利用哺乳动物病毒将外源基因携带到动物细胞中的技术。伯格团队从 1972 年开始使用这种"基因剪接"技术来研究哺乳动物基因那令人生畏的复杂结构和功能。

值得注意的是,随着重组 DNA 技术的初步发展,伯格和杰出的同事巴尔

47

的摩、博耶与科恩于 1974 年 7 月 19 日在《自然》杂志上发表了美国国家科学研究委员会关于自然界重组 DNA 分子的研究结果（Berg，1974），该文章有效地呼吁了暂停基因工程研究（Berg et al.，1975）。伯格、博耶和科恩明显是签署人，巴尔的摩则从另一个角度出发。巴尔的摩是一名化学家，从未接触过中心法则，即 DNA 将遗传信息传递给单链 RNA，而不会反向流动的核心规律。他被霍华德·特明的工作说服，后者早先提出了遗传信息从 RNA 到 DNA 的转移可能发生的假设。这对化学家巴尔的摩来说意义很大，在 1970 年，他认为之前公认的观点是错误的，开始着手证明特明研究的正确性。

巴尔的摩用他的第一个关于 RNA 肿瘤病毒的实验打破了这一法则。在这个实验中，逆转录酶能够使反转录病毒将信息从 RNA 转移到 DNA。这个实验的影响是巨大的，他们认为病毒可以渗入细胞 DNA 中并将其自身转化为细胞的基因。同时，巴尔的摩还看到了将此与伯格、博耶和科恩的发现结合起来使用的意义，即从 RNA 反向复制基因，作为克隆有价值基因的捷径，因此 cDNA 的概念诞生了。戴维·格德（David Goeddel）声称，汤姆·马尼亚蒂斯（Tom Maniatis）是第一个进行 cDNA 克隆实验的人，马尼亚蒂斯于 1976 年在冷泉港克隆了人类珠蛋白的 cDNA。关于此，有人说是温斯顿·萨尔泽（Winston Salzer）做的，也有人说是马尼亚蒂斯。但珠蛋白 cDNA 的克隆的确发生在 1976 年左右。马尼亚蒂斯着手研究人类基因组文库，但随着 10 年后"割裂"基因的发现，这一工作又增加了一个维度。逆转录酶也被证明是探测单个基因，包括导致癌症的致癌基因的 DNA 的有力工具。事实上，逆转录酶的发现对整个生物技术领域的发展具有重要意义。1976 年，当分子杂交用于α-地中海贫血的产前诊断时，逆转录酶作为重组 DNA 分子诊断的先驱工具首次应用于人类遗传性疾病的诊治中。

2. 末日虫

将精灵从瓶子里释放出来后，巴尔的摩开始担心基因从一个生物到另一个生物的混乱转移。例如，他担心将整个病毒放入细菌中可能会导致细菌传播病毒性疾病。媒体上的奇谈怪论悲观地谈到了"末日虫"的诞生。这篇文章的发表促使巴尔的摩在"伯格的信"中加入了他的观点,随后又促使科学家会议于 1975 年在美国阿西洛马(Asilomar)召开,这次会议主要对重组 DNA 研究的各个方面和意义进行了探索。

科学家和媒体都踊跃参加了在阿西洛马举行的会议。迈克尔·罗杰斯(Michael Rogers)在《滚石》(*Rolling Stone*)杂志上发表了题为"潘多拉魔盒大会"的文章,文章对此次会议活动进行了总结:这次会议为期 4 天,每天 12 个小时,关于基因操作伦理的激烈讨论应该在尚未撰写的文本形式存在下去,作为科学界社会良知演变的里程碑和分水岭。他引用了一位科学家的话:"自然不需要立法,但扮演上帝需要。"这次具有里程碑意义的会议制定了一套指南,概述了确保基因工程实验安全的严格程序。从此禁令被解除,重组 DNA 研究得以恢复,但必须遵守严格的自我实施的实验室安全准则。这些指南成为美国国立卫生研究院(National Institutes of Health,NIH)资助研究项目的前提条件,指南涉及物理和生物控制的级别。生物防护的一个例子是要求使用在实验室环境之外无法存活的有机体。这代表了科学家们前所未有的自我调节行为。

这些指南成为美国国立卫生研究院重组 DNA 咨询委员会(Recombinant DNA Advisory Committee,RAC)成立以及 1976 年著名的重组 DNA 咨询委员会指南的制定和发布的基础(NIH,1976)。有趣的是,在指南的名义下,这些指令承担着监管监督的重任,因为美国国立卫生研究院资助的研究人员必须遵守这些指南,以避免危及其机构的资金。随着时间的推移,所有联邦和州资助机构都采用了针对基金获得者的指南,从而涵盖了所有联邦资助的分子遗传学研究。尽管美国国立卫生研究院的指南专门针对重组 DNA 研究,但其他机构和生物技术公司自愿遵守该指南。1980 年,早期对重组 DNA 危险的担忧已经减弱,美国国立卫生研究院的指南也放松了,并将大多数决定权分配给了机构生物安全委员会。悉尼·布伦纳(2001)对这一知识库的个人贡献,是通过摄取样本并追踪其命运,进而对重组 DNA 细菌的安全性和持久性进行的"临床试验"!

与在阿西洛马举行的科学家会议同年，分子生物学家罗伯特·波利亚克（Robert Pollack）出于对某些重组 DNA 实验安全性的担忧，出版了第一本警告世界生物技术潜在阴暗面的书——《生物研究中的生物危害》（*Biohazards In Biological Research*）。由此，重组 DNA 开始被媒体和公众所关注。一篇关于 DNA 克隆及其影响的文章标题是《变身博士和变身先生和变身先生和变身先生》（Dr. Jekyll and Mr. Hyde and Mr. Hyde and Mr. Hyde）。其他标题还包括"调节重组 DNA 研究：从世界末日中撤退""生死攸关的新菌株"和"用 DNA 扮演上帝"。碱基配对法则的发现者欧文·夏格夫于 1976 年 6 月在《科学》杂志上写道："我们是否有权利不可逆地对抗数百万年的进化智慧，以满足少数科学家的野心和好奇心？"后来他将"分子革命"驳斥为 10% 的进步和 90% 的废话（Chargaff, 1979）！

1972 年 11 月，在美日细菌质粒联席会议的间隙，博耶和科恩在一家威基基（Waikiki）熟食店里吃腊肠（或者可能是咸牛肉）三明治时，进行了一场有先见之明的对话，这场对话影响了该领域的发展走向。博耶一直在研究汉密尔顿·史密斯的限制性内切酶 *Eco*R I，这种酶可以在特定位点"切割"DNA。博耶介绍了他在 *Eco*R I 上的工作以及他的发现，即 DNA 的黏性末端可以通过 DNA 连接酶连接在一起或"拼接"。与伯格不同，科恩想利用自由漂浮的、能够进行独立复制的细菌 DNA 片段（即质粒）在生物体之间转移基因。博耶和科恩设想，通过使用限制性内切酶和质粒技术，就可以将质粒分离与 DNA 剪接结合起来。这可能可以将外源 DNA 插入到质粒中，并将质粒引入适合的寄主体内，使寄主按照外源遗传信息的指示进行复制与扩增，进而表达产物。因此，重组 DNA 的技术人员采用了病原体的术语"载体"（vector）。在传统的农业和医学中，载体是一种本身不引起疾病的生物体，但它会将病原体从一个宿主传递到另一个宿主，使之感染。载体在重组 DNA 里的意义是包含复制起始位点的 DNA 结构，如质粒或细菌人工染色体。一个合适的复制起始位点能使细胞构建体与细胞染色体一起复制，并传递给后代。用载体转化的单个细胞将生长成一个完整的细胞培养物，这些细胞都含有载体，以及在构建体中附着在载体上的任何基因。由于这些结构可以通过纯化技术从细胞中提取出来,因此用载体转化是一种将少量 DNA 分子进行扩增的方法,从而得以"克隆"携带的基因。

斯坦利·科恩　　　　　赫伯特·博耶

1973 年 3 月,科恩和博耶在 DNA 克隆方面取得了成功。科恩和博耶与安妮一起,将一种两栖动物——非洲爪蟾(*Xenopus laevis*)中编码核糖体 RNA 的基因插入 pSC101 质粒中。该质粒因为是科恩分离的第 101 个质粒,所以得名 pSC101。如前所述,该质粒包含一个可以被限制性内切酶 *Eco*R I 切割的位点,以及一个四环素耐药基因(*Tc′*基因)。通过 *Eco*R I 酶将核糖体 RNA 编码区切割,再使互补序列配对,随后将核糖体 RNA 编码区插入 pSC101 的切割位点,这是基因工程的黎明,从此,大肠杆菌就成了重组 DNA 研究的"实验室老鼠"。

他们很快意识到自己研究的重要性,并且着手准备发表论文,该论文最终于 1973 年 11 月发表。在此之前,1973 年 6 月,博耶出席了戈登会议(Gordon conference),分子生物学家立即认识到这一发现的惊人潜力。在 1975 年著名的重组 DNA 分子阿西洛马会议召开的前几年,伯格对不断增长的 DNA 操纵技术能力所带来的生物危害的风险非常关注,因此组织了一次关于该主题的会议。大多数参会者都参加过早期的"生物研究中的生物危害"(Biohazards in Biological Research)大会,伯格也应邀参加了后来的会议。有人认为,潘多拉盒子已经打开,现在存在着一种可能性,即人造生物可能会从实验室中逃脱,并引发未知的疾病。在戈登会议后仅一个月,玛克辛·辛

50

51

格(Maxine Singer)和海因里希·索尔(Heinrich Soll)于伯格之前给美国国家
科学院(National Academy of Sciences)写了一封令人深思的信,并引发了关于
重组 DNA 研究安全性的争论。这封信发表在《科学》杂志上,但并没有引起
公众的兴趣。

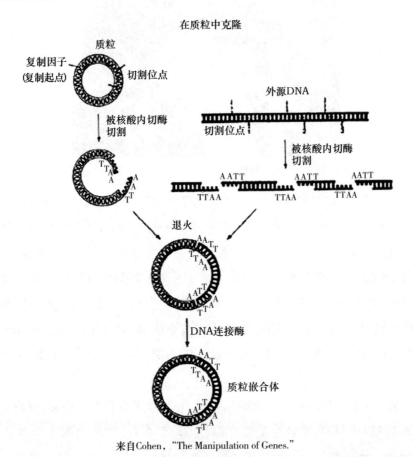

来自Cohen, "The Manipulation of Genes."

　　正如 1974 年 7 月发表在《科学》杂志的另一封信指出的那样,重组 DNA
研究确实引起了公众的注意。这封信是由斯坦福大学诺贝尔奖获得者伯格
和其他 10 位科学家(包括博耶和科恩)写的,他们呼吁美国国立卫生研究院
制定重组 DNA 研究的安全指南,并要求科学家在这些指南发布之前暂停某
些未知生物危害的 DNA 研究。

3. 可申请专利的生物

　　有趣的是,与公认的"技术转让办公室是规避风险的"这一观点形成鲜明
对比的是,围绕这个问题的争议首先引起了斯坦福大学技术许可办公室的注
意。1974 年 4 月初,时任《纽约时报》(*The New York Times*)科学作家、后来成
为麻省理工学院(MIT)研究助理的维克·麦克尔赫尼(Vic McElheny)注意到
一篇关于阻抑基因的文章。在追踪这篇报道的过程中,他了解到两个有趣的
事实:一个事实是,在马萨诸塞州的剑桥市召开了一次会议,会议起草了上面
提到的伯格等人所写的那封信;另一个事实是,科恩、博耶和他们的同事即将
在《美国国家科学院院刊》(*PNAS*)上发表一篇论文,题为《在大肠杆菌中复
制和转录真核生物 DNA》。他们即将报道他们将非洲爪蟾的遗传信息引入
并表达到跨越物种边界的细菌中的成功尝试,这项工作使麦克尔赫尼重温了
1973 年 11 月发表在《美国国家科学院院刊》上的一篇文章。斯坦福大学技
术许可办公室前主任,现加利福尼亚州帕洛阿托市智力合作伙伴公司
(Intellect Partners)负责人尼尔斯·赖默斯(Niels Reimers),于 1974 年 5 月 20
日从斯坦福大学校园新闻主任鲍勃·拜尔斯(Bob Byers)那里收到了麦克尔
赫尼发表在《纽约时报》上的文章。在赖默斯看来,这似乎是一个很有希望获
得专利的机会,但科恩有其他想法。

　　当赖默斯与科恩讨论这项研究的潜在实际应用时,科恩承认这一发现具
有重大的科学意义,但他强调他不想让这项研究获得专利,尽管它潜力巨大,
但在 20 年内它可能不会出现重大的商业应用。经过充分讨论,科恩最终同
意可以对专利申请进行调研。这项调研使他找到了加利福尼亚大学旧金山
分校的博耶。经过一番讨论,博耶同意在科恩愿意的基础上进行合作(Reim-
ers, 1987)。

　　协议的具体细节是与加利福尼亚大学专利办的约瑟芬·奥尔帕克(Jose-
phine Olpaka)一起制定的。她认为科恩和博耶是共同发明人,斯坦福大学将
管理该技术的专利和许可,在扣除总收入的 15% 作为斯坦福大学的管理费

52

用,以及所有将从专利和许可费用中扣除的费用后,他们将平分净特许权使用费。大学和发明者之间达成了协议,但在《拜杜法案》出现之前,还有另一个障碍。

美国癌症协会(American Cancer Society)、美国国家科学基金会(National Science Foundation, NSF)和美国国立卫生研究院3个研究资助机构都参与了这项发现。这些大学并不知道美国癌症协会将任何发明授予任何受助人的先例。最终,美国癌症协会、美国国家科学基金会和美国国立卫生研究院都同意,根据斯坦福大学与美国国立卫生研究院的"机构专利协议",斯坦福大学可以代表公众管理该发明。所有相关方及时地解决了这个问题,并在1974年11月4日提交了专利申请。根据1973年11月在《美国国家科学院院刊》发表的文章,这比一年美国专利禁止期早了一周。当然,这没有覆盖当时的欧洲经济共同体(European Economic Community, EEC),即现在的欧盟(European Union, EC)。在美国,在专利申请中所描述的发明已在出版物中被描述或在美国公开使用或销售后,发明者仍有一年的宽限期来提交专利申请,而在大多数其他国家,在提交专利申请前,有关该专利的任何公开形式都会使发明者无法获得专利。

然而,这段特殊的历史并不是由西海岸的高等学府所创造的,而是由一个公司的员工创造的,他所在的行业期望所有的研究工作都能获得专利。基于生物的专利只是他们庞大的工程组合中的一个方面。在重组技术诞生的前一年,即1972年,通用电气(General Electric, GE)公司的微生物学家阿南丹·查克拉巴蒂(Ananda Chakrabarty)创造了一种用于清理石油泄漏的细菌(铜绿假单胞菌,*Pseudomonas aeroginosa*)。他没有通过基因剪接和克隆来改造细菌,而是使用传统的基于接合转移的遗传操作技术,使一个细菌内含有4个质粒,并使其能够代谢原油的成分。这些质粒是天然存在的,但并不都是自然存在于被操纵的细菌中的。通用电气公司的专利申请包括3项权利要求:生产细菌的方法、细菌与载体材料的组合以及细菌本身。美国专利及商标局允许了方法和组合的权利要求,但拒绝了对细菌本身的权利要求,他们表明微生物是自然界的产物,作为生物,它们不是可申请专利的客体。通用电气公司对此提出上诉。

　　1980 年 6 月 16 日,在专利审查员最终驳回上诉的 8 年后,现在著名的(从某些角度看是臭名昭著的)倒霉的专利审查员戴蒙德起诉查克拉巴蒂的案件中,最高法院以 5∶4 的比例裁定,一些活的人造微生物是可申请专利的,因为根据实用新型专利法,包括生物发明在内的任何人类发明都是可申请专利的。最高法院的决定是基于国会在撰写专利法时使用了宽泛的术语这一事实,因此,法律应该被赋予更大的范围。最高法院引用的证据表明,国会有意将法定主题事项赋予"包括阳光下人类所造的任何东西"。最高法院首席大法官沃伦·伯格(Warren Burger)代表多数人写道:"专利权人培育了一种新的细菌,其特征与自然界中已发现的任何细菌都明显不同,并且具有重大实用价值潜力。他的发现不是大自然的手笔,而是他自己的。因此,根据第 101 条规定,该细菌是可申请专利的客体。"这一决定有效地将专利保护扩展到了任何具有通过科学获得的独特特征的生物材料上,这些特征被定义为"不是在自然界中发现的人类智慧和研究的结果"。

　　那么这对斯坦福大学和加利福尼亚大学的专利申请有何影响呢? 该申请最初于 1974 年 11 月 4 日提交,涵盖了生物功能"嵌合体"(chimera)①的制作过程和组成。在申请的审查过程中,专利审查员阿尔文·塔嫩霍尔茨(Alvin Tanenholtz)向申请人的专利代理人伯特伦·罗兰(Bertram Rowland)表示,他同意授予描述生产生物转化体的基本方法的工艺权利要求,但他不同意授予对生物材料本身的权利要求。因此,原始专利申请随后便被分为"产品"申请和"工艺"申请。

　　该工艺专利于 1980 年 12 月 2 日被授权,距离最高法院对查克拉巴蒂做出裁决仅过去 6 个月,该裁决被一些人谴责为"对生命的专利申请"。许多人认为科恩-博耶工艺专利的颁发是最高法院判决的结果。然而,斯坦福大学

---

　　①　神话中的嵌合体是一种会喷火的雌性怪兽,她长着狮头、羊身和蛇尾。该词 1911 年由坎贝尔(D. H. Campbell)首次应用于生物学。他在《美国自然主义者》第 44 章中把这一术语用于描述这种类型,温克勒(Winkler)建议将其命名为"chimæra",因为这并不是真正意义上的杂交体,而是从胚芽中产生的,在砧木和嫁接物的交界处,两个母体的组织仅仅是机械地结合在一起。这是一种描述性的说法,但对于即将发生的事情来说也许太有先见之明了。

的赖默斯则声称，由于该决定只与他们产品申请的权利要求有关，而该申请当时仍在专利局待审，因此该决定可能没有受到这一标志性案件的不当影响。

4. 第一家生物科技公司上市

在最高法院的判决和科恩–博耶工艺专利发布之间的这段时间，生物技术公司基因泰克（Genetech）正式上市，成为第一家上市的重组 DNA 公司，这也体现了公众对其股票的巨大需求。创造华尔街历史的是，在交易以每股 35 美元开盘后仅 20 分钟，基因泰克公司的股价就飙升至 89 美元。基因泰克公司的股票代码是 DNA，当日收盘价为 71.25 美元。根据博耶的描述，基因泰克公司的整个故事之所以开始，是因为他（博耶），在有远见的企业家鲍勃·斯旺森（Bob Swanson）可能拥有对重组 DNA 商业化有用知识产权的个人名单中，他排名第二（按字母顺序排列）。（名单上的第一个人显然拒绝了。博耶怀疑这个人是保罗·伯格，但其他人声称有可靠的证据表明不是这样的。）斯旺森名单上的排名没有进一步下降，博耶答应了，于是基因泰克公司诞生了。博耶与斯旺森的合作主要出于为实验室和年轻同事获得更多资金的考虑，但即将到来的个人经济收益超出了他"最疯狂的梦想"。博耶希望利用重组 DNA 来生产人类蛋白质，部分原因是他的大儿子可能需要一种极其稀缺的药物——生长激素。他对这种物质的生产可以扩大到工业水平的期望实际上是没有依据的。博耶的解释是："我认为我们太天真了，我们从来没有想过这是不可能完成的。"

对于斯旺森来说，这次合作更加平淡无奇。他于 1975 年加入凯鹏华盈（Kleiner Perkins）风险投资集团，并且他知道自己需要在年底前离开。从加入英特尔（Intel）公司到与斯坦福大学教授（该教授掌握了一种浓缩放射性废物的方法）合作，他都经历过。他通过尤金·克莱纳（Eugene Kleiner）对重组 DNA 技术这一新生领域产生了兴趣，克莱纳的朋友摩西·阿拉菲（Moshe Alafi）说服他投资了一家名为赛特斯（Cetus）的公司（该公司开发了一套细菌

54

筛选系统）。斯旺森与赛特斯公司的总裁罗恩·凯普（Ron Cape）进行了会面，但在那个时候，赛特斯公司认为重组 DNA 技术虽然具有很好的发展前景，但这在很长一段时间内并不能实现。

　　由于赛特斯公司缺乏兴趣（和远见），1976 年 1 月 17 日，博耶同意在周五下午抽出 10 分钟，斯旺森和博耶进行了第二次会面，这次会面很成功。当他们讨论具有药用价值的重组蛋白的可能性时，这一过程持续了几个小时。排在第一位的显然是人胰岛素，它拥有一个巨大的现有市场。糖尿病患者正在用猪或牛胰岛素进行治疗，这种胰岛素是从屠宰牲畜的胰腺中提取出来的。斯旺森列出了一系列产品的标准，他表示自己不希望的一件事是传教士式的营销问题。他指出，一旦成功克服技术障碍，显然重组人胰岛素会比猪或牛胰岛素更好，而且不需要营销人员走出去创造市场。

　　虽然当时科恩-博耶工艺专利还处于申请阶段，尚未做出最终裁决，但重组 DNA 技术基本上已经获得了专利的消息不胫而走。这发生在 1976 年 6 月麻省理工学院的一次会议上。对一些人来说，专利意味着企业的参与，他们认为利益驱动显然会将重组 DNA 研究推向危险的领域。随后更多的文章出现了，如"基因操作将被授予专利"和"斯坦福大学与加利福尼亚大学寻求基因研究技术专利"。

　　1976 年 5 月，斯坦福大学的科学家和管理人员开会讨论了该大学在申请生物技术发现专利，特别是重组 DNA 专利方面的政策和实践。有人担心专利会干扰科学交流。还有人担心如果斯坦福大学在重组 DNA 工作中拥有专有权益，那么公众还可能担心斯坦福大学在重组 DNA 安全问题上会存在利益冲突。经决定，斯坦福大学将在国家公共政策层面对这些问题进行审查。时任斯坦福大学公共事务副校长的罗伯特·罗森茨魏希（Robert Rosenzweig）写信给美国国立卫生研究院院长唐纳德·弗雷德里克森（Donald Fredrickson），询问政府对斯坦福大学为重组 DNA 的发现申请专利和许可是否恰当。

　　解决这一问题对这家新生的基因泰克公司的命运而言至关重要。由于风险投资将生物技术作为一个产业创造了出来，所以如果没有专利保护，那么任何重视投资者的风险基金都不会拿它的资本冒险。风险投资和生物技

55

术这两个行业在 20 世纪 80 年代和 90 年代都是通过共生而非巧合而迅速发展起来的。随着我们进入 21 世纪，它们的机遇可能会逐渐消失。凯鹏华盈的另一位合伙人汤姆·珀金斯(Tom Perkins)称，风险投资在药理学领域中的历史作用是"反常的"。医学史上不乏这样的例子，如大学或政府实验室研究出的新技术只有被纳入大型制药公司后才会取得成功。同样，重组 DNA 也可以，而且最终也做到了安静且轻松地融入大型制药公司的实验室结构中。但是，在基因泰克公司的案例中，风险资本创造了一个环境，重组 DNA 技术由此成为一个独立的公司，并由此催生了整个产业。

基因泰克公司的创始人在智力和财务等多个层面上都坚持独立自主。这些创始人清楚地意识到，自 1958 年以来，只有一家新的公司——位于帕洛阿尔托的"药丸"公司森德克斯(Syntex，20 世纪 60 年代自由主义的代表)——成功地整合了从发现到营销的所有制药业务。因此，他们没有遵循现有的模式成为一家完全整合的公司，而是发明了自己的商业模式。作为基因泰克公司的风险投资人，珀金斯帮助他们创造了这种模式。风险资本家所擅长的，也是其他类型的金融家无法真正做到的，就是捕捉技术理念中的股权，而基因泰克公司的独立性植根于创始人的坚定信念中，即他们应该在其科学成果中持有股权。珀金斯鼓励他们这样做，基因泰克公司的独立性正是通过他们结成的新联盟和发明新金融工具的能力来创造和维持的。

在 1974 年提交第一份重组 DNA 专利申请的同一年，另一项重大的创举也诞生了。当时，在重组 DNA 的喧闹声中，这项创举并没有引起多大的关注，即第一个单克隆抗体(monoclonal antibody, mAb)的产生，而今天生产单克隆抗体已经成为当时新生公司中一些旗舰企业的主营业务。哺乳动物有能力制造出几乎能识别任何抗原决定簇(antigenic determinant)或表位(epitope)的抗体，甚至能区分非常相似的抗原表位。这不仅为抵御病原体提供了基础，而且抗体的显著特异性使其在两个层面上具有吸引力，即作为诊断或治疗药物靶向体内其他类型的分子。多年来，抗体在从妊娠诊断试剂盒到癌症检测等各个领域都得到了广泛应用。作为治疗手段，由于抗体本身会引发免疫反应，因此它们的使用更具挑战性。这一问题在 1986 年通过开发

人源化抗体而得到了改善,其中小鼠的基因序列被系统地替换为了人类基因
序列,从而降低了免疫识别潜力。11 年后,首个抗癌利妥昔单抗美罗华(Rit-
uxan)被批准用于人类。如今,10 种已获批准的单克隆抗体每年在全球产生
近 20 亿美元的收入,还有 60 种基于单克隆抗体的治疗药物正在进行临床
试验。

　　合适的治疗靶点包括存在于正常细胞表面上的受体或其他蛋白质,或者
存在于癌细胞表面的独特分子。然而,在这一切成为可能之前,必须克服一
个根本性的限制。免疫系统对任何抗原(即使是最简单的抗原)的反应都是
多克隆的,也就是说,免疫系统在其结合区和效应区都能制造出各种结构的
抗体。此外,由于所有正常体细胞的生长潜力都有限,所以即使人们分离出
单个细胞分泌的抗体并将其置于培养物中,它也会在几代后死亡。理想的情
况是制造"单克隆抗体",即具有单一特异性的抗体,这些抗体在克隆上都是
相同的,因为它们是由可以无限期生长的单个浆细胞制造的。这一问题的解
决部分归功于阿根廷的专制政权。当阿根廷政府对自由主义知识分子和科
学家的政治迫害表现为对其所在研究所所长的报复时,塞萨尔·米尔斯坦
(César Milstein)被迫辞职,回到了剑桥。在那里,他重新加入了昔日导师弗
雷德里克·桑格(Frederick Sanger)的团队,当时桑格是分子生物学实验室蛋
白质化学部的负责人。他听从桑格的建议,将研究领域从酶转向抗体。1975
年,他与乔治斯·克勒(Georges Köhler)合作,描述了产生单克隆抗体的杂交
瘤技术。两人随后于 1984 年获得了诺贝尔奖。

　　克勒和米尔斯坦认为,如果能够找到克隆淋巴细胞的方法——使其在培
养基中无限分裂——那么由此产生的群体所分泌的抗体分子将是完全相同
的。但淋巴细胞寿命短,培养效果不理想。克勒和米尔斯坦通过诱导淋巴细
胞与骨髓瘤(一种肿瘤)细胞的融合来解决这一难题,因为骨髓瘤可以无限繁
殖。像任何其他细胞一样,分泌抗体的 B 细胞也可能会癌变。克勒和米尔斯
坦找到了一种方法,将骨髓瘤细胞的无限繁殖潜力与正常免疫脾细胞预先确
定抗体的特异性结合在了一起。他们通过将骨髓瘤细胞与免疫小鼠的抗体
分泌细胞融合来实现这一目的。由此产生的杂交细胞可以分泌一种单一的

抗体,同时还可以无限期地繁殖下去,这种技术被称为体细胞杂交(somatic
cell hybridization),得到的结果是杂交瘤细胞。21 世纪初在一家旗舰生物技
术公司和一家大型制药集团之间发生了许多争议性的知识产权争夺战,其中
一场就是这些知识产权的变化。但森德克斯公司是最古老的"生物技术"
公司之一,也是"药丸"的诞生地。它于 1983 年第一个获得美国食品药品监
督管理局批准,利用以单克隆抗体为基础的诊断方法来检测沙眼衣原体
(*Chlamydia trachomatis*)。

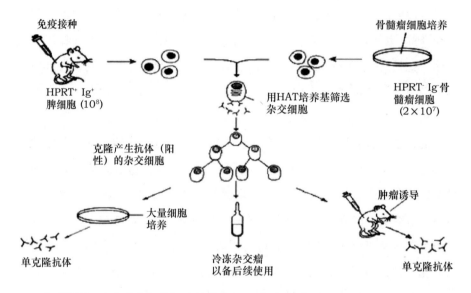

注:HPRT—次黄嘌呤核糖核酸转移酶;Ig—免疫球蛋白。HAT(H—Hypoxanthine 次
黄嘌呤,A—Aminopterin 氨基蝶呤,T—Thymidine 胸腺嘧啶脱氧核苷)培养基是根据次黄
嘌呤核苷酸和嘧啶核苷酸生物合成途径设计的,可用于筛选杂交细胞。

57   就在克勒开发杂交瘤和伯格在阿西洛马主持生物技术痛苦的诞生的同
一年,技术领域也取得了两项平凡但意义重大的进展,它们将在这 10 年的发
展中发挥关键作用。第一项由爱德华·萨瑟恩(Edward Southern)开发,为基
因分析做出了巨大贡献,因为这是一种精确定位 DNA 特定序列的技术。随
后,这项技术被称为 DNA 印迹(Southern blot),因为变性的 DNA 被"印迹"到
了硝化纤维纸上,通过参考序列进行探测。有了这样的名字,再加上科学界
的想象力(尽管生物学家还没有达到物理学家那样意识流的高度),不久就出

现了 RNA 印迹（Northern blot）和蛋白质印迹（对特定蛋白质的抗体印迹，Western blot）技术。第二项技术是由奥法雷（P. H. O'Farrell）开发的双向电泳技术，该技术将 SDS-聚丙烯酰胺凝胶上的蛋白质分离与根据等电点分离相结合，成为后基因组时代蛋白质组学领域的支柱之一。

5. 知识产权争夺战

在此之前，生物治疗领域的早期竞争者已经在知识产权的舞台上崭露头角。知识产权问题导致大学（主要是加利福尼亚大学）和公司之间就斯旺森等人在该行业诞生时确定的两个原始治疗领域（即胰岛素和生长激素）展开了旷日持久的争夺。这两个领域的争夺在多条战线上展开，尽管名义上在世纪之交前已经得到了解决，但事实证明争夺仍然在持续。

1977 年，比尔·拉特（Bill Rutter）和合作研究员霍华德·古德曼（Howard Goodman，当时在波士顿的马萨诸塞州总医院从事植物研究）将克隆胰岛素基因作为主要的分子研究目标。他们几乎只使用大鼠的 DNA 进行研究，部分原因是当时的联邦准则禁止使用人类 DNA。在分离并克隆出大鼠胰岛素基因及其前体分子后，他们于 1977 年 5 月申请了专利。

胰岛素基因在细菌中的表达可以通过多种不同的方法实现，包括 cDNA 克隆、鸟枪法、合成法。这些方法的具体实施方案和所使用的仪器都是不成熟的。cDNA 克隆以信使 RNA 为起始材料，在基因调控、DNA 与信使 RNA 的相互作用、遗传信息的代际传递等问题上提供了比基因合成更深入的见解。人工合成，就其本质而言，只是模仿人类的遗传信息来表达蛋白质，而不能深入地了解人体内的过程。因此，那些对探索更广泛的生物学问题感兴趣的研究人员偏向于使用 cDNA 方法。哈佛大学和加利福尼亚大学旧金山分校的胰岛素研究围绕着 cDNA 方法展开，而基因泰克公司通过与希望之城医疗中心（City of Hope Medical Center）的合作，探索基因合成的可能性，也就不足为奇了。1977 年初，拉特-古德曼实验室实现了这项研究的第一个重要里程碑。他们研究的目标是将大鼠胰岛素基因插入大肠杆菌中，古德曼实验室的

58

博士后研究员亚历克斯·乌尔里克(Alex Ullrich)使用巴尔的摩的逆转录酶逆转录了纯化的大鼠胰腺 RNA,接着这些逆转录得到的 DNA 通过科恩-博耶技术被拼接成了质粒,然后这个载体被插入了大肠杆菌中。最后,对大肠杆菌的质粒 DNA 进行测序,表明部分大肠杆菌菌落确实拥有大鼠胰岛素的遗传物质(Ullrich et al., 1977)。根据霍尔(1988)的说法:"他们在克隆胰岛素的过程中整合的一套技术立即成为全世界分子生物学家的操作手册。"更重要的是,从商业化的角度来看,该实验代表了第一次将医学上有用的基因成功地插入细菌中。该实验在《科学》杂志上发表近 6 个月后,人们发现加利福尼亚大学旧金山分校的研究人员在研究过程中违反了美国国立卫生研究院的指南。美国国立卫生研究院在所有载体使用前都需要对其进行审查、批准和认证,这是新的重组 DNA 咨询委员会指南的重要组成部分。在促使建立重组 DNA 咨询委员会的第一次克隆实验中,天然存在的金黄色葡萄球菌抗性质粒被用作克隆载体,但其显著缺点是需要构建并设计几个包含新特征的克隆载体。一长串载体中的第一个是由博耶实验室的技术员玛丽·贝特拉赫(Mary Betlach)开发的 pMB9。1977 年,同样在博耶实验室的玻利瓦尔(Bolivar)和罗德里格斯(Rodriguez)构建了一个更先进的、具有更多功能的载体,名为 pBR322。它实际上是一个三结构复制子,具有两个抗性标记,可交替用于转化体的选择和插入失活(后者表明插入了一个"克隆"基因)。

至于 pBR322 是否在胰岛素基因获得批准后、认证前被用于克隆胰岛素基因,目前仍存在一些争议。发表在《科学》杂志上的论文将 pMB9 列为克隆载体,然而其他人则声称,研究团队此前曾在同年 1 月用 pBR322 进行过实验。虽然 pBR322 已获得重组 DNA 咨询委员会的批准,但尚未通过认证,而这是在实验中使用该质粒的必要条件。首席研究员乌尔里克是否意识到使用 pBR322 违反了美国国立卫生研究院的政策尚不清楚;但这是一个没有实际意义的问题,因为当拉特提醒他注意时,他停止了这项工作。两个月后,当 pMB9 获得认证时,该实验再次进行,并获得了成功。在媒体时代,这一成功首先是通过新闻发布会公布的,然后才通过在《科学》杂志上发表而合法化。为了进一步强调科学受到公众舆论监督的时代已经到来,根据霍尔(1988)的说法,这种违规行为使加利福尼亚大学旧金山分校的研究人员受到了负面影响:"资本主义将其鼻子伸进了实验室,玷污了人际关系——许多人强烈认为,人类胰岛素不应该商业化。"虽然有迹象表明该组织确实与美国国立卫生研究院进行了联系,但随后并未采取任何正式程序,该组织也从未在任何公开论坛上正式承认过该事件。

尽管存在争议已经成为大多数重组 DNA 研究的标志,但是克隆大鼠胰岛素基因仍然是一项重大成就。此外,这是人类第一次阐明胰岛素基因的整个基因序列,这有助于开发有用的探针,以便在以后指南允许的情况下,探查人类基因。然而,事实证明,这并不像数据显示的那样简单,在这场美国东西海岸之争中,有史以来第一次,一家莽撞的新公司击败了不是一家而是两家大型研究实验室。

据博耶介绍,与希望之城医疗中心的合作项目失败后,在与加利福尼亚大学旧金山分校的拉特和哈佛大学的沃尔特·吉尔伯特(Walter Gilbert)这两支顶尖科学团队的正面竞争中,基因泰克公司的戴维·格德因成功开发出了一种能生产人胰岛素的重组微生物而成为当时的风云人物。格德的团队通过采用学术价值不高但更实用的合成方法实现了这一目标。在新重组DNA 咨询委员会指南作为标准的那些日子里,最实际的一个方面是,如果采取合成方法,他们就不需要在 P4 级别的限制下进行工作。在开发出用于生产第一个真正的重组人类生长抑素蛋白的密码子特异性修饰的基础上,基因泰克公司的研究人员格德和丹尼斯·克莱德(Dennis Kleid)在 1978 年与希望之城医疗中心一起开发了一种能够独立表达人胰岛素前体分子的两个要素("A"链和"B"链)的方法,并利用它们构建了一种合成胰岛素。格德让学术实验室黯然失色的部分原因是,他在实验室的睡袋里睡了 6 个星期,尤其是不用穿洁净室套装!

在初步获得含有胰岛素基因的质粒的商业使用权后,加利福尼亚大学的团队随后于 1979 年申请了(1984 年授权)一项新的"方法"专利,这项专利涵盖了人胰岛素的 DNA 序列、其前体分子以及使人类 DNA 适合细菌表达的方法。然而,加利福尼亚大学旧金山分校的科学家并不是独立完成所有这些工作的。例如,格德的同事约翰·夏因(John Shine),也就是拉特所说的团队"测序奇才",就使用了著名的竞争者(曾因此获得诺贝尔奖)哈佛大学的吉尔伯特开发的部分方法。吉尔伯特在 1976 年开发了使用碱基特异性切割和后续电泳快速测序长段 DNA 的程序。因此,加利福尼亚大学相应地需要与礼来(Lilly)公司分享技术,而礼来公司则与加利福尼亚大学团队和新加入的基因泰克公司分享其几十年来在胰岛素化学方面所积累的专业知识。

1982 年,重组胰岛素在多个层面上成了一个里程碑,因为它是美国食品药品监督管理局批准的第一种 DNA 重组药物,也是新公司基因泰克公司的旗舰药物。生物技术已经成为大型制药公司的重要一环,但这个湾区上的新贵公司并不具备独自经营生产或分销的能力。在与基因泰克公司签署协议后,礼来公司于 1982 年开始销售双链工艺生产的合成人胰岛素。1986 年,他们改用更高效的板仓–里格斯(Itakura-Riggs)技术来表达整个胰岛素前体分子,并通过复制人体自身的系统将其转化为胰岛素。但是,这种最初充满希望的合作关系并没有像许多合作关系一样有好结果。在 1990 年的专利纠纷中,礼来公司声称基因泰克公司在 1978—1979 年开发了与人生长激素(human growth hormone)有关的工艺,而加利福尼亚大学则声称是加利福尼亚大学旧金山分校的拉特团队率先让细菌表达了人胰岛素前体基因,他们在 1979 年就此申请了专利。在经历了许多波折之后,礼来公司最终在 1997 年胜诉。法院认为,由于大鼠基因的序列与礼来公司在生产中使用的人类 DNA 序列不同,礼来公司的工艺与加利福尼亚大学的专利有足够多的不同,没有侵犯专利权,因此礼来公司不必支付专利费,但这并不是这个特殊问题的结束。2002 年 6 月,法院裁定基因泰克公司违反了 1976 年与位于加利福尼亚州杜瓦迪(Duarte)的非营利机构希望之城医疗中心签订的一份合同,因为该公司未能向癌症中心支付其欺诈性隐瞒的众多第三方许可证中许可的版税,因此判决基因泰克公司向其支付超过 5 亿美元的赔偿。该合同是基于 1976 年希望之城医疗中心的研究人员阿瑟·D. 里格斯(Arthur D. Riggs)和板仓桂一(Keiichi Itakura)在合成人胰岛素基因方面的工作。基因泰克公司首席执行官阿特·莱文森(Art Levinson)在一封公开信中回应说,陪审团要求在与希望之城医疗中心无关的产品上给予的赔偿比基因泰克公司自己赚的还要多。
他进一步声称，希望之城医疗中心甚至在基因泰克公司一无所获的产品上寻
求数百万美元的版税。希望之城医疗中心的首席执行官作证说，在这次审判
之前，他甚至都不知道有这样一份文件，文件规定了希望之城医疗中心律师
向陪审团提出的合同解释。

　　在一个更不幸并被广泛报道的事件中，同样的问题在人生长激素的克隆
上再次上演。参与者又是加利福尼亚大学，但这次直接与基因泰克公司相
关。这场斗争不仅在法庭上展开，在媒体和互联网上也如火如荼地进行着。
在《科学》等著名期刊的页面上，有人控告受到前实验室的午夜突袭，科学家
们互相质疑对方的证词，这一过程让人联想到水门事件最严重的暴行。最终
至少从知识产权的角度来看，这一问题得到了解决。1999 年 11 月 19 日，加
利福尼亚大学旧金山分校和基因泰克公司就 2 亿美元的付款达成协议，其中
3000 万美元现金将归加利福尼亚大学旧金山分校所有，另外 5000 万美元用
于建造新的研究大楼，3500 万美元用于该校的研究，剩下的 8500 万美元将分
配给 5 位生长激素的发现者。在这一切中，不受欢迎的人是彼得·西伯格
（Peter Seeburg）博士，当时他是德国海德堡马克斯·普朗克医学研究所的主
任。当他在加利福尼亚大学旧金山分校与古德曼一起做博士后时，他所在的
团队在当时生物技术这个新领域的激烈竞争中取得了巨大胜利，即克隆了编
码人生长激素的 cDNA。加利福尼亚大学根据这项工作申请了一项专利，将
西伯格和古德曼列为共同发明人。1978 年 11 月，西伯格在基因泰克公司任
职，领导用细菌生产人生长激素的工程，其目的是创建人生长激素表达载体。
西伯格声称，由于基因泰克公司不能重复他的克隆实验，于是他采用了一种
博士后通常使用的典型方法，借用了他在古德曼实验室创建的克隆，他在新
年夜的午夜做了这项工作，是为了避免遇到他的前老板。格德和随后发表在
《自然》杂志上的论文的其他作者写信给《科学》和《自然》杂志的编辑，否认
了西伯格的说法，并邀请《自然》杂志编辑查看他们的笔记本，潜台词是，作为
加利福尼亚大学所申请专利的共同发现者，西伯格对有利于加利福尼亚大学
的审判结果存在严重的利益冲突。西伯格告诉《科学》杂志，他绝不容忍"伪

61

造数据"，并对《自然》杂志论文中的缺陷感到遗憾，但他认为这是"行为失检"而不是欺诈。然而，一位陪审团发言人声称，他们并不看重西伯格的证词，因为他们认为该大学在没有他的证词的情况下证明了自己的观点，根据等价交换原则，基因泰克公司侵犯了加利福尼亚大学的专利。西伯格也不再为马克斯·普朗克医学研究所工作。

6. 农作物

与此同时，让我们回到农场，当保罗·伯格在剪接 DNA 时，美国国家科学院发布了一份题为《主要农作物的遗传脆弱性》的研究报告。该研究是受 1970 年玉米小斑病（southern corn leaf blight）的影响而开展的。尽管病害强度可能因天气、耕作系统和杂交抗性不同而变化，但这种疾病是玉米种植带最常见的植物病害之一。其中最著名的叶枯病菌是该菌的一个新种，被称为 T 小种（race T），它会同时攻击自交系和具有得克萨斯雄性不育（Texas male-sterile, Tms）细胞质的杂交系。据估计，1970 年种植的玉米中 80% ~ 85% 都具有 Tms 细胞质。T 小种不仅侵染叶片，还侵染叶鞘、果穗和茎秆组织。据估计，仅在伊利诺伊州，就因玉米小斑病而损失了 6.35×10^9 kg 玉米。而到 1971 年，T 小种却几乎消失了。原因可能包括正常细胞质种子的产量大大增加，天气条件不利于玉米小斑病感染，受感染的残留物被农民掩埋，非宿主作物被种植在受影响的田地里，采用提前种植的方式等。然而，这一损失使主要作物缺乏遗传多样性的问题更加突出，该问题一度受到媒体的关注，并成为全国性的问题。同年，在斯德哥尔摩举行的联合国人类环境会议将环境运动推向国际舞台，并在短时间内引起了全世界对保护世界上日益减少的植物和动物遗传资源的迫切需求的关注。

20 世纪 70 年代的环保三连击出现在第二年，阿拉伯国家突然宣布石油价格上涨 1000%，廉价能源时代结束，通过推高燃料和化肥价格（这两个因素是影响高产品种生产力的两个关键因素）而阻碍了世界经济增长，并引发了绿色革命。为了应对这一切，1974 年，国际农业研究磋商组织（The Con-

62

sultative Group on International Agricultural Research）和联合国粮食及农业组织（Food and Agriculture Organization of the United Nations）同意成立国际植物遗传资源委员会（The International Board for Plant Genetic Resources），作为协调全球作物种质资源保护工作的主导机构。为了使结构松散的州或联邦新作物研究计划有条不紊地进行，成立了国家植物种质系统（The National Plant Germplasm System）。此外，还成立了国家植物遗传资源委员会（The National Plant Genetic Resources Board），以指导美国国家植物种质资源系统和美国农业部（The United States Department of Agriculture）制定国家作物遗传资源政策。

　　加拿大经济学家帕特·穆尼（Pat Mooney）出版的《地球的种子》（*Seeds of the Earth*）是最早关注知识产权问题的另一个方面，即遗传资源所有权的出版物之一。这本书警告道，私营部门可能会控制种质资源，这一举动预示着未来的事件。该书充满争议性的主张，激起了国际上关于控制和使用遗传资源的争论，而这一争论在最近几年已经达到了一个新的层面，成为转基因作物的价值或其他方面争论的关键点之一。

　　1978 年，史蒂夫·哈里森（Steve Harrison）阐明了番茄丛矮病毒（tomato bushy stunt virus，TBSV）的结构，这是植物界对分子生物学，更具体地说，是对结构生物学的一个里程碑式贡献。用 X 射线衍射法来解决病毒结构的想法起源于 20 世纪 30 年代的伯纳尔和他的同事。20 世纪 50 年代罗莎林德·富兰克林在烟草花叶病毒上的工作使得这种方法得到了大大推进，但直到 1978 年，哈里森以 2.9 Å[①] 的分辨率解决了番茄丛矮病毒的结构时，这一目标才最终得以实现。哈里森回忆说，当一位朋友拉着他去听弗朗西斯·克里克的讲座时，他发现了新生物学——分子生物学的兴奋之处。证明三重密码子的实验刚刚完成，哈里森回忆到，这场讲座"令人着迷"，并最终参加了沃森在哈佛大学的生物 2 班。他认为这些讲座以及在《科学美国人》（*Scientific American*）杂志上读到的西摩·本泽（Seymour Benzer）关于 T4 噬菌体中 *rII* 位点遗传学的研究是让他探索分子生物学和生物化学领域的重要因素，这使他开始沿着阐明

---

　　①　Å（Ångstrom）是晶体学、原子物理、超显微结构等常用的长度单位，音译为"埃"，中文为埃米，1 Å 等于 10^{-10} m。——译者注

番茄丛矮病毒高级结构的道路走了下去。

1974 年，比利时科学家杰夫·谢尔（Jeff Schell）和马克·范蒙塔古（Marc van Montagu）在研究另一种植物病原体时，分离出了根瘤农杆菌（*Agrobacterium tumefaciens*）的致瘤基因，该菌能将植物细胞转化为瘤细胞，研究人员发现它们被携带在质粒上。顾名思义，根瘤农杆菌的致瘤能力已经被确认，但它究竟是如何实现这一能力的，人们尚不清楚，这一问题直到谢尔和范蒙塔古的研究得到了突破性进展才得以证实。在第一个基因剪接实验发表之后，这种类似现象使人想到，在向植物传递基因方面，A 质粒可能与科恩的接合型 R 质粒①衍生物在大肠杆菌中所扮演的角色相似。根瘤农杆菌是一种常见的植物病原体，它与其他植物病原体不同，具有能引起受感染的植物细胞增殖并成瘤的特殊能力。多年来，根瘤农杆菌得到了广泛的研究，最初的文献可以追溯到 1897 年，当时德尔多特（DelDott）和卡瓦拉（Cavara）首次从受感染的葡萄植株肿瘤中分离出了细菌。美国农业部的史密斯和汤森（Townsend，1907）发现根瘤病的病因是一种杆状的土壤细菌，并证明了用蘸取培养基的针可以侵染植物。这一发现引发了一个重要的结论，即该菌需要在植物体的伤口部位才能进入并诱导肿瘤反应。这就是为什么它存在于许多土壤样品中，但受影响的植物却相对较少的原因。1910 年，詹森·米尔顿（Jensen Milton）和帕卢凯蒂斯（Palukaitis）发现他们可以成功地将甜菜作物的肿瘤移植到红甜菜上，肿瘤可以在没有该细菌的情况下生长。然而，直到近40 年后，当植物病理学家阿明·布朗（Armin Braun）在 1947 年培育出不含致病菌的根瘤组织时，人们才表明根瘤组织与正常植物组织不同，能够在含盐和糖的培养基上旺盛生长，而且这样的植物细胞不需要任何生长激素的补充。此外，这些细胞持续生长了许多年。当在显微镜下检查时，可以看到这些肿瘤组织能长出非常小的嫩芽，这些嫩芽被归类为畸胎瘤（teratomata）。肿瘤利用精氨酸前体产生一种特殊化合物——冠瘿碱（opine），作为细菌的氮

---

① 1972 年，科恩和同事们将外源的闭环 DNA 序列成功地导入细菌菌株中，该序列中含有对特定抗生素的抗性基因，他们通过筛选细菌在相同抗生素存在下的生长能力来选择含质粒的种群（Cohen et al.，1972）。——译者注

源和碳源。在这些实验基础上,布朗推测植物细胞已经被根瘤农杆菌导入的 64
肿瘤诱导因子永久地转化为了肿瘤细胞。

由根瘤农杆菌造成的冠瘿病周期

　　就像分子生物学中经常出现的情况一样,布朗的发现激发了几位研究人
员开始在细菌 DNA 中寻找肿瘤诱导因子。细菌 DNA 通常存在于单条染色
体上。在新的研究技术的帮助下,一系列实验表明,肿瘤诱导因子是携带在
一个较小的可移动 DNA 上的遗传物质,该 DNA 并不属于细菌的单条染色体
的一部分。这些发现导致了 1974 年佛兰德斯(Flanders)地区科学家的突破。
1977 年,华盛顿大学的研究人员尤金·内斯特(Eugene Nester)、米尔顿·戈
登(Milton Gordon)和玛丽-戴尔·奇尔顿(Mary-Dell Chilton)确定,这种细菌
质粒上的基因在被侵染后可以转移到植物细胞的染色体上。它们诱导细胞
不断分裂,直到形成根瘤。鉴于此时在美国湾区和其他地方正在进行的活
动,不难想象,如果细菌可以将外来基因引入植物染色体,并且这些基因可以
稳定地整合和表达,那么也许细菌,或者更具体地说是它们携带的质粒就可
以被操纵,这样它们就不会被诱导去传递肿瘤诱导基因,而是传递产生理想
性状(如抗虫害)的替代基因。很久以后,内斯特实验室表明,细菌与植物相
互作用的最初阶段之一是通过受伤植物发出的信号来激活细菌基因的,这最

终为史密斯和汤森在 1907 年的观察提供了实验证明。这些基因,即病毒基因,对 T-DNA 加工和转移到植物细胞中至关重要。

与生物医学研究的"穷亲戚"一样,农业研究人员从他们更赚钱的同事那里借用想法、工具和技术。在伯格、科恩和博耶的工作基础上,根瘤农杆菌质粒被称为 Ti(tumor-inducing,肿瘤诱导)质粒,一种用于将目的基因导入植物的有用载体。一旦研究人员找到并从 Ti 质粒中移除诱导肿瘤的基因,那么它就会成为转化植物的有用载体。比利时根特市(Ghent)的谢尔小组在发表于 1980 年的《自然》杂志上的一篇论文中首次描述了根瘤农杆菌 Ti 质粒作为宿主载体系统,将外来 DNA 引入植物细胞的研究。内斯特、奇尔顿、谢尔和其他人确定了 T-DNA 是 Ti 质粒的一部分,并与直接重复元件相邻,而且如前所述,Ti 质粒还携带负责 T-DNA 转移的病毒基因。病毒基因的表达是由植物受损细胞释放的酚类物质开启的。尽管克伦斯(Krens)等人在 1982 年证明了用裸露的 DNA 可以对原生质体进行转化,但植物生物技术真正开始于 1983 年,当时植物分子生物学家已经开发了第一个质粒载体,最终使自然感染根瘤农杆菌的植物突破了传统植物育种的限制。

1983 年 1 月,在美国佛罗里达州迈阿密冬季会议上,3 个分别来自位于密苏里州圣路易斯市的华盛顿大学、位于比利时根特市的根特大学和位于密苏里州圣路易斯市的孟山都(Monsanto)公司的独立工作研究小组宣布,他们已经将细菌基因插入植物中。1983 年 4 月,来自威斯康星大学的第四个小组在加利福尼亚州洛杉矶市的一次会议上宣布,他们已经将一种植物基因插入另一种植物中。

由奇尔顿领导的华盛顿大学研究小组培育出对抗生素——卡那霉素(kanamycin)有抗性的皱叶烟草(*Nicotiana plumbaginifolia*)细胞,这是普通烟草的近亲。来自佛兰德斯研究小组的谢尔和范蒙塔古发现了 Ti 质粒的作用,并培育出了对卡那霉素和氨甲蝶呤(methotrexate,一种用于治疗癌症和类风湿性关节炎的药物)具有抗性的烟草植物。来自孟山都公司的罗伯特·弗雷利(Robert Fraley)、斯蒂芬·罗杰斯(Stephen Rogers)和罗伯特·霍尔施(Robert Horsch)培育出了耐卡那霉素的矮牵牛。由约翰·肯普(John Kemp)

65

和蒂莫西·霍尔（Timothy Hall）领导的威斯康星州研究小组将一种豆类基因插入向日葵植株中。这些发现很快被发表在科学期刊上。其中谢尔小组的工作于 5 月发表在《自然》杂志上，奇尔顿小组的工作随后于 7 月发表。孟山都公司的研究成果于 8 月发表在《美国国家科学院院刊》上，霍尔小组的研究发表在 11 月的《科学》杂志上。首批美国专利授予了这些以植物形式对高等生物进行基因工程的公司。同年，穆尼的第二本书《种子定律》（*Law of the Seed*，1983 年）出版了，他在书中声称，跨国公司在专利的保护下，正在接管种子和生物技术产业，这样不仅会控制种质资源，还会控制全世界的食物。该书在世界各地引起了公开的和私人的无数愤怒回应，包括植物育种家和管理者。这一年，在世界的另一端，首个基因工程生物（用于控制果树根瘤病）在澳大利亚也被批准出售了。

第二年，即 1984 年，是格雷戈尔·孟德尔神父逝世的周年纪念日。尽管他确实预测到了自己的时代终会到来，但这位现代遗传学之父压根没有想过他无意中启动了一段"疯狂火车之旅"。

1984 年，为了向孟德尔致敬，加利福尼亚州在加利福尼亚大学戴维斯分校启动了遗传资源保护计划（Genetic Resources Conservation Program），这使得该州成为第一个拥有自己的遗传资源保护计划的州。该计划旨在保护对加利福尼亚州经济至关重要的种质资源，其主要功能是协调加利福尼亚州目前的保护工作，包括个人以及私人机构和公共机构的保护工作。同年，美国农业部和加利福尼亚大学宣布创建植物基因表达中心（Plant Gene Expression Center）的计划，该研究中心旨在回答有关植物基因表达调控的基本问题。将这一独特的联邦/州机构设在加利福尼亚州的决定进一步巩固了该州作为世界植物研究中心的声誉。领先的农业生物技术公司农业遗传学（Agrigenetics）公司被位于美国俄亥俄州威克利夫市的化学品制造商路博润（Lubrizol）公司以 8 亿美元的价格收购，这是种子和生物技术产业向集中化迈进的先例之一。事实上，在过去的 20 年中，有超过 100 家种子和生物技术公司被收购。美国专利及商标局在回应日本知识产权协会提交的调查问卷时宣布了一项令美国种子和生物技术公司震惊的举措：凡是受 1930 年《植物专利法》

66

（Plant Patent Act）或 1970 年《植物品种保护法》（Plant Variety Protection Act）保护的植物，都不能根据一般专利法申请专利——这与 1980 年查克拉巴蒂案的判决结果相反，也与投入农业生物技术研究的 10 多亿私人资金的押注背道而驰。

同年，三井化学（Mitsui Chemicals）公司首次通过开发能生产紫草素的紫草（*Lithospermum erythrorhizon*）稳定悬浮培养物，实现了紫草素的商业规模化生产，这也是次生代谢物的第一次工业化生产，在今天仍具有重要意义。同样在日本，三井化学公司和日东电工株式会社利用 20 000 L 的储罐大规模生产人参细胞所取得的成功证明，至少在理论上，大规模悬浮培养适用于工业生产有用的植物化学品，如药品和食品添加剂，其方式类似于微生物发酵。

1985 年，植物转化领域出现了一些重大进展。孟山都公司的霍尔施等人没有采用烦琐的原生质体转化方法，而是开发了一种用根瘤农杆菌感染和转化叶盘的方法，并利用生长素和细胞分裂素的平衡再生转化植物。由于 Ti 质粒非常大（大约 200 kb），所以很难进行工程设计。然而，病毒基因是反式调节的，因此不需要与 T-DNA 在同一个质粒上。因此，在 1985 年一个更有效的二元载体系统被开发了出来（An，1985），因为只有 T-DNA 及其携带的基因是需要转移的，所以其他基因可以被替换。第一个质粒（质粒 1）是一种"解除武装"的 Ti 质粒，它可以携带病毒基因，但缺乏孟山都公司的弗雷利于 1985 年开发的 T-DNA，这种质粒存在于根瘤农杆菌中。第二个质粒（质粒 2）是带有 T-DNA 边界重复序列的克隆载体，两侧是用于植物转化的可选择标记（例如卡那霉素抗性标记）和所需基因构建的克隆位点。在重复序列之外的是第二个标记，赋予根瘤农杆菌和大肠杆菌抗生素抗性，以及两种细菌的复制起点。利用大肠杆菌作为宿主，可以将基因克隆到质粒 2 中。一旦最终构建完成，质粒 2 就会被转入携带"解除武装"的 Ti 质粒的根瘤农杆菌中。接着根瘤农杆菌可以用来侵染叶片组织，并使产生的转化细胞在选择性培养基上分裂。然后使用生长素和细胞分裂素来诱导植物芽和根的形成，最终产生一个可行的转化植株。该策略是基因传递协议的第一个集成系统。1986 年 5 月 30 日，美国农业部以"意见书"的方式授权，在环境中首次释放转基因

生物(genetically modified organism, GMO):阿格瑞赛特斯(Agracetus)公司的
抗根瘤病烟草。当参众两院会议委员会均同意为美国农业部的生物技术计
划拨款 2000 万美元时,对农业生物技术的兴趣浪潮到达了国会,这让一些观
察员很不满意,因为这几乎是美国农业部所有农作物种质活动预算的两倍。

67

　　20 世纪 80 年代,将基因引入植物的方法得到了改进,由于包括谷物在内
的许多重要经济植物都是单子叶植物,因此人们迫切地需要克服 Ti 系统这
一局限于根瘤农杆菌天然宿主(双子叶植物)的方法。1988 年,当使用根瘤
农杆菌转化单子叶植物(芦笋)时,人们取得了一个小小的成功,但总的来说,
这种方法对谷物的大规模改造而言是低效和不经济的。由于这些情况,人们
开发了替代的直接转化方法,例如,聚乙二醇介导的转移、显微注射、原生质
体和完整细胞电穿孔等。这方面的一个重大进展是在 1987 年开发了一种用
于植物转化的生物基因转移方法。其实,早在 1984 年,来自纽约州伊萨卡市
康奈尔大学的约翰·桑福德(John Sanford)、爱德华·沃尔夫(Edward Wolf)
和纳尔逊·艾伦(Nelson Allen)就首先使用 5.6 mm 步枪子弹和托马斯·爱迪
生(Thomas Edison)选择的白炽灯金属钨粒共同研制出了第一支基因枪,将数
以百万计的包裹有 DNA 的粒子推进纤维素细胞壁和细胞膜,从而使遗传物
质直接沉积到活细胞或完整组织中去。细胞器近年来由于一些原因引起了
人们的极大兴趣,这些原因我们将在第 5 章中阐述。

　　基因枪法的工作原理是,在某些条件下,DNA 和其他遗传物质会变得
"黏稠",容易黏附在生物惰性粒子上。一系列可能的机械系统(现在数量大
大增加了)将这种 DNA-颗粒复合物在局部真空中加速,并将目标组织置于
加速路径内,DNA 就能被有效地引入植物组织中。克莱因(Klein)等人在最
初发表的文章中提到,钨颗粒可用于将大分子引入洋葱表皮细胞,随后瞬时
表达由这些化合物编码的酶,之后赫里斯图(Christou)和麦凯布(McCabe)证
明了该过程可用于将具有生物活性的 DNA 输送到活细胞中,并产生稳定的
转化子。将相对容易的 DNA 导入植物细胞和不需要原生质体或悬浮培养的
高效再生方案相结合,基因枪法成为最佳的转化方法。

7. 植物专利

　　1980 年，美国国会就扩大 1970 年《植物品种保护法》修正案的提案正式举行听证会，这是首次针对植物专利保护的公开讨论。虽然反对植物专利的呼声很高，但修正案还是通过了。特拉华州威尔明顿市的杜邦（DuPont）公司和威斯康星州米德尔顿市的阿格瑞赛特斯公司（开发了一种使用高压冲击波和金粒子的变体基因枪法）获得了美国第一批关于"生物弹道"技术的专利申请。随着大豆、玉米和水稻作为双子叶植物和单子叶植物的模型系统的改进，该技术的应用得到了极大的扩展，这证明了该技术的强大和多功能性。

　　基因枪法的另一个重要用途涉及细胞器的转化。研究人员首次利用该技术对酵母线粒体和衣藻（藻类）的叶绿体进行了转化。转化细胞器的能力非常重要，因为它使研究人员能够在作物中设计细胞器编码的除草剂抗性，并研究光合作用过程。此外，与核转化相比，将质体作为转化高价值重组蛋白（如药物）的生产平台更加具有吸引力，包括可以实现极高的表达水平、产量的一致性、不会对自身基因产生干扰，这些都是由靶向整合造成的。而且由于叶绿体在大多数作物中是母系遗传的，因此通过花粉传播重组 DNA 的风险很小。后者对于植物合成药物（plant made pharmaceutical）具有特殊意义，因为基因流的控制对于任何外部生产都是绝对关键的。

　　自从 1983 年科学家能够有效地将基因引入植物之后，问题就集中在了有哪些重要的有用基因是可以瞄准的，而这些基因无法通过传统的方法被导入。一个明显需要考虑的领域是，寻找化学虫害防治的环境友好型替代品。对丝绸行业的长期威胁就是一个非常值得探索的领域。1901 年，日本的细菌学家石渡繁胤（Ishiwata Shigetane）在昆虫尸体中发现了一种能够形成孢子的细菌，从而追踪到了造成蚕大规模死亡的凶手。1911 年，当发现从德国图林根镇（Thuringia）送来的一批面粉蛾感染了这种病原体时，德国细菌学家恩斯特·伯利纳（Ernst Berliner）对该细菌进行了研究，并因此将其命名为苏云金芽孢杆菌（*Bacillus thuringiensis*）或 Bt。1938 年，该菌在法国首次被用

68

作商业杀虫剂（商品名为 Sporeine），用于杀死来自图林根的面粉蛾。在接下来的几十年里，人们开发了含有 Bt 的其他杀虫剂喷雾。1956 年，斯坦豪斯（Steinhaus）在《科学美国人》杂志上发表了一篇名为《活体杀虫剂》的文章，随后这篇文章引发了人们对 Bt 的商业兴趣。但是这些产品有一些局限性：第一，它们很容易被冲走或被紫外线分解，所以在田间的表现并不好。第二，许多害虫对 Bt Cry 蛋白不敏感，而一些敏感的害虫则因其觅食环境而无法使用喷雾。鉴于这些限制，由于有更有效的化学杀虫剂，而且这些化学杀虫剂与现在应用的生物杀虫剂类似，所以 Bt 杀虫剂仅用于农业和林业的利基市场①。

随着 20 世纪 80 年代后石油危机的到来和前面提到的环境报告，许多昆虫对常用杀虫剂的抗药性越来越强，科学家和公众逐渐意识到其中许多化学物质对环境是有害的，于是他们开始寻找更有吸引力的替代品。Bt 似乎是有吸引力的选择之一，但如何使它更有效呢？在 20 世纪 50 年代，人们已经知道 Bt 产生的蛋白质对特定的昆虫群体具有致死性。在接下来的 20 年里，人们发现了几种不同的 Bt 菌株，并且发现每种菌株都能产生对不同种类的昆虫具有毒性的特异性蛋白质。这种细菌实际上有超过 58 个血清型（变种或亚种）以及数以千计的菌株分支。这种菌株的变种或亚种分类是基于鞭毛抗原进行的。所有这些亚种加在一起对大量的昆虫宿主和线虫都有效，然而，每种菌株只会产生一种独特的毒素，对特定的昆虫类群有效，并且不同的晶体蛋白对不同昆虫种类的活性程度也不同。迄今为止，已知约有 150 种昆虫受多种 Bt 菌株的影响。

到 1980 年，已有数十项研究清楚地表明，Bt 中的不同菌株所产生的不同蛋白质决定了哪些昆虫会被杀死。孢子和晶体对鳞翅目（蛾和蝴蝶）、双翅目（苍蝇和蚊子）、鞘翅目（甲虫和象鼻虫）以及膜翅目（蜜蜂和黄蜂）的幼虫有活性。Bt δ-内毒素对中肠上皮细胞顶端刷状缘膜上的独特受体具有极强的特异性，因此对非靶标昆虫无毒，所以非常适合用于对害虫的环境管理。

①　利基市场，英文为 niche market，指那些高度专门化的需求市场。——译者注

研究人员随后将目标锁定在鉴定与 Bt 蛋白的生产有关的基因上。有关这些基因的信息是由两位微生物学家收集的,他们研究了为什么只有当 Bt 开始产生孢子时,其 Bt 基因才会触发有毒蛋白质的生产。1981 年,当时在华盛顿大学的海伦·怀特利(Helen Whiteley)和埃内斯特·施内普夫(Ernest Schnepf)发现,这种可以杀死害虫的蛋白质存在于细菌产生的一个类似于晶体状的结构内。他们利用旧金山湾区实验室新开发的技术,分离出一种编码杀虫晶体蛋白的基因。到 1989 年,已经有 40 多个 Bt 基因被不同的研究人员精确定位并克隆,每个基因都负责一种对特定昆虫群体有毒的蛋白质的合成。爱思进(Maxygen)公司的基因混编(gene shuffling)技术和其他技术使得这一数字在十年内大大扩展了。

　　在植物中生产 Bt Cry 蛋白可以带来几个好处。由于毒素是在植物组织中持续产生的,并且在植物组织中会持续存在一段时间,因此只需要较少的其他杀虫剂,从而降低了田间管理成本。与 Bt 生物杀虫剂一样,这种"增强型种子系统"对环境的危害比合成化学杀虫剂小,通常不会影响有益的(如捕食性和寄生性)昆虫。植物输导组织还扩大了 Bt Cry 蛋白靶向控制的害虫范围,包括刺吸和钻蛀性昆虫、根寄生昆虫和线虫。

　　在证明了根瘤农杆菌传递系统具有在植物中表达外源蛋白的能力之后,Bt 基因成了一个理想的候选者。培育抗虫植物的舞台现在已经搭建好了。然而,第一次尝试却彻底失败了。但是,就像许多看似无法克服的挫折一样,人们从中所获得的知识远远大于它们所造成的悲痛——解决这个特殊问题的过程,有助于阐明在设计用于外源宿主中表达的基因时,需要考虑的一个基本问题,即不同生物体中不同的转录和翻译机制。到 1987 年,几个实验室(Barton et al.,1987;Vaeck et al.,1987)已经将 Bt 基因插入植物基因中,至少有 3 个实验室选择棉花作为概念验证模型,随后他们再将棉花暴露在棉铃虫和蚜虫中。然而他们对接下来的坏消息毫无准备:转基因棉花受到虫害的程度与对照组相同。问题出在毒素的表达水平上,因为这些作物没有产生足够的 Bt 毒素来保护它们免受棉铃虫和蚜虫的侵害。那么缺失的环节是什么?

70

研究人员发现当未经修饰的晶体蛋白与植物细胞核中的表达信号相融合时,与含有典型植物标记基因的类似转录单元相比,蛋白质的产量相当少。问题在于,富含 A/T 的芽孢杆菌 DNA 上含有许多对植物基因表达有害的序列,如剪接位点、多聚腺苷酸[poly(A)]添加位点、ATTTA 序列、信使 RNA 降解信号和转录终止位点,以及与植物密码子偏好性使用不同的密码子。当芽孢杆菌序列被广泛地修饰,用同义密码子来减少或消除潜在的有害序列,并产生更像植物的密码子偏好时,蛋白质的表达量显著提高了。在某些情况下,编码区微小的变化也会导致表达量的增加。在后来的研究中,有人观察到,与细胞核中的表达相反,未经修饰的 *Cry1Ac* 基因在烟草叶绿体中的表达量非常高,这证明了支持关注细胞器特异性转化的另一个原因。然而为了克服这个特殊的障碍,到 1990 年,经过基因工程改造的 Bt 棉花已经可以产生足够的 Bt 毒素来抵御昆虫,这是植物生物工程的一个重要里程碑。

在植物保护方面的另外两项重大进展也发生在 20 世纪 80 年代,而且第一次关于被蔑称为转基因生物的重大争议不是针对植物,而是针对细菌。在技术方面,从害虫防治的角度来看,最重要的发现来自华盛顿大学的罗杰·比奇(Roger Beachy)实验室。尽管从表面上看,植物缺乏任何与哺乳动物免疫系统相似的东西,但在 20 世纪早期,人们就观察到一种疫苗保护系统似乎在植物中运作。我们在第 1 章中讲过,疫苗接种的概念来自爱德华·詹纳的发现,即感染了轻度牛痘病毒的挤奶女工有预防天花的能力。植物也可以通过事先感染一种密切相关的病毒的温和毒株而免受严重病毒的侵害,但这一点几乎不为人所知。植物的这种交叉保护(cross protection)作用①早在 20 世纪 20 年代就被发现了,但直到 20 世纪末,它的机制仍然是一个谜,因为植物不具备类似于哺乳动物的基于抗体的免疫系统。这可能是人们第一次观察到植物对病毒(和转座子)的内在防御机制,75 年后,人们才刚刚开始理解这一机制。

1986 年,当华盛顿大学比奇实验室的埃布尔(Abel)等人(Zaitlin & Palu-

_____

①　交叉保护作用是指两种病毒感染一种寄主时,先入侵的病毒能够保护寄主不再受第二种病毒侵染的能力。——译者注

kaitis，2000）的论文发表时，他们还不了解这种作用机制，但研究者们却想方设法地假设和检验是烟草花叶病毒的外壳蛋白（而不是随后确定的外壳蛋白基因）起到了交叉保护的作用。他们精彩而低调的结尾语是，这些实验的结果表明，植物可以通过基因改造来抵抗病毒疾病的发展。这句话可能不如沃森和克里克提出的 DNA 复制机制那样能够引起共鸣，但毫无疑问，它开创了一个病毒抗性的新时代，更不用说一个关于基因调控的全新研究领域，其影响远远超出了农业领域。这一领域中有关 RNA 干扰（RNA interference，RNAi）的内容将在第 5 章中进行更深入的研究。1988 年，在潜在商业产品的第一次田间试验中，新基（Calgene）公司对烟草花叶病毒外壳蛋白介导的抗性番茄植株进行了测试。

8. 杂草丛生

20 世纪 80 年代害虫三部曲的第三部分是植物对植物的控制，即杂草防治。杂草对农民来说是一个司空见惯的棘手问题，它们会争夺养分、水分和阳光，可使潜在的作物产量降低 70% 之多。种植者采取了许多不同的化学和物理方法来管理杂草，包括针对特定类型杂草的组合除草剂。但许多除草剂在损害作物和杂草的同时，会在土壤中残留，限制作物轮作选择，并渗入地下水（许多除草剂都有地下水警告）。有一种方法受到有机农民的青睐，从表面上看是相对无害的，但从另一个角度看就不那么无害了，那就是在种植前翻耕以杀死杂草，或在新作物出现前用更环保的广谱除草剂喷洒田地，但这些做法会使田地遭受风和水的侵蚀。

由约翰和弗兰（Fran）领导的孟山都公司的一组科学家于 1970 年发现一种非选择性广谱除草剂，可能为这一问题提供解决方案。这种由简单的化合物草甘膦［N-（磷酸甲基）甘氨酸］制成的除草剂对许多种类的植物都非常有效，而大多数除草剂只能杀死少数几种杂草。是什么让草甘膦对这么多种杂草都如此致命呢？在农业上使用的酶抑制剂中，草甘膦的作用是非常显著的。1972 年，在孟山都公司里，由埃内斯特·贾沃斯基（Ernest Jaworski）领导的科学家团队注意到,草甘膦的使用(它会通过协同转运到达生长中的植物的分生组织中)会抑制植物中芳香族氨基酸的生物合成。草甘膦通过抑制定位在叶绿体的 EPSP 合酶(5-烯醇丙酮酸莽草酸-3-磷酸合酶,EPSPS)而导致莽草酸积累。1980 年,阿姆赖因(N. Amrhein)教授及其同事从莽草酸途径中确定了其靶酶 EPSPS。EPSPS 是参与芳香族氨基酸生物合成的关键酶。该酶催化一种不寻常的反应,来自磷酸烯醇丙酮酸(PEP)的烯醇丙酮酸基转移到莽草酸-3-磷酸(S3P)的 5-羟基上,形成产物 5-烯醇丙酮酸莽草酸-3-磷酸盐(EPSP)和无机磷酸盐(Pi)。唯一已知的利用 PEP 催化羧基乙烯基转移的其他酶是 UDP-N-乙酰氨基葡萄糖烯醇丙酮酸转移酶(MurA),它是催化细菌细胞肽聚糖合成的第一步。是什么使草甘膦成为一种卓越的抑制剂和除草剂的呢? 草甘膦是一种相对简单的分子——甘氨酸的 N-甲基膦酸酯衍生物,其化学结构与通用高能磷酸转移剂 PEP 的化学结构相似。尽管如此,草甘膦对 EPSPS 仍然有着很强的特异性,目前还不知道它是否会对其他酶产生明显的抑制作用,即便是 MurA。

72

　　EPSPS 反应是莽草酸生物合成芳香族氨基酸(苯丙氨酸、酪氨酸和色氨酸)以及许多次级代谢产物(包括四氢叶酸、泛醌和维生素 K)途径的倒数第二步。该途径存在于植物和微生物中,而在哺乳动物、鱼类、鸟类、爬行动物和昆虫中则完全不存在,所以它是理想的选择性靶标。据估计,高达 35% 或更多的植物最终干重是由莽草酸途径产生的芳香族分子构成的,莽草酸途径在植物中的重要性进一步得到了证实! 由此可见,EPSPS 是新型抗生素(微生物)和除草剂(植物)的理想靶标。

　　那么,为什么这对生物技术有吸引力呢? 草甘膦除了是高效的广谱除草剂外,它还非常温和,不会在自然环境中残留,不会污染地下水或限制作物的轮作,所以如果作物能够产生抗药性,那么在抗药性作物出现后,用这种广谱除草剂喷洒田地,就可以控制杂草,而不必过度耕作,从而使土壤免受侵蚀。

　　1983 年,新基公司和孟山都公司的研究人员成功地分离和克隆了产生 EPSPS 的基因。编码 EPSPS 的基因已经从拟南芥、番茄、烟草和矮牵牛中克隆了出来。研究人员还确定了草甘膦抗性的两种不同机制,一种是以 EPSPS

的过量生产（并减少周转）和高达 40 倍的积累为特征；另一种是与一种对除草剂不敏感的酶有关。孟山都公司的科学家们尝试了两种方法来开发抗性，在组成型花椰菜花叶病毒 35S 启动子的指导下实现 EPSPS 基因的过表达，并使用修饰基因，使其产生的酶不再对草甘膦敏感。通过这两种方法改良的培养物产生了抗草甘膦的作物。1986 年，孟山都公司的科学家开发出了抗除草剂大豆，到 20 世纪 90 年代中期，这种大豆成了最重要的转基因作物。1996年，第一批抗草甘膦的大豆、棉花、油菜和玉米种子终于扫清了商业化的所有障碍，这一点将在第 4 章中讨论。

有趣的是，这并不是第一个被起诉的耐除草剂植物。1987 年 11 月 25 日，美国农业部颁布了（7CFR330 和 7CFR340）"转基因生物的引进标准"，根据以上标准，美国农业部批准了第一次田间试验，即新基公司的抗溴苯腈烟草。

9. 冰与人

虽然在 20 世纪 80 年代，有关植物的研究进展没有引起太多争议，也没有引起公众的兴趣或对知识的探索，但重组微生物在农业舞台上的起源却截然不同。

软皮无核小果是加利福尼亚州西海岸迷雾腹地的主要产品，一直受到许多生物因素和非生物因素的破坏，在 20 世纪 70 年代，有一个例子可以说明两者共同影响软皮无核小果的生长。研究发现，冻害不仅是由气温下降造成的，而且还受微生物辅助和诱导。当暴露在 0 ℃ 以下的温度时，许多陆生生物能够激活机制来控制细胞中冰的成核和生长，从而使它们能够最大限度地减少极端冰冻干燥带来的致命影响。参与这些机制的物质包括碳水化合物、氨基酸和所谓的冷激蛋白。植物中的冰核通常不是内源性的，而是由寄生性微生物上存在的催化位点诱导的，这些寄生性微生物可以在叶子、果实或茎上被找到。这种冰核活性细菌在植物上很常见。

1977 年，威斯康星大学麦迪逊分校的研究生史蒂夫·林多（Steven Lindow）

发现,丁香假单胞菌(*Pseudomonas syringae*)的一种突变菌株改变了叶片上的冰核,使植物能够抵御霜冻。他认为,使用重组 DNA 技术中出现的一些新方法使这个基因失活,可能会阻止冰核化,然后再富集这些突变细菌,可能是限制冻害的有效方法。他在加利福尼亚大学伯克利分校继续开展这项工作,并在 1982 年根据美国国立卫生研究院的指南,请求政府批准测试基因工程细菌,以控制对马铃薯或草莓的霜冻损害。这是第一个真正对重组菌在室外进行试验的请求。1978 年的美国国立卫生研究院指南禁止在环境中释放基因工程生物,除非获得美国国立卫生研究院主管的豁免。1983 年,美国国立卫生研究院的重组 DNA 咨询委员会授权对丁香假单胞菌和草生欧文氏菌(*Erwinia herbicola*)的基因工程"减冰"菌株进行实地测试。这些丁香假单胞菌和草生欧文氏菌编码冰核蛋白的基因发生了突变,使在细菌细胞表面可以正常表达冰核蛋白的基因在"减冰"菌株中不能表达。得到这项授权后,转基因生物于 1983 年首次在环境中被释放。美国先进基因科学(Advanced Genetic Sciences, AGS)公司在康特拉科斯塔县(Contra Costa County)草莓地对林多的重组微生物"霜禁"(Frostban)进行了田间试验。这一批准引发了激烈的争议,包括几个法院案件,人们对美国国立卫生研究院的裁决提出疑问,而使用"环境释放"这一说法无法缓解人们的担忧。法院提起的案件援引了《国家环境政策法案》(The National Environmental Policy Act),该法案要求任何机构在做出严重影响环境质量的决策时,都必须附有一份对建议行动以及替代方案的环境影响的详细声明或评估。在法院就实地试验进行辩论的同时,国会举行了一次听证会,提出了关于联邦机构在不确定的情况下应对生态系统危害的能力问题。在 1984 年的第二次听证会上,参议院环境和公共工程委员会就潜在的风险与美国国家环境保护局(The Environmental Protection Agency)、美国国立卫生研究院和美国农业部的代表进行了讨论。政府机构表示,现有的法规足以解决转基因生物带来的环境影响(美国参议院,1984)。事实上,在 1982 年,美国国家环境保护局就已经将转基因生物纳入其监管微生物害虫控制剂(用于控制害虫和杂草)的政策中,作为不同于化学品的独特实体。到 1984 年,随着这一领域在许多方面的蓬勃发展,在白宫科技政策办

74

公室(The Office of Science and Technology Policy)的支持下，白宫成立了一个委员会，提出了一项监管生物技术的计划。1984年5月，联邦地区法官约翰·西里卡(John Sirica)发布禁令，禁止实地试验，并禁止美国国立卫生研究院在评估这种试验对环境的影响之前就批准涉及释放基因工程生物体的进一步试验，这引起了许多联邦机构的争论，看谁应该对这一迄今仍然未知的领域承担监管责任。美国国家环境保护局于1984年开始对这种试验进行审查。1986年，根据联邦政府的《生物技术监管协调框架》，美国国家环境保护局和美国农业部成为监管机构。

事实上，是位于加利福尼亚州奥克兰市的美国先进基因科学公司获得了美国国家环境保护局在新授权下颁发的第一个试验使用许可证。1985年11月，美国国家环境保护局批准发放试验使用许可证，允许释放已删除冰核蛋白基因的丁香假单胞菌和荧光假单胞菌(*P. fluorescent*)。这一以"霜禁"命名的产品将被应用于加利福尼亚州萨利纳斯北部的一块地，这一片占地800多m^2，种植了2400株草莓，周围是15 m的无植被地带。许多个人和非营利环保组织就此寻求禁令，但于1986年3月被驳回，理由是原告未能证明试验使用许可证的签发违反了《联邦杀虫剂、杀菌剂和灭鼠剂法案》《国家环境政策法案》或《行政程序法》的要求。

1986年1月，监管机构通过了一项法令，要求在蒙特利(Monterey)县进行的试验停止45天。1986年2月，据了解，美国先进基因科学公司于一年前在未经美国国家环境保护局批准的情况下，将试验菌注射到其总部大楼屋顶的约50棵果树中。1986年3月，美国国家环境保护局暂停了美国先进基因科学公司的试验使用许可证，并对该公司罚款2万美元，理由是该生物在国家环境保护局批准之前已被释放，并且该公司故意在其申请时做出虚假陈述。后来，一项经修订后的投诉称美国先进基因科学公司没有提供关于检测方法的充足细节，因此罚款减少到了1.3万美元。1986年4月，蒙特利县的监督员依靠他们的分区权力，通过了一年内禁止在县内进行试验的立法。1986年12月，美国先进基因科学公司向美国国家环境保护局与加利福尼亚州食品和农业部申请，以批准其在圣贝尼托县或康特拉科斯塔县进行实地测试。到 1987 年 2 月,美国国家环境保护局重新向美国先进基因科学公司颁发了试验使用许可证,加利福尼亚州食品和农业部初步批准了该许可证。

重组菌在释放之前需要在实验室和温室中进行试验,以证明其对人类健康和环境的安全性。通过温室研究,研究人员对比测量了丁香假单胞菌“减冰”菌株与“加冰”菌株之间的竞争性、栖息地偏好和行为。实验还测量了接种过程中和接种后丁香假单胞菌的扩散情况。为了控制这种生物,接种地块周围的无杂草区域将任何其他作物与处理过的植物隔开了至少 30 m(丁香假单胞菌不会在土壤中存活)。3 月,在得到康特拉科斯塔县监事会的批准后,美国先进基因科学公司宣布打算在布伦特伍德镇(一个约有 6000 名居民的城镇)外进行实地测试。反对者于 4 月提出法律质疑,但被萨克拉门托县高级法院法官驳回了。1987 年 4 月 24 日,美国先进基因科学公司进行了田间试验,尽管许多植物在试验前几个小时就被破坏分子连根拔起。1987 年 12 月,美国先进基因科学公司开始对 17 500 株草莓进行第二次试验。

图利莱克(Tulelake)是加利福尼亚州与俄勒冈州边境附近的一个农业城镇,是拟在一小块马铃薯种植地上释放林道氏丁香假单胞菌的试验场地。在 1986 年美国先进基因科学公司惨败后,当地对计划实施的实地试验的反对受到越来越多的关注。1986 年 6 月 2 日,莫多克县监事会通过了一项不具有法律约束力的决议,反对该试验,理由是“公众心中的疑问和恐惧可能会对该地区的农作物市场产生严重而直接的不利影响”。尽管遭到了抗议,但美国国家环境保护局还是在 1986 年 5 月 13 日批准了该试验,并颁发了试验使用许可证,称环境释放“对公众健康或环境的风险最小”。

7 月,科学家们宣布他们将在 8 月初开始试验。8 月 1 日,该试验的反对者[负责有毒物质管理的加利福尼亚人和杰里米·里夫金(Jeremy Rifkin)经济趋势基金会]再次向萨克拉门托高等法院提起诉讼,起诉加利福尼亚大学董事会与加利福尼亚州食品和农业部,要求在州一级进行环境影响研究之前禁止该试验。1986 年 8 月 4 日,在拟实施实地测试前 2 天,萨克拉门托高等法院法官理查德·巴克斯(Richard Backus)批准了一项为期 18 天的临时限制令。加利福尼亚大学同意在 1986 年停止实验。1987 年 4 月 26 日,美国先进基因科学公司开始在康特拉科斯塔县进行"霜禁"田间试验，3天后，加利福尼亚大学的科学家在图利莱克附近的一所大学野外试验站 2000 m² 的场地上种植了经过"减冰"细菌处理的马铃薯块茎。1987 年 5 月 26 日，破坏者连根拔起了大约一半的正在进行研究的植物。名为"地球第一"的激进组织声称对这次突袭负责，这次突袭导致对植物产量的研究被迫中断，但没有破坏细菌在植物上的生长情况研究。尽管有人企图破坏这次试验，但试验还是成功的。试验结束后，所有营养体材料，包括马铃薯块茎和肉眼可见的根系都被除去了，并进行了蒸汽消毒。第二年，研究人员对这块地上的植物组织进行了检查，以确定是否存在"减冰"菌株。结果什么都没有找到。

图利莱克的情况与蒙特利县的情况类似，两项试验都涉及拟释放的丁香假单胞菌，都遵循类似的监管审批程序，并且许多媒体报道都将两者联系在了一起。尽管两个试验都在各自的领域引起了反对，但在图利莱克，反对的焦点在很大程度上集中于对当地种植的作物会受到买家的抵制，从而破坏当地经济的担心。两种情况下，试验植物都遭到了破坏。有趣的是，这种细菌的两种形式（"加冰"和"减冰"）都存在于自然界中，1988 年卡尔加里（Calgary）冬奥会首次在山坡上使用了"加冰"细菌，那时它被认为是一种环保的蛋白质，被添加到造雪水中，使水滴在更高的温度下冻结，这样可以节约大约 30% 的能量。因此，虽然一个形式的菌种富集被认为对环境无害，但另一个形式的菌种却引发了一种可怕的预测：从天气模式到空中交通管制，这一切都会遭到破坏。然而，最终的影响从来都不是问题，因为使用从"野生"菌株中分离出来的"减冰"突变体（基因是如何被破坏的，目前尚不清楚）在没有被尖锐批评的情况下就获得了批准，而精确定义的转基因突变体却从未在货架上销售！类似的试验并没有在世界上造成巨大的影响，在一段时间内，围绕转基因植物的喧嚣在美国基本平息了。但在接下来的 10 年里，情况发生了变化，这将在第 4 章中进一步阐述。

在所有这些担心下，1986 年 6 月 26 日，白宫科技政策办公室发布了"生物技术监管协调框架"，以指导现有法律和机构，包括美国农业部、美国国家环境保护局以及美国食品药品监督管理局如何监管生物技术（51 联邦登记册 23302),并沿用至今。该框架所依据的原则是,生物技术本身并不具有风险性,不应将生物技术作为一个过程加以监管,而应对生物技术产品进行与其他技术产品相同方式的监管。协调框架概述了联邦机构的作用和政策,并包含以下观点:第一,现有法律在很大程度上足以监督生物技术产品;第二,将对产品而不是过程进行监管;第三,转基因生物与非转基因生物并无本质区别。1987 年美国国家科学院的一份白皮书也得出了类似的结论,建议对产品而不是过程进行监管,并指出转基因生物不会带来新的风险,转基因生物与非转基因生物带来的风险"在种类上是一样的"(NAS,1987)。1988 年 10月 1 日,美国农业部成立了生物技术、生物制品和环境保护小组,以规范生物技术和其他环境项目。在世界舞台上,经济合作与发展组织国家生物技术安全专家组表示:"与传统技术相比,重组 DNA 技术带来的遗传变化往往具有更大的可预测性",而且"与重组 DNA 生物相关的风险评估方法与非重组DNA 生物的风险评估方式大致相同"。

在这 10 年结束时,根据新的美国国家环境保护局指南,威斯康星大学的埃里克·特里普利特(Eric Triplett)教授使用一种能够固氮的重组豆科根瘤菌(*Rhizobium leguminosarum*)进行了探究潜在扩散的实验研究。这些细菌于1990 年 7 月被释放到环境中。为了检查重组菌的存在,研究人员进行了占瘤率测试,并对高接种地进行了水平和垂直扩散检查。因为在高接种区没有发现重组菌,所以没有对低接种区的水平和垂直扩散情况进行检查。此外,研究人员在地块周围种植了未接种重组菌的三叶草作为边界,并检查这些植物的根瘤是否存在重组菌。因为没有观察到扩散,所以没有采取遏制措施。

10. 鼠与人

虽然在重组 DNA 技术发展的早期阶段,细菌、药物和光合作用生物是人们关注的焦点,但与此同时,另一个群体,即动物(经常被遗忘,但却是许多企业的关键组成部分),也在生物技术舞台上打下了自己的烙印。对许多人来说,他们可能会惊讶地发现,重组动物比重组植物更早地出现在了生物技术的舞台上！动物在生物技术领域也取得了另一个重大突破。1986 年,美国农业部允许奥马哈生物公司销售一种通过基因工程生产的病毒,这是第一个被出售的转基因病毒,这种病毒是用于防治一种猪疱疹的。

自史前时代以来,动物在许多方面都是人类事业的重要组成部分,如食物、庇护所、运输、工作、陪伴等,近代以来,动物还被用来确定治疗药物的安全性和有效性,并作为研究疾病的模型。在分子水平上改造动物的能力的发展扩大了动物的作用,特别是在后一个领域,并为该领域增加了一个新的分支,即"分子制药",例如在牛奶中生产有价值的产品,这将在下一章中进行阐述。

在人类漫长而错综复杂的历史中,动物最一致的贡献是在农业领域。随着社会意识的提高,它们在农业领域的作用受到了质疑和争论,而随着基因工程的出现,这一问题的复杂性达到了一个新的水平。转基因动物在农业和生物科学中作为有价值的研究工具具有巨大的潜力。转基因动物可以被进行专门改造,以解决以前很难(如果不是不可能的话)确定的科学问题。

虽然第一个有针对性的动物"工程"是以育种为目的的,即选择具有理想性状的动物,但毫无疑问,对动物生殖生理学的第一个科学贡献是 1891 年培养和移植胚胎的成功尝试。人工授精的发展有助于降低繁殖成本和控制繁殖,但第一次技术变革是约翰·格登(John Gurdon)在 1970 年将成蛙体细胞的细胞核转移到去核的蛙卵中,并诞生了可存活的蝌蚪。这个实验的成功是有限的,因为没有一只蝌蚪发育成成蛙。1977 年,格登通过将信使 RNA 和 DNA 转移到非洲爪蟾(*Xenopus laevis*)的胚胎中,进一步扩展了这一领域,他观察到转移的核酸得到了表达。同样在 20 世纪 70 年代,拉尔夫·布林斯特(Ralph Brinster)开发了一种现在用于将干细胞注射入胚胎的常用技术。当这些胚胎长大成为成体时,它们会产生携带原始细胞基因的后代。1982 年,布林斯特和他的同事在小鼠肝脏特异性启动子的控制下,将大鼠生长激素的基因转移到了小鼠体内,使小鼠成长为"超级小鼠"——体型是正常小鼠的两倍,从而再次声名远扬。

在 1980 年和 1981 年这两年中,基因转移和转基因小鼠的开发取得了多项成功。这比首次成功生产重组植物的报道早了整整两年。戈登和拉德尔(Ruddle)首次创造出"转基因的"(transgenic)一词,用来描述基因组中整合了外源基因的动物。自那时以来,这一定义已经扩展到由内源性基因组 DNA 分子操纵产生的所有动物,包括从 DNA 显微注射到胚胎干细胞(embryonic stem, ES)转移,再到基因"敲除"小鼠产生的所有技术(详见下一章)。

尽管随着克隆羊多莉的诞生,细胞核移植技术取得了成功,但时至今日,生产转基因动物(包括小鼠在内)最被广泛使用的技术是将 DNA 显微注射到受精卵的细胞核中。利用各种转基因工具,如反义技术(使用反向拷贝以关闭表达),现在研究人员可以向基因组中添加一个新的基因,以提高基因表达水平或改变基因表达的组织特异性,抑或降低特定蛋白质的合成水平。新的核移植技术增加的另一个因素是通过同源重组去除或改变现有基因的能力。

继"超级小鼠"之后,转基因技术在整个 20 世纪 80 年代被应用于多个物种,包括绵羊、牛、山羊、猪、兔子、家禽和鱼等农业物种。转基因动物研究的应用大致可分为两个不同的领域,即医学应用和农业应用。最近的重点是把动物开发成生物反应器,在其乳汁中生产有价值的蛋白质,而这个研究则可以归类为这两个领域中的任何一个。当然,在每个领域背后都有一个更基本的应用,即将这些技术作为工具来确定基因表达和动物发育的分子和生理基础,这种理解可以引导我们创造出改变发育途径的技术。

11. 更多的修补工具

79

诺贝尔奖往往被授予具有突破性的基础发现,但偶尔也会颁发给具有深远意义的巧妙技术的开发。20 世纪七八十年代迎来了一个技术精湛的时代,虽然 1980 年诺贝尔化学奖表面上是为了表彰对核酸生物化学的基础研究,特别是伯格在重组 DNA 方面的贡献,以及吉尔伯特和桑格在核酸碱基序列测定方面的贡献,但实际上这是对巧妙技术开发的认可。1980 年诺贝尔化学奖的另一个不寻常之处是,它是在这项工作发表后不久就颁发的。对桑格来说,这是他第二次去瑞典学院!他 40 岁时曾因在蛋白质结构,特别是胰岛素结构方面的研究而获得 1958 年的诺贝尔奖,到他第二次获奖时,胰岛素已经成为这个新兴行业的热门项目,并且即将成为制药行业新领域的第一个治疗药物。此外,这也是他的共同获奖者吉尔伯特的痛处,他的实验室在克隆竞赛中输给了美国西海岸的后起之秀基因泰克公司,部分原因是马萨诸塞州剑桥市的地方法规无意中帮助了基因泰克公司,后者从字面上狭隘地解释了美国国立卫生研究院的指南。对重组 DNA 研究的临时禁令迫使吉尔伯特和他的实验室不顾一切,试图留在竞赛中,揭穿在英国索尔兹伯里平原上的波顿生物战研究设施的真相,这些设施在巨石阵和一座中世纪大教堂的遮盖下,离他的母校剑桥大学不远。据他的同事莉迪娅·维拉·科马罗夫(Lydia Villa Komaroff)说,他在 1978 年午夜飞行的一个不言而喻的动机是为了在诺贝尔奖的阶梯上再攀登一级! 于是,一群声名显赫的科学家将一个最先进的分子生物学实验室塞进了几个行李箱里,然后飞越了大西洋。

然而,这一切都是徒劳的,因为他们无意中从受污染的仪器中克隆出了大鼠的基因——如果不是今年早些时候该小组已经利用拉特的克隆体完成了这一工作的话,这将是一个有价值的成就。科马罗夫创作了一首具有讽刺意味的小曲,以回应一位当地旅馆主人询问他们是否是索尔兹伯里马戏团成员的问题。三个杂技演员和一个魔术师/去执行一项危险的任务/克隆和表达胰岛素基因/从而挫败基因泰克公司的计划……吉尔伯特在 1980 年受到表彰的工作,在他被阴谋家击败的过程中发挥了重要作用,因为基因泰克公司的格德小组利用哈佛大学的吉尔伯特和艾伦·马克塞姆(Allan Maxam)开发的化学测序技术(这种技术允许使用碱基特异性切割和随后的电泳对长片段 DNA 进行相对快速的测序)对胰岛素基因进行了测序。在波顿惨败后的黑色幽默中,哈佛大学的研究生纳迪亚·罗森塔尔(Nadia Rosenthal)后来创造了一个词来解释这一现象。罗森塔尔摒弃了"转位"(transposition)一词,而发明了"transtubation"一词。它表示一个元素(或"transtubon")从一个试管跳到另一个试管。

80　　在吉尔伯特发表获奖演说后不久,拉特跟随他的同事兼竞争对手博耶的脚步离开了加利福尼亚大学旧金山分校,成立了自己的公司,并巧妙地命名为企隆（Chiron——半人马，教授阿喀琉斯音乐、医学和狩猎）公司。同年，赛特斯公司完成了当时美国历史上最大的 IPO（initial public offering，首次公开募股），净收益超过了 1.07 亿美元。一年后的 1982 年，拉特和研究总监巴勃罗·巴伦苏埃拉（Pablo Valenzuela）在《自然》杂志上报道了一种酵母表达系统，该系统可以产生乙型肝炎表面抗原。1978 年，他在加利福尼亚大学旧金山分校的实验室里克隆出了乙型肝炎病毒外壳蛋白。现在，在最初嘲笑美国西海岸机构的物质主义和鲁莽之后，东海岸机构也希望参与这一行动。1981 年，西德化学公司霍伊斯特（Hoechst），向位于波士顿的马萨诸塞州总医院（同时也是哈佛医学院的教学机构）提供了 7000 万美元，用于建立一个新的分子生物学系，以换取该机构可能产生的任何专利许可的专有权。这促使国会议员艾伯特·戈尔（Albert Gore）就生物医学研究领域学术界与商业化之间的关系举行了一系列听证会。他重点关注了知识产权和专利权可能带来的巨额利润对大学的研究环境产生的影响。麻省理工学院教授乔纳森·金（Jonathan King）在戈尔听证会上发言，他提醒生物技术行业：“生物医学研究最重要的长期目标是发现疾病的原因，以便预防疾病。”

　　吉尔伯特看到老对手基因泰克公司和企隆公司的成功，以及学术界对自己的限制，感到十分痛苦。1982 年的晚些时候，吉尔伯特离开了哈佛大学，去经营他参与创建的瑞士生物技术公司百健（Biogen）。但聪明的科学家不一定是精明的商人，该公司陷入了困境，吉尔伯特于 1984 年辞去了首席执行官和董事长的职务。与残酷的商业世界相比，两年前让他感到厌烦的学术界现在对于吉尔伯特来说，似乎颇具吸引力。他返回哈佛大学从事研究，在那里他的地位没有受到他短暂的不成功的商业尝试的影响。

　　远离对产品的狂热追求，DNA 指纹识别的曙光出现在 20 世纪 70 年代末之前，当时戴维·博特斯坦（David Botstein）和其他人一起发现，当用限制性内切酶消化来自不同个体的 DNA 时，产生的片段因人而异。这种 DNA 的变化被称为限制性片段长度多态性（restriction fragment length polymorphism，RFLP），这种多态性通常是通过短核心序列的随机重复次数的变化而发生的。这些重复序列被称为“小卫星”，它们可以散布在整个基因组中，也可以聚集在单个染色体上。在 DNA 指纹鉴定中,限制性内切酶被用来将 DNA 片段化。DNA 切割的特异性,结合凝胶电泳分离后特定 DNA 序列探针的特异性,通常很容易检测到"重复"序列,如果分析进行得足够深入,就有可能区分任何两个个体的 DNA。这有显而易见的应用,在遗传研究、法医学和植物鉴定等方面应用广泛。此后,它们在很大程度上被另一种技术所取代,该技术在不久之后被开发出来,并为其开发者赢得了另一个诺贝尔奖。

1980 年,加利福尼亚州伯克利市赛特斯公司的凯利·穆利斯和其他人一起发明了一种在体外扩增 DNA 序列的技术,他称之为聚合酶链反应(polymerase chain reaction, PCR)。PCR 被认为是 20 世纪 80 年代分子生物学中最具革命性的新技术。赛特斯公司为该技术申请了专利,并于 1991 年夏天以 3 亿美元的价格将该专利卖给了罗氏(Roche)公司。仅 10 多年后,1993 年,穆利斯凭借这一特殊技术就获得了诺贝尔化学奖。与他共享荣誉的是加拿大不列颠哥伦比亚大学的迈克尔·史密斯(Michael Smith),他对建立基于寡核苷酸的定点诱变及其在蛋白质研究中的发展做出了基础性贡献,使蛋白质中任何地方的氨基酸都可以发生精确改变。

在更平淡的另一边,应用生物系统公司(Applied Biosystems Inc., ABI)与位于帕萨迪纳市的加州理工学院(California Institute of Technology)的研究人员合作,推出了第一台商用气相蛋白质测序仪,极大地减少了测序所需的蛋白质样品数量。虽然这项成就没有因此获得诺贝尔奖,但其开发者勒罗伊·胡德(Leroy Hood,现任系统生物学研究所所长)和迈克尔·享克皮勒(Michael Hunkapiller,现任应用生物系统公司董事长)获得了许多其他荣誉!事实上,有些人认为胡德早在 1987 年就应该因早年的工作而获得诺贝尔奖,而在因发现产生抗体多样性的遗传原理而颁发诺贝尔奖时,利根川进(Tonegawa)也应该登上这个领奖台。

1981 年,玛丽·哈珀(Mary Harper)和两位同事绘制了胰岛素的基因图谱,这在 20 世纪 70 年代一直是备受关注和争议的话题。此后,原位杂交制图成为一种标准方法。第一台可靠的基因合成机器也是在那一年研发成功的。研究人员成功地将一个人类基因的 cDNA 拷贝引入细菌中,这在学术上更容易让人接受，而不是像胰岛素那样导入人工合成的拷贝。它编码的是一种蛋白质——干扰素（interferon，IFN）。

1983 年，科罗拉多大学的马文·卡拉瑟斯（Marvin Carruthers）发明了一种方法，利用亚磷酰胺来化学构建出从 5 个碱基对到 75 个碱基对长度的预定序列 DNA 片段。他和胡德再次与应用生物系统公司合作，开发了第一台 DNA 合成仪器，用于制造探针、引物和基因构建中使用的合成 DNA。同年，杰伊·利维（Jay Levy）在加利福尼亚大学洛杉矶分校的实验室里分离出了 20 世纪 80 年代最典型的灾难之一——艾滋病病毒（人类免疫缺陷病毒，HIV）。几乎同时，巴黎巴斯德研究所和美国国立卫生研究院也分离出了这种病毒。新开发和不断发展的生物技术工具使这种病毒能够被快速诊断、分离和定性，并且比历史上任何一种传染病病原体都得到了更全面的评估。事实上，就在一年之后，企隆公司宣布首次克隆和测序了整个 HIV 的基因组。

同样在 1983 年，来自马萨诸塞州总医院的安德鲁·默里（Andrew Murray）和杰克·绍斯塔克（Jack Szostak）成功地从酵母细胞中纯化出了一条染色体的 3 个 DNA 元件，并将它们重新组装成了一条人造染色体。

1984 年，当英国遗传学家亚历克·杰弗里斯（Alec Jeffreys）利用 RFLP 技术的原理来确定可以将人与人进行区分的识别位点时，重组 DNA 技术扩展到了更多领域，这种应用被称为"DNA 指纹"，可用于确定家庭关系，在法医学中更为人所知。第二年，DNA 指纹技术首次在法庭上作为证据被使用，但又过了 10 年，它才被确立为司法界的一个决定性工具。1985 年，使用同样的 RFLP 技术，研究人员发现了肾脏疾病和囊性纤维化的遗传标记，使得它们成为第一个被阐明的特定遗传性疾病的遗传标记。

在最具前瞻性的技术中，重组 DNA 技术可以追溯到 100 多年前，美国加利福尼亚大学伯克利分校的艾伦·威尔逊（Allan Wilson）和罗素·樋口（Russell Higuchi）从一个已灭绝的动物中克隆了基因。为了确定 DNA 是否能保存下来，并能从已灭绝生物的遗骸中提取出来，他们从博物馆里的斑驴（*Equus quagga*）标本干肌肉中分离出了 DNA。斑驴是一种类似于斑马的物种，于 1883 年灭绝。从斑驴 DNA 获得的众多克隆片段中，有 2 个含有线粒

82

体 DNA（mitochondrial DNA，mtDNA）片段。对它们进行测序发现，斑驴与现存的山斑马有 12 个碱基的差异，这表明它们在 400 万～300 万年前有一个共同的祖先。这是首次利用 DNA 证实有关马属动物年龄的化石证据。同样在 1984 年，查尔斯·西布莉（Charles Sibley）和乔恩·阿尔奎斯特（Jon Ahlquist）通过同样的证据来源认为，人类与黑猩猩的关系比与其他大型类人猿的关系更密切，人类与黑猩猩的 DNA 仅有 1% 的差异，并且人类和类人猿在 600 万～500 万年前分道扬镳。那一年，加利福尼亚大学的另一项冒险是将目光投向未来：加利福尼亚大学圣克鲁斯分校校长罗伯特·西斯海默（Robert Sinsheimer）提出绘制所有人类的基因图谱，该提案最终在 6 年内促成了人类基因组计划的发展。

1985 年，当美国国立卫生研究院重组 DNA 咨询委员会批准在人类身上进行基因治疗实验的指南时，一项将受益于这项决定的技术首次获得批准。1985 年，美国加利福尼亚州生物技术公司的怀特实验室克隆出了基因组中的一个重要基因，并报道了人类肺表面活性剂脱辅基蛋白基因的分离及其特征，这是减少早产并发症的一个重要步骤。肺表面活性剂是一种磷脂-蛋白质复合物，其作用是降低哺乳动物肺泡内气液界面的表面张力，对正常呼吸至关重要。出生时肺表面活性物质含量不足会导致呼吸衰竭，这一现象常见于早产儿。这一年，基因泰克公司获得了重组人生长激素的销售许可，这也标志着美国食品药品监督管理局首次批准生物技术公司直接销售重组医药产品。这是仅有的少数生物技术公司中第一个所产产品达到标准质量要求的公司，基因泰克公司在基础科学层面上也取得了当年的第一。

阿克塞尔·乌尔里克（Axel Ullrich）在《自然》杂志上报道了第一个细胞表面受体的测序，当时被称为人胰岛素受体［现在更名为表皮生长因子受体（epidermal growth factor receptor，EGFR）］，是最著名的酪氨酸激酶受体。2 个月后，拉特的加利福尼亚大学旧金山分校与企隆公司合作团队在《细胞》杂志上描述了测序结果。这些受体在正常细胞中负责调节多种功能，并在肿瘤发生中起着至关重要的作用。20 多年前，在 1984 年，酪氨酸激酶受体，更准确地说是表皮生长因子受体的第一个初级结构的阐明，是在理解器官发生过程的道路上迈出的重要一步。酪氨酸激酶受体的分子结构和这些蛋白质及其配体在肿瘤发生中的主要功能的表征,打开了分子肿瘤学的新时代的大门,为第一个靶向特异性癌症治疗的发展铺平了道路。

1986 年,美国食品药品监督管理局向企隆公司颁发了第一个重组疫苗的许可证,该疫苗是基于拉特和巴伦苏埃拉的酵母表达系统,用于生产乙肝表面抗原的。拉特的公司和奥森多(Ortho)公司达成了一项重要协议,向全世界的血库提供艾滋病和肝炎筛查与诊断测试。当奥森多公司的 Orthoclone OKT3©(莫罗单抗–CD3,Muromonab-CD3)被批准用于治疗急性肾移植排斥反应时,单克隆抗体作为当时诊断技术的支柱之一,进入了一个新的层面。

美国应用生物系统公司与加州理工学院的胡德和享克皮勒团队合作共同推进了这项技术,并在开发自动 DNA 荧光测序仪时为分子工具箱增加了一种方便的新仪器。美国分子仪器公司(Molecular Devices)也加入了仪器领域,他们获得了一项专利,该专利涉及一种利用光产生的电信号来检测半导体芯片表面化学反应的方法。这一年,《科学》杂志发表了一篇由加利福尼亚大学伯克利分校的化学家彼得·舒尔茨(Peter Schultz)撰写的论文,该论文描述了如何将抗体和酶这两种重要的技术结合起来,创造出"抗体酶"(abzyme),这也见证了另一种潜在有用的工具的发展。

另一个令人惊讶的催化分子是在 1986 年被发现的。来自科罗拉多的托马斯·切赫(Tromas Czech)和来自戴维斯的乔治·布鲁宁(George Bruning)发现 RNA 可以发挥酶的作用。20 世纪 80 年代初,人们发现 RNA 本身可以催化相当复杂的剪接反应(通过 I 族和 II 族内含子)以及 tRNA 加工反应(通过核糖核酸酶 P,一种 RNA-蛋白质复合物,其 RNA 亚单位具有酶活性),这种"所有的酶都必须由蛋白质组成"的观点被打破了。因此,"如何"催化的问题已经成为分子生物学的一个基本问题。在这一发现之前,人们普遍认为蛋白质是唯一具有足够复杂性和化学异质性以催化生化反应的生物聚合物。RNA 只有 4 种相对惰性的碱基,人们认为它不可能发挥生物催化剂的作用。通过了解核酶的工作原理,我们也可以更多地了解到生命是如何起源的。根据"RNA 世界"假说(Gesteland & Atkins, 1983),RNA 可能是最初的自我复制

84

的前体分子，可能催化其自身的复制。因此，了解核酶催化的基本原理也可能使我们对生命本身的起源有新的认识。核酶如何工作这一问题的回答也有实际意义，因为核酶特别适合被设计为多种疾病的靶向治疗药物。

1986 年 6 月，第一种通过生物技术生产的抗癌药物获得了批准。罗氏公司生产的首个重组干扰素 α-2a(Roferon A©)在美国和瑞士获准用于治疗毛细胞白血病。干扰素 α-2a 的实际生产工艺是由罗氏公司分子生物学研究所的悉尼·佩斯特卡(Sidney Pestka)及其同事开发的。在重组 DNA 技术出现之前，生产 1 g 干扰素需要约 60 000 L 的人类血液。干扰素于 1957 年由英国人阿利克·艾萨克斯(Alick Isaacs)和瑞士人让·林德曼(Jean Lindemann)两位定居于伦敦的科学家发现。他们在分析病毒感染对组织培养细胞的影响时发现了这种物质。他们注意到，已经感染病毒的细胞在一定时间内似乎对其他病毒的感染具有抵抗力。据说某病毒的第一次感染会"干扰"(抑制)第二次感染。因此，从这些细胞培养物中分离出的未感染细胞中不存在的蛋白质被命名为干扰素。目前已知，这些物质属于一类蛋白质，当机体受到病毒、其他微生物或肿瘤细胞的攻击时，白细胞就会产生这些蛋白质，作为机体天然免疫反应的一部分。根据其结构可将其分为 3 组，即干扰素 α、β 和 γ。仅 α 组就包括至少 15 种亚型，它们的氨基酸序列各不相同，并通过二硫键维持其折叠形状。干扰素 α-2a 是由 165 个不含葡萄糖单元的氨基酸组成的蛋白质，由 2 个二硫键维持其三维环状结构。

1987 年，美国食品药物监督管理局批准了基因泰克公司用于治疗心脏病发作的第三种主要药物 Activase©(这是一种基因工程组织型纤溶酶原激活物，tissue plasminogen activator, tPA)。据美国心脏病学会(American College of Cardiology)统计，美国每年有 80 万人发生急性心脏病，其中 21.3 万人死亡。那些因心脏病发作而死亡的患者通常在症状出现后 1 小时内便会死亡，有时在他们到达医院之前及时服用 tPA 可能会降低这种死亡率。

1988 年，生物技术迈出了重要的两步，一个平淡无奇，另一个则意义深远。平淡无奇的一个是，丹麦的诺和诺德(Novo Nordisk)公司首次获得了用于制造洗涤剂的抗漂白酶的专利。该公司当时声名大噪，很快就跻身全球胰岛素供应商的榜首。意义深远的一个是,哈佛大学的分子遗传学家获得了美国的第一项转基因动物——转基因小鼠(即肿瘤小鼠,OncoMouse)的专利。随后,动物专利的发放中断了近 5 年,但现在美国专利及商标局已为许多其他转基因动物,如小鼠、兔子、鱼、绵羊、山羊、猪和牛颁发了专利。事实上,大多数可能获得专利的动物都是转基因动物,是通过某种形式的基因操作而产生的。1989 年,欧洲拒绝了肿瘤小鼠的专利申请,理由是欧洲已经禁止动物专利。动物专利的反对者担心哈佛大学对肿瘤小鼠的要求过于宽泛。据推测,如果获得欧洲专利,哈佛大学将能够对用同样方法(将致癌基因导入所选动物的胚胎)培育的任何非人类哺乳动物收取专利费。在整个研究计划中,这种垄断可能代价高昂,只有一个非营利性基金会的介入才使肿瘤小鼠的成本降低到可以在癌症研究中普遍使用的水平。该申请经过修改,提出了更狭窄的权利要求范围,并在 1991 年获得了专利。此后,该专利屡遭质疑,质疑者们主要反对"人类利益大于动物的痛苦"这一论断。进入 21 世纪后,专利申请者仍在等待抗议者对该专利申请的一系列合理修改做出回应。据预测,协议不太可能很快达成,法律纠纷将持续到未来。

也是在 1988 年,美国国会资助了人类基因组计划,这是一项旨在对人类遗传密码以及其他物种的基因组进行定位和测序的大规模工作,这使得西斯海默的梦想离实现又近了一步。第二年,植物基因组计划(Plant Genome Project)也启动了。

1989 年,加利福尼亚大学戴维斯分校的科学家创造了两个第一。埃塞俄比亚兽医蒂拉洪·伊尔马(Tilahun Yilma)基于爱德华·詹纳最初的牛瘟病毒疫苗研制了重组疫苗,牛瘟病毒曾在发展中国家导致数百万头牛死亡。牛瘟是一种急性病毒性疾病,患病动物会出现出血性炎症和肠道坏死,伴有带血腹泻、体重迅速下降等症状,并最终导致死亡。虽然有一种有效的经组织培养制备的牛瘟疫苗,但其在生产和实际使用方面存在许多问题,包括运输(需要冷藏)、缺乏简单的给药系统等。此外,重组产物可以冷冻干燥,减少了运输和处理方面的问题,并且可以有效地用于皮肤划痕接种,使免疫血清再生。用于制备疫苗的牛痘病毒株被减毒,部分是通过自然途径,部分则是通过基因工程方法使病毒胸苷激酶基因失活。重组疫苗只包含牛瘟病毒表面抗原 H 和 F，因此，除了消除感染疾病的风险外，还很容易确定动物是否接种过疫苗，而不仅仅是得病后的幸存者。用该重组疫苗对牛进行接种，可使其产生高水平的免疫力，可以对牛瘟病毒致命剂量 1000 倍的试验接种提供保护。该疫苗的实地生产和管理方法与世界范围内根除天花运动期间开发和改进的方法相似。这项工作取得了振奋人心的结果，不仅有望控制牛瘟，也表明可以通过类似方法防治其他疾病。

86 　　同年，一种针对狂犬病的重组 DNA 动物疫苗被批准在欧洲使用。加利福尼亚大学戴维斯分校的另一项创举是对基因工程树进行了实地试验。盖尔·麦格拉纳汉（Gale McGranahan）和阿巴亚·丹德卡尔（Abhaya Dandekar）培育出的核桃树是由体细胞多胚胎培养再生出来的，他们对其 Bt 基因进行了修饰，以抵抗这种核桃树的主要害虫——蠹蛾。核桃树的寿命很长，这给研究人员和监管机构带来了一系列令人头疼的问题。

　　也是在这一年，查克拉巴蒂的著名微生物首次被用于清理石油泄漏——石油降解菌被用于美国得克萨斯州加尔维斯顿湾的大型油船"Mega Borg"石油泄漏事件。生物修复技术终于得到了现场测试。

　　在这 10 年的最后一年见证了生物技术的几个第一。这一年，加利福尼亚大学旧金山分校和斯坦福大学发布了他们的第 100 项专利许可，这项技术开创了重组 DNA。到 1991 财年末，两所大学都从该专利中获得了 4000 万美元的收入。Chy-Max™，一种用于制作奶酪的人工生产的凝乳酶产生了。凝乳酶是一种能够分解 κ-酪蛋白的蛋白水解酶，κ-酪蛋白是钙不溶性酪蛋白的沉淀，在奶酪制作的第一步形成凝乳。它是第一个被批准用于美国食品供应的重组 DNA 技术产品。1988 年，凝乳酶是第一个获得食品使用许可的转基因酶，有趣的是，在 1990 年美国批准之前，它在英国已经获得了批准。目前 3 种这样的酶已在美国和大多数欧洲国家获得批准。这些蛋白质的作用方式与小牛凝乳酶完全相同，但它们的活性更可预测，而且杂质更少。这种酶已获得素食主义组织和一些宗教机构的支持。从重组生物中获得的凝乳酶需要经过严格的试验以确保其纯度。目前，美国和英国约 90% 的硬质奶酪是由转基因微生物产生的凝乳酶制成的。它更容易纯化,活性更强(95% 比 5%),生产成本更低(与牛犊相比,微生物更多产,生产效率更高,饲养成本更低)。

由于牛奶的另一个与众不同但可能更有利可图的应用,基因药物(Gen-Pharm)公司培育出了第一头转基因奶牛。该奶牛被用于生产婴儿配方奶粉中所需的人乳蛋白,并在此过程中为生物技术词典添加了一个新的术语——"药耕"(pharming)。同年,研究人员首次对转基因脊椎动物——鳟鱼进行了实地试验,在戴维斯的另一个地方,当地的新基公司对转基因棉花进行了首次实地试验。这些植物经过基因改造,能够耐受除草剂溴苯腈。

此时,美国国立卫生研究院重组 DNA 咨询委员会已经不再关注基本的 DNA 重组研究,而是将这些研究工作交由地方机构生物安全委员会(Institutional Biosafety Committee)来审核,该机构在其职能经过了多年的发展后,现在已经成为在制度层面对所有需要审查的生物技术研究进行监督的主要机构,并且美国国立卫生研究院已经将大部分决策权交给了这些地方生物安全委员会。重组 DNA 咨询委员会现在专注于基因治疗等领域,并于 1990 年批准了一项对一名患有腺苷脱氨酶(adenosine deaminase, ADA)缺乏症(一种破坏免疫系统的遗传性疾病)的 4 岁女孩进行的研究,使她成为第一个接受基因治疗的人类。基因治疗似乎为治疗这种类型的疾病提供了新的机会,它既可以恢复因突变而丧失的基因功能,也可以引入能够抑制传染病病原体复制的基因,使细胞对细胞毒性药物产生耐药性,或消除异常细胞。这种疗法似乎是有效的,但在学术界和媒体上却掀起了一场关于伦理的讨论热潮,在接下来的 10 年里,随着一位患者的死亡,这种争论达到了高潮。

随着这 10 年的结束,人类基因组计划这项绘制人体所有基因图谱的国际组织活动终于启动了。这项计划预计耗资 130 亿美元,开启了基因组学时代。这也标志着迈克尔·克赖顿(Michael Crichton)的小说《侏罗纪公园》(Jurassic Park)的出版,书中描写了生物工程改造的恐龙在一个古生物主题公园里漫步,但实验出现了意外,造成了致命的结果。著名的载体 pBR322 在

87

从纳吐夫人到纳米技术：生物技术发展史

上个 10 年结束时曾让基因泰克公司苦恼不已，它在 20 世纪 80 年代末已经被测序，在随后不可避免地在同名电影中被用于 DNAs 先生的自动化演示。但是无论是雷·罗德克斯（Ray Rodriquez）、巴勃罗·玻利瓦尔（Pablo Bolivar）还是基因泰克公司，都没有从这部大片的回报中获得任何版税！

参考文献

Amrhein N, Deus B, Gehrke P, Steinrucken HC (1980) The site of the inhibition of the shikimate pathway by glyphosate. II. Interference of glyphosate with chorismate formation *in vivo* and *in vitro*. Plant Physiol 66: 830-834

An G et al. (1985) Development of binary vector system for plant transformation. EMBO J 4: 277-284

Arber W, Dussoix D (1962) Host specificity of DNA produced by *Escherichia coli*: I. Host controlled modification of bacteriophage lambda. J Mol Biol 5: 18-36

Arny DC, Lindow SE, Upper CD (1976) Frost sensitivity of *Zea mays* increased by application of *Pseudomonas syringae*. Nature 262: 282-284

Barton KA, Whiteley HR, Yang N-S (1987) *Bacillus thuringiensis* d-endotoxin expressed in transgenic *Nicotiana tabacum* provides resistance to lepidopteran insects. Plant Physiol 85: 1103-1109

Bevan MW, Flavell RB, Chilton MD (1983) A chimaeric antibiotic resistance gene as a selectable marker for plant cell transformation. Nature 304: 184-187

Berg P, Baltimore D, Boyer HW (1974) Potential biohazards of recombinant DNA molecules. Science 185: 303

Berg P, Baltimore D, Brenner S (1975) Asilomar conference on recombinant DNA molecules. Science 188: 991-994

Bitinaite J et al. (1992) *Alw*26I, *Eco*31I and *Esp*3I-type IIs methyltransferases modifying cytosine and adenine in complementary strands of the target DNA. Nucleic Acids Res 20: 4981-4985

Braun AC (1947) Tumor-inducing principle of crown gall tumors identified. Phytopathol 33: 85-100; Proc Natl Acad Sci USA 45: 932-938

Brenner, Sydney (2001) A Life in Science. BioMed Central, London

Chargaff，Erwin（1979）How genetics got a chemical education. Ann NY Acad Sci 325：345-360

Cohen SN，Chang ACY，Boyer HW，Helling RB（1973）Construction of biologically functional
　　bacteria plasmids *in vitro*. Proc Natl Acad Sci USA 70：3240-3244

de la Pena A，Lörz H，Schell J（1987）Transgenic rye plants obtained by injecting DNA into
　　young floral tillers. Nature 325：274-276

DelDott F，Cavara F（1897）Intorno alla eziologia di alcune malattie di piante coltivate. Stn
　　Sper Agric Italia Modena 30：482-509

Estruch JJ，Carozzi NB，Desai N，Duck NB，Warren GW，Koziel MG（1997）Transgenic
　　plants：an emerging approach to pest control. Nat Biotechnol 15：137-141

Framond AJ，Bevan MW，Barton KA，Flavell F，Chilton MD（1983）Mini-Ti plasmid and a
　　chimeric gene construct：new approaches to plant gene vector construction. Advances in
　　Gene Technology：Molecular Genetics of Plants and Animals. Miami Winter Symposia 20：
　　159-170

Fraley RT，Rogers SG，Horsch RB（1983a）Use of a chimeric gene to confer antibiotic resist-
　　ance to plant cells. Advances in Gene Technology：Molecular Genetics of Plants and Ani-
　　mals. Miami Winter Symposia 20：211-221

Fraley RT，Rogers SG，Horsch RB，Sanders PR，Flick JS，Adams SP，Bittner ML，Brand
　　LA，Fink CL，Fry JS，Galluppi GR，Goldberg SB，Hoffmann NL，Woo SC（1983b）Ex-
　　pression of bacterial genes in plant cells. Proc Natl Acad Sci USA 80：4803-4807

Fraley RT，Rogers SG，Horsch RB，Eichholtz DA，Flick JS，Fink CL，Hoffmann NL，Sanders
　　PR（1985）The SEV system：A new disarmed Ti plasmid vector system for plant transfor-
　　mation. Bio/Technol 3：629-635

Fromm M，Taylor L，Walbot V（1985）Expression of genes transferred into monocotyledonous
　　and dicotyledonous plant cells by electroporation. Proc Natl Acad Sci USA 82：5824-5828

Fromm M，Taylor L，Walbot V（1986）Stable transformation of maize after gene transfer by
　　electroporation. Nature 319：791-793

Gasser CS，Winter JA，Hironaka CM，Shah DM（1988）Structure，expression，and evolution
　　of the 5-enolpyruvylshikimate-3-phosphate synthase genes of petunia and tomato. J Biol
　　Chem 263：4280-4287

Gesteland RF，Atkins JF（1983）The RNA World. Cold Spring Harbor Laboratory Press，Bos-
　　ton，MA

88

Gordon JW, Ruddle FH (1981) Integration and stable germline transmission of genes injected into mouse pronuclei. Science 214: 1244-1246

Gurdon JB (1977) Nuclear transplantation and gene injection in amphibia. Brookhaven Symp Biol 29: 106-115

Hall SS (1988) Invisible Frontiers: The Race to Synthesize a Human Gene. London: Sidgwick and Jackson

Hammer RE, Pursel VG, Rexroad CE Jr, Wall RJ, Bolt DJ, Ebert KM, Palmiter RD, Brinster RL (1985) Production of transgenic rabbits, sheep and pigs by microinjection. Nature 315: 680-683

Hansen G, Chilton MD (1996) "Agrolistic" transformation of plant cells: Integration of T-strands generated in planta. Proc Natl Acad Sci USA 93: 14978-14983

Harrison SC, Olson AJ, Schutt CE, Winkler FK, Bricogne G (1978) Tomato bushy stunt virus at 2.9 Å resolution. Nature 276: 368-373

Hasan N, Kim SC Podhajska AJ, Szybalski W (1986) A novel multistep method for generating precise unidirectional deletions using BspMI, a class-IIS restriction enzyme. Gene 50: 55-62

Hellens RP, Edwards EA, Leyland NR, Bean S, Mullineaux PM (2000) pGreen: a versatile and flexible binary Ti vector for Agrobacterium mediated plant transformation. Plant Mol Biol 42: 819-832

Henner D, Goeddel DV, Heyneker H, Itakura K, Yansura D, Ross M, Miozzari G, Seeburg PH (1999) UC-Genetech trial. Science 284: 1465

Hernalsteens J-P, van Vliet F, de Beuckeleer M, Depicker A, Engler G, Lemmers M, Holsters M, van Montagu M, Schell J (1980) The *Agrobacterium tumefaciens* Ti plasmid as a host vector system for introducing foreign DNA in plant cells. Nature 287: 654-656

Herrera-Estrella L, Depicker A, van Montagu M, Schell J (1983) Expression of chimaeric genes transferred into plant cells using a Ti-plasmid-derived vector. Nature 303: 209-213

Horsch RB, Fry JE, Hoffmann L, Wallroth M, Eichholtz D, Rogers SG, Fraley RT (1985) A simple and general method for transferring genes into plants. Science 227: 1229-1231

Hiei Y, Komari T, Kubo T (1997) Transformation of rice mediated by *Agrobacterium tumefaciens*. Plant Mol Biol 35: 205-218

Higuchi R, Bowman B, Freiberger M, Ryder OA, Wilson AC (1984) DNA sequences from the quagga, an extinct member of the horse family. Nature 312(5991): 282-284

Hollander H, Amrhein N (1980) The site of action of the inhibition of the shikimate pathway by glyphosate. I. Inhibition by glyphosate of phenylpropanoid synthesis in buckwheat (*Fagopyrum esculentum* Moench). Plant Physiol 66: 823–829

Holländer-Czytko H, Sommer I, Amrhein N (1992) Glyphosate tolerance of cultured *Corydalis sempervirens* cells is acquired by an increased rate of transcription of 5-enolpyruvylshikimate 3-phosphate synthase as well as by a reduced turnover of the enzyme. Plant Mol Biol 20: 1029–1036

Janulaitis A, Klimašauskas S, Petrušyte M, Butkus V (1983) Cytosine modification in DNA by BcnI methylase yields N4-methylcytosine. FEBS Lett 161: 131–134

Janulaitis A, Petrušyte M, Maneliene Z, Klimašauskas S, Butkus V (1992) Purification and properties of the *Eco*57I restriction endonuclease and methylase-prototypes of a new class (type IV). Nucleic Acids Res 20: 6043–6049

Jaworski EG (1972) Mode of action of N-phosphonomethylglycine: Inhibition of aromatic amino acid biosynthesis. J Agr Food Chem 20: 1195–1198

Ke J, Khan R, Johnson T, Somers DA, Das A (2001) High efficiency gene transfer to recalcitrant plants by *Agrobacterium tumefaciens*. Plant Cell Rep 20: 150–156

Kikkert JR, Humiston GA, Roy MK, Sanford JC (1999) Biological projectiles (phage, yeast, bacteria) for genetic transformation of plants. In Vitro Cell Dev Biol Plant 35: 43–50

Klee HJ, Muskopf YM, Gasser CS (1987) Cloning of an *Arabidopsis thaliana* gene encoding 5-enolpyruvyl-shikimic acid-3-phosphate synthase: sequence analysis and manipulation to obtain glyphosate-tolerant plants. Mol Gen Genet 210: 437–442

Klein TM, Wolf ED, Wu R, Sanford JC (1987) High velocity microprojectiles for delivering nucleic acids into living cells. Nature 327: 70–73

Krens FA, Molendijk L, Wullems GJ, Schilperoort RA (1982) *In vitro* transformation of plant protoplasts with Ti-plasmid DNA. Nature 296: 72–74

Lester DT, Lindow SE, Upper CD (1977) Freezing injury and shoot elongation in balsam fir. Can J Forestry Res 7: 584–588

Lindow SE, Arny DC, Upper CD (1978) Distribution of ice nucleation active bacteria on plants in nature. Appl Environ Microbiol 36: 831–838

Lindow SE, Arny DC, Upper CD (1978) *Erwinia herbicola*: A bacterial ice nucleus active in increasing frost injury to corn. Phytopathology 68: 523–527

90

Lindow SE, Arny DC, Upper CD (1982) Bacterial ice nucleation: A factor in frost injury to plants. Plant Physiol 70: 1084-1089

Lindow SE, Arny DC, Upper CD (1982) The relationship between ice nucleation frequency of bacteria and frost injury. Plant Physiol 70: 1090-1093

Linn S, Arber S (1968) Host specificity of DNA produced by *Escherichia coli*, X. *In vitro* restriction of phage fd replicative form. Proc Natl Acad Sci USA 59: 1300-1306

Lörz H, Baker B, Schell J (1985) Gene transfer to cereal cells mediated by protoplast transformation. Mol Gen Genet 199: 473-497

Luria SE, Human ML (1952) A nonhereditary, host-induced variation of bacterial viruses. J Bacteriol 64: 557-569

Luthra R, Varsha RKD, Srivastava AK, Kumar S (1995) Microprojectile mediated plant transformation: A bibliographic search. Euphytica 95: 269-294

McCabe D, Christou P (1993) Direct DNA transfer using electric discharge particle acceleration (ACCELL™ technology). Plant Cell Tissue Organ Cult 93: 227-236

McClelland M (1983) The effect of site specific methylation on restriction endonuclease cleavage (update), Nucleic Acids Res 11: r169-r173

Mernagh D, Marks P, Kneale G (1999) AhdI, a new class of restriction-modification system? Biochem Soc Trans 27: A126

Meselson M, Yuan R (1968) DNA restriction enzyme from *E. coli*. Nature 217: 1110-1114

Mooney PR (1983) The law of the seed: Another development and plant genetic resources. Development Dialogue 1-2: 7-23

Murai N, Sutton DW, Murray MG, Slightom JL, Merlo DJ, Reichert NA, Sengupta-Gopalan C, Stock CA, Barker RF, Kemp JD, Hall TC (1983) Phaseolin gene from bean is expressed after transfer to sunflower via tumor-inducing plasmid vectors. Science 222: 476-482

NIH (1976) NIH Guidelines published in the Federal Register; abstracted in Nature 41: 131

Oard J (1993) Development of an airgun device for particle bombardment. Plant Cell Tissue Organ Cult 33: 247-250

O'Farrell PH (1975) Two dimensional protein gel electrophoresis. J Biol Chem 250: 4007-4021

Pingoud A, Jeltsh A (2001) Structure and function of typeII restriction endonucleases. Nucleic Acids Res 29: 3705-3727

Posfai G, Szybalski W (1988) A simple method for locating methylated bases in DNA, as applied to detect asymmetric methylation by M. FokIA. Gene 69: 147-151

Reinbothe S, Nelles A, Parthier B (1991) N-(phosphonomethyl) glycine (glyphosate) tolerance in *Euglena gracilis* acquired by either overproduced or resistant 5-enolpyruvylshikimate-3-phosphate synthase. Eur J Biochem 198: 365-373

Reimers N (1987) Tiger by the tail. Chemtech 17(8): 464-471

Reimers N (1997) Niel Reimers, Regional Oral History Office, The Bancroft Library, University of California, Berkeley. Available from the Online Archive of California. http: //ark. cdlib.org/ark:/13030/kt4b69n6sc

Rubin JL, Gaines CG, Jensen RA (1982) Enzymological basis for herbicidal action of glyphosate. Plan Physiol 70: 833-839

Schell J, van Montagu M, Holsters M, Zambryski P, Joos H, Inze D, Herrera-Estrella L, Depicker A, de Block M, Caplan A, Dhaese P, van Haute E, Hernalsteens J-P, de Greve H, Leemans J, Deblaere R, Willmitzer L, Schroder J, Otten L (1983) Ti plasmids as experimental gene vectors for plants. Advances in Gene Technology: Molecular Genetics of Plants and Animals. Miami Winter Symposia 20: 191-209

Sears LE, Zhou B, Aliotta JM, Morgan RD, Kong H (1996) BaeI, another unusual BcgI-like restriction endonuclease. Nucleic Acids Res 24: 3590-3592

Sheen J, Hwang S, Niwa Y, Kobayashi H, Galbraith DW (1995) Green-flourescent protein as a new vital marker in plant cells. Plant J 8: 777-784

Shillito R, Saul M, Paszkowski J, Muller M, Potrykus I (1985) High efficiency direct transfer to plants. Biotechnology 3: 1099-1103

Smith HO, Wilcox KW (1970) A restriction enzyme from *Hemophilus influenzae*. I. Purification and general properties. J Mol Biol 51: 379-391

Smith E, Townsend C (1907) A plant-tumor of bacterial origin. Science 25: 671-673

Southern EM (1975) Detection of specific sequences among DNA fragments separated by gel electrophoresis. J Mol Biol 98: 503-517

Sost D, Schulz A, Amrhein N (1984) Characterization of a glyphosate-insensitive 5-enolpyruvyl-shikimic acid-3-phosphate synthase. FEBS Lett 173: 238-242

Stalker DM, Hiatt WR, Comai L (1985) A single amino acid substitution in the enzyme 5-enol-pyruvylshikimic acid-3-phosphate synthase confers resistance to the herbicide glyphosate. J Biol Che 260: 4724-4728

91

Steinrucken HC, Amrhein N (1980) The herbicide glyphosate is a potent inhibitor of 5-enol-pyruvylshikimic acid-3-phosphate synthase. Biochem Biophys Res Commun 94: 1207−1212

Szybalski W, Kim SC, Hasan N, Podhajska AJ (1991) Class-IIS restriction enzymes-a review. Gene 100: 13−26

Uchimiya H, Fushimi T, Hashimoto H, Harada H, Syono K, Sugawara Y (1986) Expression of a foreign gene in callus derived from DNA-treated protoplasts of rice (*Oryza sativa* L.). Mol Gen Genet 204: 204−207

Ullrich A, Shine J, Chirgwin J, Pictet R, Tischer E, Rutter WJ, Goodman HM (1977) Rat insulin genes: Construction of plasmids containing the coding sequences. Science 196: 1313−1319

Vaeck M, Reynaerts A, Höfte H, Jansens S, de Beukeleer M, Dean C, Zabeau M, van Montagu M, Leemans J (1987) Transgenic plants protected from insect attack. Nature 328: 33−37

Wang YX, Jones JD, Weller SC, Goldsbrough PB (1991) Expression and stability of amplified genes encoding 5-enolpyruvylshikimate-3-phosphate synthase in glyphosate-tolerant tobacco cells. Plant Mol Biol 17: 1127−1138

White RT, Damm D, Miller J, Spratt K, Schilling J, Hawgood S, Benson B, Cordell B (1985) Isolation and characterization of the human pulmonary surfactant apoprotein gene. Nature 317: 361−363

Yuan R (1981) Structure and mechanism of multifunctional restriction endonucleases. Annu Rev Biochem 150: 285−315

92   Zaitlin M, Palukaitis P (2000) Advances in understanding plant viruses and virus diseases. Annu Rev Phytopathol 38: 117−143

第 4 章

生物技术时代的繁荣 1990—2000

　　20 世纪的最后 10 年,适时地迎来了另一轮 DNA 研究角逐,并再次由 DNA 时代的同名象征——詹姆斯·沃森领导。基因组研究的 10 年始于人类基因组计划的正式启动,这是一项国际上广泛参与的、绘制人体所有基因图谱的计划。这位"DNA 之父"通过安抚那些认为该项目过于集中、实际价值可疑的批评者,赢得了国会的资助。美国国家人类基因组研究所在美国国立卫生研究院获得研究所地位,因为美国国家人类基因组研究所的负责人必须协调基因组研究与美国国立卫生研究院的其他项目。实际上"基因组学"这一术语首次出现在 1986 年,用来描述基因定位、测序和分析的学科。这个词 是由托马斯·罗德里克(Thomas Roderick)创造的,作为他正在创办的一种新期刊的名字。继 1985 年罗伯特·西斯海默校长在加利福尼亚大学圣克鲁斯分校召开会议,讨论人类基因组测序的可行性之后,在过去 10 年的后半段,人们对人类基因组计划的优点进行了激烈的辩论(Leslie, 2001)。

　　事情的导火索是 1986 年在沃森的冷泉港实验室召开的一次会议,会议的主题被命名为"人类的分子生物学"。1986 年 3 月,诺贝尔奖获得者雷纳托·杜尔贝科在《科学》杂志上发表了一篇有影响力的社论,讨论了全基因组测序在癌症研究中的潜力。差不多在同一时间,查尔斯·德利西(Charles DeLisi)举行了一次研讨会,探讨解码人类基因组的"应急计划"的可行性。作为美国能源部(Department of Energy, DOE)健康与环境研究办公室的负责人,德利西提出并迅速为这个项目的第一阶段寻求资金。同年,医学研究委员会的悉尼·布伦纳——优雅的"蠕虫",秀丽隐杆线虫(*Caenorhabditis elegans*)之父——敦促欧盟开展一项协调一致的计划,绘制人类基因组图谱并测序,并且作为创业型研究者,布伦纳在医学研究委员会发起了一项小型基因组计划。1989年,当他以前的学生,同时也是同事约翰·萨尔斯赖[John Sulston,与鲍勃·沃特斯顿(Bob Waterston)和艾伦·库尔森(Alan Coulson)一起]在冷泉港会议上展示秀丽隐杆线虫的基因组图谱时,这一结果激发了人们对人类基因组进行测序的动力,并将其作为人类计划的模型。据报道,当库尔森把秀丽隐杆线虫的基因组图谱贴上去时,沃森看完后说:"当你看到它的时候,是不是想给它测序?"据沃特斯顿说,第二天沃森同意考虑将秀丽隐杆线虫的基因组提交给人类基因组计划的安全委员会(Nature S1, 2006)。布伦纳和萨尔斯顿两人因揭示了秀丽隐杆线虫繁殖和发育的奥秘而共享了2002年的诺贝尔奖(Sulston & Ferry, 2002)。

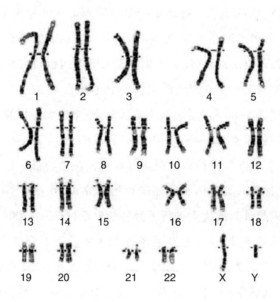

立刻继续推进人类基因组计划这个决定在美国引发了争议。10年前,克雷格·文特尔(Craig Venter)计划在没有公共资金的情况下单干,逐渐成为生物技术领域的杰出人物,沃尔特·吉尔伯特从美国国家研究委员会基因组

小组辞职了,或许他还没有从前 10 年的胰岛素危机中恢复过来,并宣布计划成立基因组公司(Genome Corp.),目的是对人类基因组进行测序和版权保护,并出售数据以获取利润。一年后,合作研究公司(Collaborative Research Inc.)的海伦·多尼斯-凯勒(Helen Donis-Keller)及其同事利用限制性片段长度多态性发表了"第一张"具有 403 个标记的人类遗传图谱,这一举动表明竞赛已经开始,并引发了一场关于荣誉和优先权的争夺(Green et al., 1989)。

1986 年,当一个顾问小组建议美国能源部应该在未来 7 年内花费 10 亿美元绘制和测序人类基因组图谱,并领导美国做出努力时,这场竞赛转向了一个更高的平台。这项工作的前半部分就这样开始了。1987 年,美国国家科学院下属的国家研究委员会发布了一份关键报告,该委员会包括之前持怀疑论态度在内的委员。国家研究委员会建议采用一种分阶段的方法,具有长期的政府支持和具体的发展里程碑,并迅速扩大到每年 2 亿美元的新资金,而不是一个"应急计划"。尽管对基因组进行测序仍然是目标,但该报告强调了绘制基因组遗传图谱和物理图谱的重要性,以及将人类基因组与其他物种的基因组进行比较的重要性。该报告还建议对改进现有技术进行初步关注。应美国国会的要求,技术评估办公室也研究了这个问题,并在 1987 年(国家研究委员会报告发布的几天后)发布了一份文件,同样表示支持。除了科学问题外,技术评估办公室的报告还讨论了基因组计划的社会和伦理影响,以及管理资金、政策磋商和协调研究工作的问题。

1988 年在弗吉尼亚州莱斯顿召开的一次会议上,在顾问们的推动下,时任美国国立卫生研究院院长的詹姆斯·温加登(James Wyngaarden)决定,该机构应该成为人类基因组计划的主要参与者,此举有效地从能源部手中夺取了领导权。这项合作始于 1990 年 5 月(10 月"正式"开始)。2 月中旬,一份详细描述美国人类基因组计划目标的 5 年计划被提交给了国会拨款委员会成员。这份文件由美国能源部和美国国立卫生研究院共同撰写,题为"了解我们的遗传基因,美国人类基因组计划:第一个五年计划",审查了当时基因组科学的现状。该计划还提出了两个机构实现科学目标的互补方法,并提出了管理研究议程的计划,此外,该计划描述了美国和国际机构之间的合作,并

95

提出了该项目的预算。

根据该文件,获得人类基因组 30 亿个碱基对图谱"最有效和最便宜的方法是一个集中协调的项目,专注于特定的目标"。该计划指出,在项目过程中,特别是在最初的几年,"将开发许多新技术,以促进生物医学和广泛的生物学研究,降低许多实验(测绘和测序)的成本,并应用于许多其他领域"。该计划建立在技术评估办公室和国家研究委员会于 1988 年发表的关于绘制和测序人类基因组的报告基础上。"在这两年中",该计划称,"基因组学研究的几乎每个方面都取得了技术进步。因此,现在可以为该项目设定更具体的目标了。"

该文件描述了下列领域的目标:对人类基因组和模式生物基因组进行测绘和测序;数据收集和分发;伦理、法律和社会方面的考虑;研究培训;技术开发;技术转让。这些目标每年都会进行审查,并随着基础技术的进一步发展而更新。他们确定的总体预算需要与技术评估办公室和国家研究委员会确定的预算相同,即每年约 2 亿美元,持续约 15 年。整个项目共计需要投资 130 亿美元。考虑到 1990 年 7 月,DNA 数据库中只包含 7 个大于 0.1Mb 的序列,这是一个重大的信念飞跃。

这种方法与当时研究中基于单一研究者感兴趣的基因为重点的做法有很大的不同。这在其开始之前和之后都引发了很多争论。批评者质疑基因组测序的有用性。他们反对高成本,并认为这可能会挪用其他更集中的基础研究的资金。支持后一种立场的主要论据是,基因的数量似乎远少于 DNA 的数量,这表明测序工作的主要部分将是对长串没有已知功能的碱基对,即所谓的"垃圾 DNA"进行测序。而那是在基因数量被推测为 8 万～10 万个的时代。在那个阶段,基因的数目被猜测为更接近实际估计的 3.5 万～4 万个(后来减少到 2 万～2.5 万个),这使得在一些人看来,这项任务是更加鲁莽且不值得的。然而,新的人类疾病的诊断和治疗方法的激励作用日益增强,超出了一个基因一个基因的检测方法和快速发展的技术,特别是自动测序技术,使得基因组计划成为一个既有吸引力又合理的目标。

　　美国能源部基因组计划的首席科学家查尔斯·坎托（Charles Cantor，1990）认为，美国能源部和美国国立卫生研究院正在进行有效的合作，以制定组织结构和科学优先级，使项目在预算范围内按计划进行。他指出，传统生物学的短期成本很小，但是长期利益将是不可估量的。

　　其他国家也在讨论和制定发展基因组计划，日本、法国、意大利、英国和加拿大都开始了测序工作。即使在苏联解体时，一个基因组计划作为俄罗斯科学计划的一部分仍然幸存了下来。这项事业研究的规模和通过计算机汇集数据的可控前景，使人类基因组测序成为真正的国际举措。为了使发展中国家也能参与该项目，联合国教科文组织于 1988 年组建了一个咨询委员会，审查联合国教科文组织在促进国际对话与合作方面的作用。同年，欧盟委员会提出了一项名为"预测医学计划"的提案。一些欧盟国家，特别是德国和丹麦，声称该提案缺乏道德敏感性，对该计划可能对优生产生的影响的反对意见在德国尤其强烈（Dickson，1989）。因此最初的提案被放弃了，但后来该提案经过修改，在 1990 年被采纳，称为"人类基因组分析计划"（Dickman & Aldhous，1991）。这个项目为研究伦理问题投入了大量资源。但人们很快就发现需要一个组织来协调多方面的国际工作，因此，被称为"人类基因组的联合国"的人类基因组组织于 1988 年春天成立了。人类基因组组织由来自 17 个国家的科学家组成的创始理事会组成，其目标是通过协调研究、交换数据和研究技术、培训、组织关于项目影响的辩论来鼓励国际合作（Bodmer，1991）。

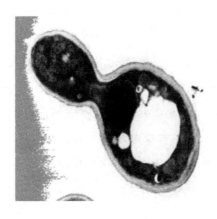

1990 年 8 月,美国国立卫生研究院开始对 4 种模式生物进行大规模的测序试验:寄生的、缺乏细胞壁的致病性微生物——山羊支原体(*Mycoplasma capricolum*),原核微生物模式生物——大肠杆菌,最简单的动物——秀丽隐杆线虫,以及真核微生物模式生物——酿酒酵母(*Saccharomyces cerevisiae*)。每个研究小组都同意在 3 年内以每个碱基 75 美分的价格测序 3Mb 的碱基。有一种亚生物的基因组已经进行了完整的测序,即人巨细胞病毒(human cytomegalovirus, HCMV),该基因组的完整序列为 0.23Mb。

那一年,关于遗传信息"所有权"的长期辩论也从更具体的细胞所有权问题开始了。与 20 世纪 80 年代初的辩论一样,这些辩论在 20 世纪 90 年代后期被重新讨论,答辩方是加利福尼亚大学。约翰·穆尔(John Moore)诉讼加利福尼亚大学董事会案是美国第一个解决谁拥有单个细胞的权利问题的案件。穆尔被诊断患有白血病,他的血液和骨髓被提取出来进行医学检查。由于他已经痊愈,所以他对医生一再要求他提供样本的行为表示怀疑,穆尔发现他的医生已经为从他的细胞中提取的一种细胞系申请了专利,于是穆尔提起了诉讼。加利福尼亚州最高法院认为,穆尔的医生没有获得适当的知情同意,但是,他们也认为,穆尔不能要求对他的身体拥有财产权。

1. 新兴技术

对人类基因组的探索既受到快速发展的绘图和测序技术的启发,也受到更有效的工具和技术发展的推动。分析工具、自动化、化学分析、计算能力和算法的进步,彻底改变了生成和分析大量 DNA 序列和基因型信息的能力。除了确定各种微生物的完整序列和快速增加的模式生物数量外,这些技术还提供了对生命所需的基因库的见解,以及对等位基因多样性及其在基因组中的组织方式的洞察。但早在 1990 年,这些技术中的许多还是新兴技术。

实现这一目标所需的条件大致可分为 3 类:设备、技术和分析工具。这些并不是完全割裂的划分,它们在很多方面互相影响、互相交融。

2. 设备

劳埃德·史密斯(Lloyd Smith)、迈克尔、享克皮勒以及胡德构思出了自动测序仪,应用生物系统公司于 1986 年 6 月将其推向了市场。毫无疑问,当应用生物系统公司将其投放入市场时,这个曾经的梦想变得更加容易实现了。在自动化桑格链末端测序系统中,胡德改进了化学过程和数据收集过程。在测序反应中,胡德更换了放射性标签,因为这些标签不稳定,会对人体健康构成危害,并且需要对 4 种碱基分别使用不同的凝胶。胡德发明了一种化学方法,对 4 种碱基分别使用不同颜色的荧光染料进行标记。这种"颜色编码"系统不需要在重叠的凝胶中运行多个反应。同时荧光标签也解决了另一个问题——数据收集,这也是影响测序的主要问题之一。胡德将激光与计算机技术结合,省去了手工收集信息的烦琐过程。当 DNA 片段穿过凝胶时激光束会使荧光标记激发而发光。发射的光由透镜传输,荧光的强度和光谱特性由光电倍增管测量,并转换为可直接读取到计算机中的数字格式。在接下来的 13 年里,这台机器不断改进,到 1999 年,一台全自动仪器每年可以测序多达 1.5 亿个碱基对。

1990 年,3 个研究小组对这种方法提出了改进措施。他们开发了被称为毛细管电泳的技术,第一个小组由劳埃德·史密斯(Luckey, 1990)领导,第二个小组由巴里·卡尔格(Barry Karger)领导(Cohen, 1990),第三个小组由诺曼·多维基(Norman Dovichi)领导。1997 年,分子动力公司(Molecular Dynamics)推出了 MegaBACE,这是一种毛细管电泳测序仪。次年,全自动测序仪的开山鼻祖应用生物系统公司也不甘示弱,发明了 ABI Prism 3700 测序仪。ABI Prism 3700 也是一种基于毛细管电泳测序的仪器,设计用于每天运行大约 8 组 96 个测序反应。

3. 技术

在生物学方面,最大的挑战之一是构建一个物理图谱,该图谱由许多不同的来源和方法汇编而成，以确保物理图谱数据在长段 DNA 上的连续性。用于关联不同类型 DNA 克隆的 DNA 序列标签位点（sequence tagged site，STS）的开发，通过为绘图者提供具有共同语言和标记系统的制图器，可用于各种来源的所有文库，如黏性质粒、酵母人工染色体（yeast artificial chromosome，YAC）和其他重组 DNA 克隆。这样，每个映射的元件（单个克隆、重叠群或测序区）将由唯一的 STS 定义。然后，可以构建整个基因组的粗略图谱，显示 STS 的顺序和间隔。通过凯利·穆利斯发明的 PCR 技术，可以快速产生特定 DNA 片段，例如 STS 片段的多个副本，从而使确定构成 STS 图谱的这些唯一标识序列的顺序和间距成为可能。

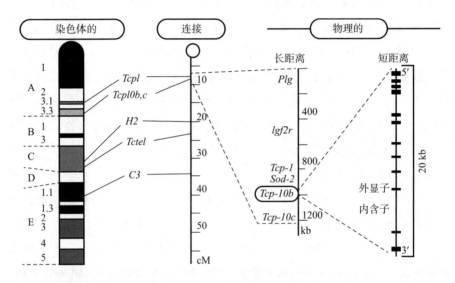

以这种方式产生的序列信息可以很容易地被提取，一旦报告到数据库，就可以供其他研究人员使用。由于 STS 序列以电子方式存储，因此不需要从原始研究者那里获得探针或任何其他的试剂，不再需要存储和交换成千上万个克隆来对人类基因组进行全面测序，这大大节省了金钱、精力和时间。通过提供一种通用的语言和标识，STS 允许基因图谱和物理图谱相互参照。

悉尼·布伦纳对这种技术进行了改进，以追踪实际基因。他提出对人类 cDNA 进行测序，以提供对基因的快速访问，并指出"寻找人类基因组的重要部分的一个方法是观察表达基因的信使 RNA 序列"（Brenner，1990）。第二年,一位在人类基因组计划的世界舞台上扮演关键角色的生物学家提出了一种实施布伦纳计划的方法。该参与者,美国国立卫生研究院的生物学家克雷格·文特尔,宣布了一项使用表达序列标签(expressed sequence tag,EST)寻找表达基因的策略(Adams,1991)。

这些 EST 代表了基因编码区域内的一段独特的 DNA,正如布伦纳所建议的那样,这将有助于识别全长基因,并作为绘制图谱的地标。自此,使用这种方法开始了在染色体图谱上标记基因位点作为信使 RNA 表达位点的项目。为了帮助实现这一目标,需要一种更有效的方法来处理大规模的序列,而且两种方法被开发出来了。由戴维·伯克(David Burke)、梅纳德·奥尔森(Maynard Olson)和乔治·卡尔(George Carle)开发的酵母人工染色体使插入体的大小增加了 10 倍(Burke et al.,1987)。加州理工学院对基因组计划的第二个主要贡献是由梅尔文·西蒙(Melvin Simon)和静谷弘明(Hiroaki Shizuya)做出的。他们开发了"细菌人工染色体"(bacterial artificial chromosome,BAC)的方法来处理大型 DNA 片段,这基本上允许细菌复制长度超过 10 万个碱基对的片段。这种更稳定、更大插入的细菌人工染色体的高效生产使后者成为更具吸引力的选择,而且它们比酵母人工染色体更具灵活性。1994 年,在制药公司默克公司和美国国家癌症研究所的资助下,位于密苏里州的圣路易斯华盛顿大学开展了一项合作项目,该项目预示着一个联盟的成立。在该项目期间,研究人员提交了超过 50 万个 EST(Murr L et al.,1996)。

100

4. 分析工具

在分析方面,管理和挖掘产生的海量 DNA 序列数据是一个主要挑战。一个限速步骤是需要开发半智能算法来完成这项艰巨的任务,这就是生物信息学学科发挥作用的地方。在 20 世纪 60 年代初,玛格丽特·奥克利·戴霍夫(Margaret Oakley Dayhoff)利用她在化学、数学、生物学和计算机科学方面的知识,开发了这一全新的领域,此后,生物信息学一直作为一门学科在发展。事实上,今天她被认为是生物信息学领域的创始人之一。在生物信息学领域,生物学、计算机科学和信息技术被融合为一门学科。该领域的最终目标是能够发现新的生物学见解，并创造一个全局视角，从中可以辨别生物学中的统一原则。生物信息学有 3 个重要的分支学科：开发新的算法和统计方法以评估大型数据集成单元之间的关系；分析和解释各种类型的数据，包括核苷酸序列、氨基酸序列、蛋白质结构域和蛋白质结构；能够有效地获取和管理不同类型信息的工具的开发和使用。

在 1970—1990 年的 20 年里，重组 DNA 技术迅速而公开地发展了起来，与此同时，后来成为生物信息学学科的分析和管理工具以更温和但同样令人印象深刻的速度在发展。一些关键的发展包括早在 1970 年重组 DNA 技术被证明之前就出现的用于序列比对的尼德曼－翁施（Needleman-Wunsch）算法；用于序列匹配的史密斯－沃特曼（Smith-Watman）算法（1974）；威谦·皮尔逊（William Pearson）和戴维·李普曼（David Lipman）于 1985 年提出的 FASTP 算法与 1988 年提出的 FASTA 序列比较算法；拉里·沃尔（Larry Wall）于 1987 年发布的 Perl（实用提取报告语言）。在数据管理方面，在同一时期研究人员开发了几个具有更有效存储和挖掘能力的数据库。第一个生物信息学或者说生物学数据库是在第一个蛋白质序列开始可用的几年后建立的。1956 年，由 51 个残基组成的牛胰岛素是第一个被报道的蛋白质序列。近 10 年后，第一个被报道的核苷酸序列为有 77 个碱基的酵母丙氨酸 tRNA。仅仅一年之后，戴霍夫收集了所有可用的序列数据，创建了第一个生物信息学数据库。布鲁克海文蛋白质数据库（Brookhaven Protein DataBank）是最早的专用数据库之一，它收集了 10 个 X 射线晶体蛋白质结构（Acta. Cryst. B，1973）。1982 年，基因计算机小组作为威斯康星大学生物技术中心的一部分成立了。该小组主要和经常使用的产品是威斯康星分子生物学工具套件。1989 年，该小组作为一家私人公司被分离了出来，SWISS-PROT 数据库于 1986 年在欧洲日内瓦大学医学生物化学系和欧洲分子生物学实验室首次亮相。

第一家专门从事生物信息学的公司——智能遗传学（IntelliGenetics）于 1980 年在加利福尼亚州成立。他们的主要产品是用于 DNA 和蛋白质序列分

101

析的 IntelliGenetics 程序套件。国家生物技术信息中心（National Center for Biotechnology Information，NCBI）于 1988 年在美国国立卫生研究院创建，在与联邦的第一次联合行动中，它在协调公共数据库、开发分析基因组数据的软件工具和传播信息方面发挥了关键作用。在大西洋的另一边，安东尼·马尔钦顿（Anthony Marchington）、戴维·里基茨（David Ricketts）、詹姆斯·希德勒斯顿（James Hiddleston）、安东尼·里斯（Anthony Rees）和 W. 格雷厄姆·理查兹（W. Graham Richards）在英国牛津成立了牛津分子集团（Oxford Molecular Group）公司，他们主要聚焦于合理的药物设计，他们的产品如 Anaconda、Asp 和 Chameleon 在分子建模、蛋白质设计工程等方面的应用都体现了这一点。

两年内，来自国家生物技术信息中心的李普曼、尤金·迈尔斯（Eugene Myers）及其同事发表了用于序列比对的基本局部比对搜索工具——BLAST（basic local alignment search tool）算法（Altschul et al.，1990），国家生物技术信息中心因此崭露头角。该算法通过将新序列与先前表征的基因作对比，将新序列与核苷酸和蛋白质数据库中包含的序列进行比较。该工具的重点是寻找序列相似的区域，这将产生关于该新序列的结构和功能的进化线索。通过这种类型的比对工具检测到的相似性区域可以是局部的，即其中相似性区域基于一个位置进行检测，或者是全局的，即相似性区域可以通过跨其他不相关的遗传密码进行检测。BLAST 算法输出的基本单元是高分段对（high-scoring segment pair，HSP）。一个 HSP 由两个任意但长度相等的序列片段组成，它们的比对值在局部是最大的，并且其比对值达到或超过一个阈值或截断值。这个系统经过了多年的改进和细化，目前 NCBI BLAST 和 WU-BLAST（WU 代表华盛顿大学）是最常用的两个程序。

就在 BLAST 推出的同一年，另外两家生物信息学公司成立了。其中一个是位于马里兰州贝塞斯达的殷富玛公司（InforMax），其产品涉及序列分析、数据库和数据管理、搜索、图形出版、克隆构建、绘图和引物设计。第二个是位于加利福尼亚州的分子应用（Molecular Applications）公司，他们在蛋白质组学方面发挥了更大的作用（Michael Levitt & Chris Lee）。他们的主要产品是 Look 和 SegMod，用于分子建模和蛋白质设计。1991 年，人类染色体图谱数据库——

102

基因组数据库成立了。在更广泛的层面上，计算能力的发展，特别是互联网的发展，也将在数据共享和数据库访问方面发挥相当大的作用，从而使人类基因组计划快速向前发展成为可能。同样在 1991 年，田纳西州橡树岭国家实验室的爱德华·尤伯巴赫(Edward Uberbacher)开发了 GRAIL，这是第一个基因查找程序。

1992 年，最早的两家基因组学公司问世了。因赛特制药(Incyte Pharmaceuticals)公司是一家总部设在加利福尼亚州帕洛阿托的基因组公司，米利亚德基因(Myriad Genetics)公司则在犹他州成立。因赛特制药公司的既定目标是引领发现主要的常见人类疾病基因及其相关途径。该公司与其学术合作者——森泰尼(Synteni)公司[最初来自斯坦福大学帕特·布朗(Pat Brown)的实验室]，以及加利福尼亚大学伯克利分校的流行病学家玛丽·克莱尔·金(Mary Claire King)一起，发现并测序了许多重要基因，包括 *BRCA1* 和 *BRCA2*，这两个基因与 45 岁之前乳腺癌高发家庭的乳腺癌疾病有关。到 1992 年，整个人类基因组的低分辨率遗传连锁图谱已经发表了，美国和法国的研究小组完成了小鼠和人的遗传图谱。由怀特黑德生物医学研究所(Whitehead Institute)的埃里克·兰德(Eric Lander)及其同事测定的小鼠(遗传位点的)平均标记间距为 4.3 cM，由人类多态性研究中心(Centre d'Etude du Polymorphisme Humaine)的让·韦森巴赫(Jean Weissenbach)及其同事测定的人类的平均标记间距为 5 cM。保罗·拉比诺(Paul Rabinow)基于他们对这个基因组图谱所做的研究，于 1999 年出版了一本书。1993 年，美国生物技术公司千年制药(Millennium Pharmaceuticals)公司和人类多态性研究中心制定了一项发现糖尿病基因的合作计划，这一合作的结果可能在医学上带来重要意义，在经济上带来丰厚利润。经双方商定，人类多态性研究中心将向千年制药公司提供一大批从法国收集的种质，而千年制药公司将提供资金和新技术方面的专业知识，以加快对基因的鉴定，法国政府也同意了这些条款。但在 1994 年初，就在合作即将开始之际，法国政府叫停了！政府解释说，不允许人类多态性研究中心向美国人提供最珍贵的物质——法国人的 DNA，这在法律上也没有先例。拉比诺的书讨论了错综复杂的关系和概念，例如，一个国家可以说拥有自己的遗传物质吗？这是法美两国第一次但绝非最后一次否认（Rabinow，1999）。

2000 年最新的设施，如加利福尼亚州核桃溪市的联合基因组研究所的设施，能够每天测序高达 10 Mb，这使得在一天内对整个微生物基因组进行测序成为可能。目前正在开发的技术可能会通过大规模并行测序和/或微流控处理进一步提高这一能力，从而使对来自几个物种的多种基因型进行测序成为可能。

103

5. 节奏仍在继续

1992 年见证了人类基因组计划发展过程中的第一次巨变。那一年，第一个主要的外来者加入了竞争，英国惠康信托基金会（Wellcome Trust）斥资 9500 万美元加入了人类基因组计划。这在英国仅仅引起了一丝涟漪，而主要的巨变发生在美国。在整个人类基因组计划实施过程中，许多争论以及随后的方向都是由所涉及的个体个性决定的。而 EST，即前面提到的一项创新技术，在进入专利申请的最终冲刺阶段时，主要参与者之一的文特尔加入了这场竞争。文特尔，这位在越南战场上成年的高中辍学生，在一个更"文明"但同样充满斗争的人类领域发挥着关键作用。

1984 年至 1992 年，文特尔在美国国家神经疾病和脑卒中研究所工作期间进行了关于 EST 的初步研究，并借此走上了世界舞台。他在 1995 年接受《科学家》（*The Scientist*）杂志采访时指出，虽然美国国家神经疾病和脑卒中研究所想在这个新兴领域中拥有一位具有威望的领导者和创新者，但他们认为他进军基因组学领域的冒险行为存在不确定性，担心他会超出美国国家神经疾病和脑卒中研究所对人类大脑和神经系统的研究范围。最终，尽管他宣称喜欢该研究所为他提供的安全和服务基础设施，但同样，这个系统对他的兴趣和才华来说限制太多了。他希望将整个人类基因表达的画布成为他的宇宙，而不是仅限于中枢神经系统。他对用全基因组方法来理解基因组的整体结构和基因组进化越来越感兴趣，这比美国国家神经疾病和脑卒中研究所的使命要广泛得多。在这之后的几年，他讽刺地指出当时的美国国立卫生研究院院长哈罗德·瓦默斯（Harold Varmus）事后曾希望美国国立卫生研究院能在公共领域推动建立一个类似的数据库，显然在文特尔看来，瓦默斯需要重修历史课！

　　1994年时任美国国立卫生研究院院长的伯娜丁·希利（Bernadine Healy）是少数几个看到文特尔的研究在技术和财政方面前景的领导者之一。与所有优秀的管理者一样，文特尔的才华为希利解决棘手的"人事"问题提供了机会。她任命他为美国国立卫生研究院内部基因组计划特设委员会的负责人，以警示人类基因组计划的负责人（另一个杰出人物詹姆斯·沃森），他不是人类基因组计划方向的唯一仲裁者。然而，文特尔很快就在他以前的恩人默许下，成了一个不墨守成规的人。

　　据透露，美国国立卫生研究院正以他的 EST 为基础，为数千个部分基因序列提交专利申请时，在国会听证会上引发了第一次人类基因组计划之争，文特尔最初是由于与此相关联而非直接行动而披上了不墨守成规的外衣。美国国立卫生研究院的举动受到了科学界的广泛批评，因为在当时，与部分序列相关的基因的功能是未知的。批评者指责，对这些基因片段的专利保护将阻碍未来对它们的研究。美国专利及商标局最终拒绝了这些专利申请，但这些申请引发了一场关于为功能尚不明确的基因申请专利的国际争议。

　　有趣的是，尽管美国国立卫生研究院依赖 EST 技术和 cDNA 技术，但文特尔当时的研究超出了美国国家神经疾病和脑卒中研究所规定的范围，他无法获得政府资金来扩展他的研究，这促使他在 1992 年离开了美国国立卫生研究院。他后来成为基因组学研究所的所长，这是一个位于马里兰州盖瑟斯堡市的非营利性研究中心。同时，威廉·哈兹尔廷（William Haseltine）成立了一家姐妹公司——人类基因组科学（Human Genome Sciences）公司，将基因组学研究所的产品商业化。文特尔继续在基因组学研究所从事 EST 工作，但也开始考虑对整个基因组进行测序。他再次提出了一个更快的方法：全基因组鸟枪测序。他申请了美国国立卫生研究院的资助，并在资助被退回之前就开始了这个项目。他将该方法用于流感嗜血杆菌的研究，当基因组测序接近

完成时,美国国立卫生研究院拒绝了他的提议,说这个方法行不通。1995 年
5 月下旬,文特尔得意扬扬地宣布,基因组学研究所及其合作者已经对第一
个能独立生存的生物——流感嗜血杆菌进行了完整测序,并对他最近被拒绝
的“不可行”的资助表示嗤之以鼻。1994 年 11 月,围绕文特尔研究的争论升
级了。由基因组学研究所及其位于马里兰州罗克维尔市的生物技术伙
伴——人类基因组科学公司开发的 cDNA 数据库有关的访问限制,包括 HGS
公司对所发现的论文的预览权和对产品许可的优先选择权,促使默克公司资
助了一个人类基因组科学公司竞争对手的数据库项目。在这一年,英国也
“正式”加入了人类基因组计划的竞赛中,当时惠康信托基金会大手笔地投入
了 9500 万美元(如前所述)。

　　1995 年,技术的迅速发展导致专利法进入了未知的领域,人类基因组科
学公司因此又卷入了另一场专利申请风波中。1995 年 6 月 5 日,人类基因组
科学公司申请了一项基因专利,该基因可以编码一种后来被称为 CCR5 的
“受体”蛋白质。当时,人类基因组科学公司并不知道 CCR5 是一种 HIV 受
体。1995 年 12 月,美国研究人员罗伯特·加洛(Robert Gallo,HIV 的共同发
现者)和同事发现了 3 种抑制 HIV 的化学物质,但他们不知道这些化学物质
是如何发挥作用的。1996 年 2 月,美国国立卫生研究院的爱德华·伯杰
(Edward Berger)发现,加洛的抑制剂通过阻断 T 细胞表面的一种受体,在晚
期艾滋病中发挥作用。同年 6 月,在短短 10 天的时间里,5 个科学家团队分
别发表论文,称 CCR5 几乎是所有 HIV 毒株的受体。2000 年 1 月,先灵葆雅
(Schering-Plough)公司的研究人员在旧金山的一次艾滋病会议上表示,他们
已经发现了新的抑制剂,而且他们知道默克公司的研究人员也有类似的发
现。就像一个重要的情人节礼物,2000 年美国专利及商标局授予人类基因组
科学公司关于制造 CCR5 的基因以及人工生产 CCR5 的技术的专利。这一决
定让人类基因组科学公司股价飙升,并且让相关研究人员感到失望。这也导
致美国专利及商标局修改了其对“可取得专利的”药物靶标的定义。

　　与此同时,作为哈兹尔廷改写专利历史的合作伙伴,文特尔将他的重点
转向了人类基因组。他离开了基因组学研究所,创办了营利性公司塞莱拉

105

（Celera），这是珀金埃尔默生物系统（PerkinElmer Biosystems）公司的一个分支机构，由于有胡德和洪卡皮勒（Hunkapillar）的帮助，这家公司在测序仪的生产方面处于世界领先地位。利用这些机器和世界上最大的民用超级计算机，文特尔在短短 3 年内就完成了人类基因组的组装。

在与时任美国国立卫生研究院院长希利就 EST 分析产生的部分基因申请专利一事闹得不可开交后，同年又发生了另一起由个体个性驱动的重大事件。沃森强烈反对为基因片段申请专利的想法，担心这会妨碍研究，并评论说："自动测序仪可以由猴子来操作。"（《自然》杂志 2000 年 6 月 29 日）沃森于 1992 年辞去了美国国立卫生研究院国家人类基因组研究所的职位，全身心地投入冷泉港实验室的指导工作中。接替他的是一个比较务实、不那么张扬的人。

虽然文特尔也许会被描述为一个特立独行的幕府将军，但弗朗西斯·科林斯曾被描述为人类基因组计划圣杯中的亚瑟王。科林斯在 1993 年成为美国国家人类基因组研究所所长。他［与徐立之（Lap-Chee Tsui）一起］在 1989 年成功地鉴定出了囊性纤维化跨膜氯离子通道受体的基因，该基因一旦发生突变，就会导致囊性纤维化的发生，因此他被认为是国家人类基因组研究所所长的合适人选。虽然他现在与生物学这个话题有着不可磨灭的联系，但就像在他之前这一领域的许多伟大的创新者一样，科林斯对生物学其实没有什么兴趣。他在弗吉尼亚州谢南多厄河谷的一个农场长大，从他的童年来看，他似乎就注定要成为戏剧的中心人物，他的父亲是玛丽鲍尔温学院的戏剧艺术教授，因此科林斯早期的职业生涯规划是在农场搭建的舞台上表演。科林斯拥有良好的逻辑思维，因此物理和数学科学对他有着十足的吸引力，而他认为当时的高中生物学教学形式令人厌烦，充满了解剖和死记硬背。他发现思考除以 0 的无限结果（是故意的，而不是像爱因斯坦那样是偶然的）比思考青蛙的内脏更有吸引力。

直到 1970 年，当科林斯从弗吉尼亚大学获得化学学位进入耶鲁大学，并首次接触到新兴的分子生物学领域时，他才清楚地意识到，生物学可能是非常合乎逻辑的。坊间传闻，分子生物学之父、理论物理学家埃德温·薛定谔

于 1942 年流亡都柏林三一学院期间所著的《生命是什么?》是科林斯转变的
催化剂。像薛定谔一样,科林斯想做一些比理论物理学更有意义的事情(至
少对那些不是核心物理学家的人来说!)。因此,他在耶鲁大学完成化学博士
学位后,幡然做出改变,进入北卡罗来纳大学教堂山分校的医学院学习,在他
对人类遗传学产生新兴趣的应用上进行博士后研究。

在耶鲁大学期间,科林斯开始致力于开发新的工具,用以搜索基因组中
导致人类患病的基因。1984 年在他调任密歇根大学教授后,仍在继续这项被
他称为"定位克隆"的研究。当他成功地使用这种方法将导致囊性纤维化的
基因放在物理图谱上时,他也将自己置于了基因图谱上。虽然没有文特尔那
么个性鲜明,但他也有自己的怪僻性格,例如,每当他发现一个新的疾病基因
时,就会在自己的摩托车头盔后面贴一张新的贴纸。可想而知,这块特殊的
地方会变得越来越拥挤。

有趣的是,最终提出有先见之明的工作草案的并不是这些美国科学家,
而是来自两个拥有强大力量的人。在 1994 年于美国举行的会议上,萨尔斯
顿和沃特斯顿提议在 2000 年之前制作出人类基因组序列的"草图",这比
原计划整整提前了 5 年。尽管大多数人认为这是可行的,但这意味着需要
重新思考战略,需要将资源集中在更大的研究中心,同时还要强调序列的获
取。同样重要的是,这项提议肯定了高质量草图序列对生物医学研究的价
值。这场讨论以英国惠康信托基金会成为潜在的赞助者而开始了(Marshall
E, 1995)。

1995 年,人类基因组图谱的粗略草图已经绘制完毕,该草图显示了 3 万
多个基因的位置。这张图谱的制作运用了酵母人工染色体,其中一些染色
体,特别是最小的 22 号染色体,被绘制得更为详细。这些图谱标志着人类向
基于克隆的测序迈出了重要一步。《自然》杂志用一整版的篇幅报道了这一
主题(Nature 377: 175-379, 1995),这足以说明其重要性。

在接下来的 5 年里,就人类基因组计划是公有还是私有的斗争取得了很
大进展。在测绘数据公布之后,就序列数据的发布和数据库问题达成了某种
程度的国际协议。人们同意公布序列数据,特别是原始基因组序列应该发布

106

在公共领域,以鼓励研究和开发,使其对社会的利益最大化。此外,人类基因组计划每天还应快速发布大于 1 kb 的汇编,并立即将完成注释的序列提交到公共数据库中。

1996 年,一个国际联盟完成了酿酒酵母的基因组测序。数据随着单个染色体测序的完成而公布。管理这些数据的酵母基因组数据库也随之诞生。该数据库收集并维护酿酒酵母的分子生物学数据,包括各种基因组和生物学信息,数据库管理员负责数据库的维护和更新。同时,酵母基因组数据库还负责维护包含酿酒酵母中使用的所有基因名称的注册表。

1997 年,一种新的更强大的诊断工具——SNP(single nucleotide polymorphism,单核苷酸多态性)被开发了出来。SNP 是 DNA 密码中单个碱基的变化,可以作为 DNA 图谱中的标记。一些 SNP 与遗传疾病的易感性、机体对药物的反应或机体清除毒素的能力密切相关。SNP 联盟虽然被指定为有限公司,但它是一个旨在提供公共基因组数据的非营利性基金会。这是制药公司和惠康信托基金会的合作成果,旨在提供广为接受的、高质量的、大量的、可公开访问的 SNP 图谱。SNP 联盟的任务是开发多达 30 万个平均分布在人类基因组中的 SNP,并将这些 SNP 的相关信息在不受知识产权限制的情况下向公众开放。该项目于 1999 年 4 月启动,并持续至 2001 年年底。最终该项目共发现了约 150 万个 SNP,这比原先计划的要多得多。

到 1998 年 6 月,来自英国、法国、美国和丹麦的研究团队公布了结核分枝杆菌(*Mycobacterium tuberculosis*)的完整基因组序列。同年,ABI Prism 3700 测序仪也上市了,这是一台基于毛细管电泳而设计的机器,每天可以进行大约 8 组(每组 96 个)测序反应。也是在这一年,第一个多细胞生物体——秀丽隐杆线虫的基因组测序完成了。秀丽隐杆线虫的基因组约为 100 Mb,如前所述,这是一种可用于一系列生物学学科的低等动物模式生物。

到 1999 年 11 月,人类基因组草图序列达到了 1000 Mb,第一条完整的人类染色体测序也完成了。由桑格研究中心带领的人类基因组计划小组在大西洋东岸完成了 22 号染色体的完整测序,这条染色体约有 3400 万个碱基对,包括至少 550 个基因。据坊间传闻,桑格在参观与他同名的研究中心时曾问:"这台机器能做什么?"得到的回答是"双脱氧测序",桑格反问道:"难道他们还没有想出更好的办法吗?"

　　正如将在最后一章所阐述的那样,2000 年真正的亮点是美国和英国同时宣布人类基因组"工作草图"序列的产生。在一次联合活动中,塞莱拉公司宣布他们完成了基因组的"第一次组装"。在一期引人瞩目的特刊中,《自然》杂志刊登了一篇 60 页的文章,作者是人类基因组计划的合作伙伴,内容是对基因图谱和变异的研究,以及生物学不同领域的专家对基因序列的分析。《科学》杂志发表了塞莱拉公司的文章,介绍了人类基因组计划和塞莱拉公司数据的组装方式以及对序列使用的分析方法。然而,为了证明市场对国家领导人言论的敏感,美国总统比尔·克林顿(Bill Clinton)和英国首相托尼·布莱尔(Tony Blair)联合亮相,吹捧了这一重大里程碑,当克林顿保证人们可以获得他们的遗传信息时,结果市场却给他们泼了一盆冷水,塞莱拉公司的股价一夜之间暴跌。克林顿的保证言论是:"我们为破译人类基因组所做的努力……将会成为 21 世纪甚至可能是有史以来最大的科学突破。我们肩负着重大责任,要确保任何最先进的研究带来的挽救生命的好处能够惠及所有人。"(2000 年 3 月 14 日,星期三)这与文特尔同事的声明形成鲜明对比,文特尔的同事说:"任何想要使用基因、蛋白质或抗体作为药物的公司都极有可能与我们的专利发生冲突。"从商业角度来看,他们受到的限制比他们意识到的要严重得多(哈兹尔廷,人类基因组科学公司董事长兼首席执行官)。股市的大规模抛售结束了数周来生物科技股的疯狂买入,这些股票飙升至前所未有的高点。然而,到了第二天,基因公司的公关专家们开始收复失地,这一聪明的举措扭转了局面,将克林顿的声明变成了一个公关妙招。

　　所有主要的基因组公司都发布了新闻稿,对克林顿总统的声明表示赞赏。他们认为,真正的新闻是"总统第一次强烈肯定了基因专利的重要性"。同样,人类基因组科学公司的哈兹尔廷也高兴地指出,他可以用总统的声明开始他的下一份年度报告,并将今天引用为具有里程碑意义的一天。

　　正如杰出的哈佛大学生物学家理查德·莱温廷(Richard Lewontin)所指出的那样:"在我所认识的杰出的分子生物学家中,没有人不在生物技术行业

108

中获取经济利益。这导致大学和政府部门之间出现了严重的利益冲突。"
（Lewontin，2000）

　　撇开那些舆论专家，也许埃里克·兰德对这项艰巨的工作做了最好的总结，他认为对他来说，"人类基因组计划的最终成就：有机会与数百名优秀的同事共同朝着一个比我们自己更大的目标前进。从长远来看，人类基因组计划的最大影响可能不是人类染色体的 30 亿个核苷酸，而是其科学共同体的模式。"（Ridley，2000）

6. 基因治疗

　　1990 年还标志着另一个与人类基因组计划根本驱动力之一密切相关的里程碑的诞生。《加利福尼亚州遗传病法案》生效了，这成为人类遗传性疾病的潜在解决方案之一。美国的 W. 弗伦奇·安德森（W. French Anderson）报告了第一个在人类身上成功应用基因治疗的案例。研究人员通过将缺失的腺苷脱氨酶基因引入一个 4 岁女孩的外周淋巴细胞，并将修饰后的淋巴细胞回输给她，首次成功地实现了人类重症联合免疫缺陷病（severe combined immune deficiency，SCID）的基因治疗。尽管这些结果很难解释，因为所有患者均同时使用了聚乙二醇偶联腺苷脱氨酶［通常称为聚乙二醇化腺苷脱氨酶（PGLA）］，但强有力的证据表明其在体内有效。研究表明腺苷脱氨酶修饰的 T 细胞在体内持续存在长达 3 年，并伴随着体内 T 细胞数量和腺苷脱氨酶水平的增加而增加，转导的 PGLA 来源的 T 细胞逐渐被骨髓来源的 T 细胞所取代，这证实基因成功地转移到了长寿的祖细胞中。10 多年后，接受了第一个可靠的基因治疗的女孩阿沙蒂·德席尔瓦（Ashanthi DeSilva）的健康状况仍然良好。辛西娅·卡特歇尔（Cynthia Cutshall）是第二个接受基因治疗的孩子，她与德席尔瓦患有同样的疾病，健康状况在治疗后也表现良好。在 10 年内（到 2000 年 1 月），在全世界范围，已经有 350 多项基因治疗方案获得了批准，同时研究人员开展了 400 多项临床试验，以测试针对各种疾病的基因治疗方法。但是癌症在这些研究中占据主导地位着实令人惊讶，因为这是一类通常不会出现在遗传性疾病排行榜上的疾病。1994 年,有些癌症患者接受了肿瘤坏死因子基因治疗,肿瘤坏死因子是一种天然的抗肿瘤蛋白,治疗在一定程度上起到了作用。更令人惊讶的是,基因治疗高开低走,在最初的一系列成功之后收效甚微。基因治疗,这个在 1990 年出现的充满希望的奇迹,在之后的 10 年里未能兑现其最初的承诺。

除了这些例子外,还有许多疾病的分子病理学机理已经或即将被充分了解,但尚未开发出令人满意的治疗方法。在 20 世纪 90 年代初,基因治疗似乎确实为治疗这些疾病提供了新的机会,既可以恢复因突变而丧失的基因功能,又可以通过引入可以抑制传染因子复制的基因而使细胞对具有细胞毒性的药物产生抗性,或消除异常细胞。从这种“基因组学”的观点来看,基因可以被视为药物,其作为治疗药物的开发也应该包括小分子和蛋白质治疗药物开发所面临的问题,如生物利用度、特异性、毒性、效力以及具有成本效益的方式和大规模生产的能力。

当然,对于这样一种激进的方法,人们需要建立某些基本的标准来选择用于人类基因治疗的候选疾病。这些标准包括:该疾病是一种无法治愈的、危及生命的疾病;已确定受这种疾病影响的器官、组织和细胞类型;已分离和克隆出缺陷基因对应的正常基因;可通过将正常基因引入受影响组织的大部分细胞中或将正常基因引入可用的靶组织中,如骨髓等,以某种方式改变受疾病影响的组织的疾病过程;基因能够充分表达(它将指导生产足够的正常蛋白质以产生变化);有技术可以验证该过程的安全性。

因此,理想的基因治疗剂应该可以在室温下稳定地配制,并且可以作为注射剂或气雾剂,或者以液体或胶囊的形式给药。这种疗法也应该适用于重复治疗,并且在给药时,它既不会产生免疫反应,也不会被组织清除机制所摧毁。当传递到靶细胞时,治疗基因应该被输送到细胞核中,在那里它应该保持为稳定的质粒或染色体组分,并以可预测的、可控制的方式,以细胞特异性或组织特异性的方式表达所需的效价。

除了在患有重症联合免疫缺陷病的儿童中进行腺苷脱氨酶基因转移外,

20 世纪 90 年代初研究人员还进行了 EB 病毒特异性细胞毒性 T 细胞的基因标记研究，以及在感染 HIV 的患者中表达自杀或病毒抗性基因的基因修饰 T 细胞试验。在这 10 年的后期，T 细胞基因治疗的其他策略涉及新型 T 细胞受体技术，该技术赋予被病毒感染的细胞或恶性细胞抗原特异性。而核运输、整合、调节基因表达和免疫监测等问题仍未解决。当这些问题最终被解决并应用于设计病毒或非病毒来源的递送载体时，将有助于实现基因治疗，并由此产生适合人类健康常规管理的安全和有益的基因治疗药物。

科学家们还致力于使用基因治疗在细胞内直接产生抗体，以阻止有害病毒（如 HIV）甚至致癌蛋白的产生。这与科林斯有关，因为他追求人类基因组计划的动机就始于他对囊性纤维化疾病中缺陷基因的研究，这个基因被称为 CF 跨膜电导调节因子，它编码一种调节肺部组织中盐分的离子通道蛋白。这种有缺陷的基因使细胞无法正常排泄盐分，从而导致黏液堆积并破坏肺部组织。科学家们已经将正常基因的拷贝拼接到以肺部组织为靶标的失活腺病毒中，并使用细支气管镜将其输送到肺部。这种方法在动物实验中效果很好，然而在人体的临床试验中并没有取得完全成功。由于肺内的细胞不断地被替换，因此治疗效果不是永久性的，必须重复进行。目前研究人员正在开发基因治疗技术，以取代其他有缺陷的基因。例如，替换分别导致血友病 A 和 B 的第Ⅷ因子和第Ⅸ因子功能异常的基因，以及减轻导致帕金森病的多巴胺产生缺陷基因的影响。

除了技术上的挑战，这种激进的疗法还引发了伦理上的争论。许多对体细胞基因治疗表示担忧的人认为基因治疗存在"滑坡效应"，即理论上听起来不错，但界限在哪里呢？许多棘手的伦理学问题仍有待解决，如基因修饰是"好"是"坏"，长期临床研究中随访患者的困难等。许多基因治疗的候选对象都是儿童，他们还太小，不能理解这种治疗的后果：利益冲突——个人的生殖自由和隐私利益与保险公司或社会利益相互冲突。一个不太可能被接受的问题是种系治疗，即从人群中移除有害基因。公正和资源分配的问题也被提出：在我们的医疗保健系统面临压力的时候，我们能否负担得起如此昂贵的治疗？谁应该接受基因治疗？一些民权组织声称，如果基因治疗只提供给那些负担得起的人，那么在不同的社会经济和种族群体中将会增加新的令人不安的歧视性行为，进而严重扭曲理想的生物特征分配。

　　事实上，在这个 10 年即将结束之际，即 1999 年，遭受了一次严重的打击。1999 年 9 月 17 日，杰西·吉尔辛格（Jesse Gelsinger）成为第一个死于基因治疗的人，他的死亡造成了另一个前所未有的局面，他的家人不仅起诉了参与实验的研究团队，宾夕法尼亚大学和吉诺沃（Genovo）公司，而且还起诉了为这一有争议的项目提供道德建议的伦理学家。将伦理学家与科学家和学校一起列为被告是一个令人惊讶的法律举措，它让人们注意到这一行业，毫无疑问就像干细胞和治疗性克隆等其他不断发展的技术一样，其成员可能会因为他们向研究人员提供的哲学指导而受到诉讼。

　　宾夕法尼亚大学研究小组的首席研究员詹姆斯·威尔逊（James Wilson）找到伦理学家阿瑟·卡普兰（Arthur Caplan），讨论了他们的计划，即在患有致命肝脏疾病——鸟氨酸氨甲酰基转移酶缺乏症的婴儿身上测试一种基因工程病毒的安全性。这种疾病会导致有毒的氨在血液系统中积聚。卡普兰有意地引导研究人员避开患病儿童，因为他认为绝望的父母不会提供真正的知情同意。他说，在患有致命性较低的疾病的成年人身上进行实验会更好，因为这些成年人相对健康。吉尔辛格就属于这一类。尽管他患有严重的氨积聚，但他在一种特殊的药物和饮食疗法下保持得很好。利用相对健康的成年人的决定是有争议的，因为高风险、未经证实的实验方案的研究对象通常是已经用尽了更多传统治疗方法的重症患者，他们已经没有什么可失去的了。在这种情况下，用于传递基因的病毒已知会导致肝脏损伤，因此一些科学家担心它可能会引发成年人的氨危机。

　　威尔逊低估了实验的风险，忽略了早期志愿者在实验中可能出现肝脏损伤的情况，也没有提及在临床前研究中给予类似治疗的猴子的死亡。在吉尔辛格去世后，美国食品药品监督管理局进行的一项专项调查发现，威尔逊的团队存在许多违规行为，包括在这名青少年接受治疗之前，已经连续有 4 名

111

志愿者出现严重的肝脏损伤，但他们没有停止实验并通知美国食品药品监督管理局。此外，美国食品药品监督管理局表示，吉尔辛格不符合这项实验的条件，因为在接受遗传物质注射之前，他的血氨水平太高了。美国食品药品监督管理局暂停了威尔逊的所有人类基因实验，宾夕法尼亚大学随后限制他只能进行动物研究。美国食品药品监督管理局随后的一项调查声称，威尔逊在动物身上进行了不当的实验性治疗。经济利益冲突也紧随其后，因为威尔逊通过他的生物技术公司——吉诺沃公司，从这项实验中获利了。2000 年11 月，该诉讼以未公开的条款达成了庭外和解。

美国食品药品监督管理局也同样暂停了波士顿圣伊丽莎白医疗中心的基因治疗临床试验。该中心是塔夫茨大学医学院的一个主要教学附属机构，试图用基因治疗来逆转心脏病，因为他们的科学家没有遵循条款，疑似导致至少一名患者的死亡。此外，美国食品药品监督管理局暂时中止了由先灵葆雅公司赞助的两项肝癌研究，因为其所用的技术与宾夕法尼亚大学的研究相似。

一些研究小组自愿暂停了基因治疗研究，包括囊性纤维化基金会赞助的两项研究，以及位于波士顿的贝斯以色列女执事医疗中心针对血友病的研究。科学家们暂停了研究，以确保他们从错误中吸取教训。

7. 放下筹码

20 世纪 90 年代还见证了另一项"高通量"的突破发展，这是另一场高科技革命的衍生品，即 DNA 芯片。1991 年，在昂飞（Affymetrix）公司的指导下，生物芯片被开发出来并用于商业。DNA 芯片或微阵列代表了一种"大规模并行"的基因组技术。它们有助于同时对数千个基因进行高通量分析，因此可能是深入了解高等生物复杂性的非常强大的工具，其具体应用包括分析基因表达、检测遗传变异、发现新基因、鉴定菌株以及开发新的诊断工具等。这些技术允许科学家对生物体中的基因表达进行大规模调查，从而增加我们对生物体如何随时间发展或对各种环境刺激做出反应的认识。这些技术对于获得多个基因协调表达的综合视图特别有用。DNA 芯片的商业用途广泛,目前被用于基础和临床研究的许多领域,包括检测传染性微生物中的耐药性突变、直接比较人类基因组的大片段 DNA 序列、监测人类多个基因疾病的相关突变、定量和平行测量数千种人类基因的信使 RNA 表达,以及绘制基因组的物理图谱和遗传图谱。

然而,最初的技术,或者更准确地说是用于提取信息的算法远不够强,可重复性也远远不够。阿尔·扎法罗尼[Al Zaffaroni,1968 年,当森德克斯公司无视他对开发新的给药方式的兴趣时,他成立了阿尔扎(Alza)公司]成立了另一家公司——昂飞公司,由斯蒂芬·福多尔(Stephen Fodor)管理,该公司因仅提供最终数据而不允许访问原始数据而饱受谩骂。与这个高通量时代的其他人物一样,在西雅图出生的福多尔也是一个博学的人,他对微阵列和组合化学这两项主要技术做出了贡献,前者已经兑现了承诺,而后者,像基因治疗一样,仍处于某种程度的孕育阶段。尽管作为一名工业科学家存在一定的局限性,但他发表的文章相当多。他描述相关工作的开创性手稿已发表在所有著名的期刊,如《科学》《自然》和《美国国家科学院院刊》上,并于 1992年得到美国科学促进会的认可,获得美国科学促进会颁发的纽科姆·克利夫兰奖,以表彰其发表在《科学》杂志上的杰出论文。福多尔在扎法罗尼的公司开始了他的工业生涯。1989 年,他被招募到位于帕洛阿托的阿费麦克斯(Affymax)公司,在那里他领导开发高密度的生物化合物阵列工作。他最初感兴趣的是在后来被称为组合化学的领域。在技术开发过程中,有一种方法允许以光导向、空间定义的形式进行高分辨率的化学合成。

在阳性选择载体问世之前,研究人员可能会用寡核苷酸探针手动筛选数以千计的克隆,只为找到一个难以捉摸的插入物。福多尔(和他的后继者)的DNA 阵列技术颠覆了这种方法。不是用已确定的探针,如克隆基因、PCR 产物或合成寡核苷酸,来筛选未知序列,而是用未知样本检测一个用已知 DNA片段占据每个位置或"探针细胞(探针单元)"的阵列。

福多尔利用他的化学和生物物理学背景,将光刻方法与传统化学技术相结合,开发出了高密度生物分子阵列。典型的阵列可能包含所有可能的寡核

113

苷酸(例如 8-mers①)组合,它们作为追踪 DNA 序列的"窗口"而出现。它可能包含由完整基因组序列中识别出的所有开放阅读框中所设计出的更长的寡核苷酸。或者它也可能包含已知或未知序列的 cDNA 或 PCR 产物。

当然,产生数据是一回事,以有意义的方式提取数据则完全是另一回事。福多尔的团队还开发了读取这些阵列的技术,即采用荧光标记方法和激光共聚焦扫描,以超高灵敏度和精确度测量芯片表面的每个单独结合事件。这种基于微阵列的分析和激光共聚焦扫描相结合的通用技术已经成为工业界和学术界进行大规模基因组学研究的标准。1993 年,福多尔与其他人共同创立了昂飞公司,该公司利用芯片技术合成了含数十万个 DNA 探针的多种高密度寡核苷酸阵列。2000 年,福多尔又创立了珀尔根(PerLegen)公司,这是一家将芯片技术应用于揭示人类多样性基本模式的新公司。这家公司宣布的目标是分析临床试验参与者的 100 多万个基因变异,以解释和预测处方药的疗效和不良反应。此外,珀尔根公司还将这一专业知识应用于发现与疾病相关的基因变异,以便于为新的疗法和诊断铺平道路。

福多尔的前公司通过开发拟南芥植物系统原型模型的芯片,向先锋良种(Pioneer Hi Bred)公司提供了用于监测玉米基因表达的定制 DNA 芯片,从而实现了植物应用的多样化。他们(昂飞公司)已经建立了一些项目,使学术科学家可以以较低的价格使用该公司的设备,并在一些选定的大学建立了用户中心。

"斑点"DNA 芯片是另一种相关但不太复杂的技术,它可以在显微镜载玻片上精确定位非常小的基因组、cDNA 克隆或 PCR 样品。这种技术使用了一种带有打印头的机器人设备,其打印头带有精细的"重复记录仪"尖端,就像钢笔一样,可以从 96 孔板上提取 DNA 样本,并在载玻片上点出微量 DNA。在载玻片 1 cm² 的范围内,可以点出多达 10 000 个单独的克隆,形成密集的阵

---

① mer,在分子生物学领域中的意义为单体单元(monomeric unit)。通常用于表示核苷酸序列中的单位,代表 nt 或者 bp,例如,100 mer DNA 代表这段 DNA 序列单链长度为 100 nt,或者双链长度为 100 bp。而 k-mer 则是指将核苷酸序列分成包含 k 个碱基的字符串,即从一段连续的核苷酸序列中迭代地选取长度为 k 个碱基的序列,若核苷酸序列长度为 L,k-mer 长度为 K,那么可以得到 L-K+1 个 k-mers。假设存在某序列长度为 21,设定选取的 k-mer 长度为 7,则可得到(21-7+1 = 15)个 7-mers。——编者注

列。在样本与荧光靶信使 RNA 杂交后,由定制的扫描仪检测荧光信号。这是分子动力公司和因赛特制药公司(在接管森泰尼公司时获得了这项技术)所使用的系统的基础。1997 年,因赛特制药公司希望为其图书馆收集更多的数据,并为企业用户进行实验。该公司考虑收购昂飞公司,但最终选择了收购规模较小的森泰尼公司,后者的主要产品 Synteni 是帕特·布朗在斯坦福大学时研发的阵列产品。森泰尼公司的接触式打印技术带来了高密度且更便宜的阵列。尽管因赛特制药公司只是在内部使用这些芯片,但昂飞公司却提起诉讼,声称森泰尼公司和因赛特制药公司侵犯了其芯片密度专利。该诉讼认为,如果没有昂飞公司的许可,无论是否使用光刻技术,都不能制造高密度的生物芯片! 在这个诉讼多发的高科技时代,因赛特制药公司对基因数据库的竞争对手杰罗科(Gene Logic)公司提起反诉,称其侵犯了因赛特制药公司在数据库建设方面的专利。与此同时,海森(Hyseq)公司起诉昂飞公司,称其侵犯了他们合同销售外包服务商获得的核苷酸杂交专利。而昂飞公司反过来提起诉讼,声称海森公司侵犯了他们的斑点阵列专利。随后,海森公司又回去整理,找到了另一项杂交专利,声称昂飞公司侵犯了该专利。就这样我们进入了下一个世纪!

在一定程度上,为了避免这一切,另一家加利福尼亚公司纳诺金(Nanogen)采取了一种不同的方法来研究单核苷酸多态性识别技术。在 2000 年 4 月版的《自然生物技术》(*Nature Biotechnology*)杂志上发表的一篇题为《半导体微芯片上电子斑点印迹分析的单核苷酸多态性识别》的文章中,纳诺金公司描述了使用芯片来识别甘露糖结合蛋白基因的变体,这些变体彼此之间仅有一个 DNA 碱基的差异。甘露糖结合蛋白是尚未对各种病原体产生免疫力的儿童身体内先天免疫系统的关键组成部分。到目前为止,已经鉴定出该基因的 4 种不同变体(等位基因),它们都只有一个 DNA 核苷酸的不同。之所以选择甘露糖结合蛋白进行这项研究,是因为它具有潜在的临床相关性和遗传复杂性。这些样本由美国国家癌症研究所与美国国立卫生研究院共同组装,并转移到纳诺金公司进行分析。

然而,从高通量的角度来看,微阵列仍旧存疑。罗赛特制药(Rosetta Inpharmatics)公司（位于华盛顿州柯克兰市）业务发展高级总监马克·本杰明（Mark Benjamin）对标准 DNA 阵列在高通量筛选中的长期前景持怀疑态度，因为这种方法的第一步需要暴露细胞，然后分离 RNA，这在高通量设计中是很难做到的。

微阵列的另一个缺点是，大多数有用的靶点可能是未知的（特别是在基因组测序仍处于初级阶段的农业科学领域），目前可用的 DNA 阵列只能对以前已测序的基因进行检测。事实上，一些人认为，目前的 DNA 阵列可能不够敏感，无法检测到编码特定目标的低表达水平的基因。此外，由于这些公司不愿意提供"原始数据"，这使事情变得更加复杂，这意味着衍生的数据集可能不是用最优的算法创建的，从而会无法挽回地丢失原始数据中潜在的有价值的信息。逆向工程是一种可能的方法，但这既费力又耗时，而且被许多合约所禁止，如果尝试这样做可能会引起一直保持警惕的公司律师的兴趣。

8. "组学"的兴起

在 20 世纪 90 年代，功能基因组学的发展成果被称为蛋白质组学和代谢组学，它们分别在蛋白质和代谢物水平上对基因表达水平开展全面研究。对生物体内信息流整合的研究正在成为系统生物学领域的新兴学科。在蛋白质组学领域，在全基因组范围内对蛋白质图谱进行全面分析和对蛋白质-蛋白质相互作用进行分类的方法在技术上还存在困难，但是这些方法正在迅速改进，特别是对微生物而言。这些方法产生了大量的定量数据。公共机构和私营部门可获得的表达数据量已经呈指数级增长。基因和蛋白质表达数据量迅速超过了 DNA 序列的数据量，而且数据管理的难度也在大大增加。

对于微生物来说，由于其小体积的基因组和易于培养的特点，因此无论是单独的还是组合的，都将使得基因组中每个基因的高通量和靶向删除成为可能。这在模式微生物如大肠杆菌和酵母中已经有了适度的通量规模。将靶向基因缺失和修改与全基因组的信使 RNA 和蛋白质水平分析结合起来，将有助于解开基因之间错综复杂的相互依赖关系。对许多代谢物同时进行测量的技术,特别是微生物中的代谢物,有助于通过相互依赖的途径进行全面的建模和调节。代谢组学可定义为在特定的环境条件下,在特定的时间对生物体细胞中所有低分子代谢物进行定量测量。结合代谢组学、蛋白质组学和基因组学的信息,将有助于加深我们对细胞生物学的综合认识。

表型的下一个层次是考虑细胞内和细胞间的蛋白质组如何合作产生单个细胞和生物体的生物化学和生理学。一些研究者尝试性地将"生理组学"作为这种方法的描述词。表型的最终层次包括细胞和整个生物体的解剖结构和功能。"表型组学"这一术语已被应用于这一层次的研究。毫无疑问,更广为人知的组学,即经济学,在所有这些领域都有应用。

而且,这次稍微有点出乎意料的是,优生学的忧虑无疑是在组学时代兴起的。1992 年,美国和英国的科学家推出了一项被称为植入前遗传学诊断的技术,用于在体外检测胚胎的遗传异常,如囊性纤维化、血友病和唐氏综合征(Wald, 1992)。这在大多数人看来是生物学向前迈进了一步,但它引来了伦理学家戴维·S. 金(David S. King, 1999)的谴责,植入前遗传学诊断技术可能被用于产前优生学特征的检测和筛选,并使优生学扩宽市场成为可能。他还认为,由于大多数国家的社会压力和临床遗传学家所持的优生态度,即使国家不强制干涉,也会产生优生的结果,由于不涉及堕胎,而且可以获得多个胚胎,从根本上说,植入前遗传学诊断作为一种遗传选择的工具更加有效。

116

9. 20 世纪 90 年代的农业生物技术和工业生物技术

美国监管部门首次批准 DNA 重组技术用于食品供应的不是一种植物,而是一种工业酶,它已成为食品生物技术成功的标志。早在现代生物技术发展之前,酶就是食品生产中的重要制剂。例如,它们可以用于凝结牛奶以制作奶酪、生产面包和生产酒精饮料等。如今,酶是现代食品加工技术中不可或缺的一部分,并具有多种功能。它们几乎被用于食品生产的所有领域,包括谷物、奶制品、啤酒、果汁、葡萄酒、糖和肉类加工等。凝乳酶,也被称为皱胃酶,是一种蛋白质水解酶,其在消化过程中的作用是凝固或凝结胃中的牛奶，能够有效地将液态牛奶转化为像松软干酪一样的半固体，使其在新生哺乳动物的胃中保留更长时间。乳制品行业利用凝乳酶的这一特性来进行奶酪生产的第一步。1990 年，Chy-Max™ 获批，它是一种人造凝乳酶，专门用于制作奶酪。

在某些情况下，它们取代了较难被人接受的"旧"技术，例如凝乳酶。与农作物不同，工业酶由于一些原因相对容易被人接受。如前所述，工业酶是加工系统的一部分，理论上不会出现在最终产品中。如今在美国和英国，大约 90% 的硬奶酪是使用来自转基因微生物的凝乳酶制作的。这种酶更容易纯化，活性更高（95%，而不是 5%），生产成本更低（微生物比牛犊更多，更高产，饲养成本更低）。像所有酶一样，凝乳酶的需求量非常小，而且由于它是一种活性相对不稳定的蛋白质，所以它会随着奶酪的成熟而被分解。事实上，如果这种酶保持太长时间的活性，就会对奶酪产生不利影响，因为它会在一定程度上降解牛奶蛋白质。这种酶还得到了素食协会的支持。

对于植物来说，20 世纪 90 年代是第一个广泛商业化的时代，人们通常用贬义和不准确的术语来称呼转基因生物。在 20 世纪 90 年代初，双子叶植物相对容易被根瘤农杆菌转化，但由于缺乏有效的转化技术，许多具有经济价值的植物，包括谷物等，仍然无法进行基因操作。1990 年，随着技术的发展，这种情况发生了变化，技术克服了这一限制。植物基因表达中心的分子生物学家迈克尔·弗罗姆（Michael Fromm）报告了使用高速基因枪实现玉米稳定转化的情况，这种方法是用一把"粒子枪"将包裹着 DNA 的金属颗粒射入细胞中。最初研究人员是用一种火药装药，后来用氦气取代，用来加速枪支中的粒子。基因枪对组织的破坏很小，在几种植物物种上应用的成功率非常高，该技术产权现在归杜邦公司所有。1990 年，一些将在 20 世纪 90 年代后半期占主导地位的作物开始进行田间试验，其中包括 Bt 玉米（第 3 章讨论了苏云金芽孢杆菌的 Cry 蛋白）。

1992 年，美国食品药品监督管理局宣布转基因食品"本身并不危险"，不需要特别监管。自 1992 年以来，研究人员已经精准定位并克隆了几种基因，使选定的植物对某些细菌或真菌感染具有抵抗力，其中一些基因已经成功地

117

植入了某些缺乏这种基因的农作物中。随着科学家在自然界中发现更多抗植物虫害基因,预计在不久的将来会有更多的抗感染作物出现。然而,植物基因只是"武器库"的一部分。除了 Bt 玉米外,人们还在微生物中寻找能够帮助植物抵御造成作物损失的入侵者的基因。

1994 年第一个生物工程作物被批准了,这是作物生物技术的一个重要里程碑。它不仅代表了第一种获得批准的粮食作物,而且代表了一项技术的首次商业验证,但是这项技术在 20 世纪 90 年代后期被超越了。这项技术,即反义技术的工作原理是利用核酸之间的天然亲和力。当基因组中编码目标的基因以相反的方向被引入时,反向 RNA 链会退火并有效地阻止酶的表达。这项技术由新基公司申请了植物应用专利,也是著名的 FLAVR SAVR 番茄背后的技术。反义药物在医学上的首次成功是在 1998 年,当时美国食品药品监督管理局批准了巨细胞病毒抑制剂福米韦森(formivirsen)的生产,这是一种治疗艾滋病相关疾病巨细胞病毒视网膜炎的硫代磷酸盐抗病毒药物。这项批准使其成为第一种属于美国科学与国际安全研究所的药物,也是有史以来第一种获得批准的反义药物。

另一项技术,虽然当时还不显眼,但它是第二次获批的技术,也是迄今为止第一项也是唯一一项成功的商业果树生物技术应用。最开始科学家获得的是一种抗病毒南瓜,后来又通过改进的方法获得了抗环斑木瓜。两者的存在既要归功于历史经验,也要归功于现代技术。例如,如果 20 世纪 30 年代的植物育种家没有注意到感染了温和病毒株的植物不会死于更具破坏性的同种病毒株,那么转基因的抗病毒南瓜和哈密瓜就永远不会出现在农民的田里。这一发现让当时在圣路易斯华盛顿大学工作的植物病理学家罗杰·比奇想知道这种"交叉保护"到底是如何起作用的,是病毒的部分促使了这种保护吗?

在与孟山都公司研究人员的合作中,比奇利用根瘤农杆菌载体将一种基因插入番茄植株中,该基因能产生一种构成烟草花叶病毒外壳蛋白的蛋白质。然后,他将这种病毒接种到这些植物中,并高兴地发现,正如 1986 年报道的那样,绝大多数植物都没有死于这种病毒。

118   8年后，也就是1994年，用比奇的方法培育的抗病毒南瓜种子进入了市场。不久之后，哈密瓜、马铃薯和木瓜的生物工程抗病毒种子也上市了（育种者已经利用传统技术培育出了抗病毒的番茄种子）。当1994年首次批准使用时，这种保护方法的原理仍然是一个谜。基因沉默（gene silencing）最初被认为是将转基因引入植物的一种不可预测且不方便的副作用。现在看来，这似乎是意外触发了植物对病毒和转座子的适应性防御机制的结果。这种后来才发现的机制，虽然在机制上有所不同，但与哺乳动物的免疫系统有许多相似之处。直到20世纪90年代后期，一位研究人员才阐明了这个系统是如何工作的，他正在寻找一个完全不同的研究领域的圣杯——黑玫瑰！里克·乔根森（Rick Jorgensen）当时在加利福尼亚州奥克兰的DNA植物技术公司工作，后来在加利福尼亚大学戴维斯分校工作，他试图通过在强启动子的作用下引入一个修饰过的基因拷贝来过表达查耳酮合成酶基因。令人惊讶的是，他获得了白色的花朵，以及许多奇怪的紫色和白色的杂色花朵。这是被称为转录后基因沉默的第一次证明，虽然最初它被认为是一种仅限于矮牵牛和其他一些植物物种的奇怪现象，但现在它是分子生物学中最热门的话题之一。动物和低等真核生物中的RNA干扰，真菌中的压抑作用以及植物中的转录后基因沉默是被统称为RNA沉默的一大类现象中的例子（Hannon，2002；Plasterk，2002）。除了在这些物种中出现外，RNA沉默还在病毒防御（如比奇所证明的）和转座子沉默机制等方面发挥作用。然而，也许最令人兴奋的是RNA沉默的新兴应用，特别是RNA干扰——通过引入双链RNA（dsRNA）而启动的转录后基因沉默——作为一种工具来敲除各种生物中特定基因的表达。

    1991年也预示着另一个第一次。1991年2月1日出版的《科学》杂志报道了"分子剪刀"的专利：科罗拉多大学的托马斯·切赫发现了具有酶活性的RNA（即核酶），并因此获得了诺贝尔奖。有人指出，美国专利及商标局授予了一项"异常广泛"的核酶专利。该专利为美国专利，编号4,987,071，其权利要求1如下："一种非自然存在的酶促RNA分子，具有独立于任何蛋白质的内切酶活性，所述内切酶活性对由单链RNA在单独RNA分子中组成的切割位点的核苷酸序列具有特异性,并且通过酯交换反应引起所述切割位点的切割。"虽然由蛋白质构成的酶是现代细胞中生物催化剂的主要形式,但至少有 8 种天然核酶能够催化基本的生物过程。其中之一是植物病毒学家的另一个发现,在这个例子中,发夹状核酶是由加利福尼亚大学戴维斯分校的乔治·布鲁宁(George Bruening)发现的。这种自切割结构最初被发现这种反应的布鲁宁实验室称为回形针结构。

正如第 3 章所提到的,人们认为这些核酶可能是一种完全由 RNA 引导的古老生命形式的残留物。由于核酶是一种催化性的 RNA 分子,能够切割自身和其他靶 RNA,因此它可以作为一种控制系统来关闭基因或靶向病毒。设计核酶来切割任何特定靶标 RNA 的可能性使其成为基础研究和治疗应用中的宝贵工具。在治疗领域,它们已被用于针对传染病中的病毒 RNA、癌症中的显性癌基因和遗传疾病中的特定体细胞突变。最值得注意的是,针对 HIV 患者的几种核酶基因治疗方案已经进入 I 期临床试验。后来,核酶也已被用于转基因动物研究、基因靶标验证和通路阐明。然而,事实证明,将核酶靶向到含有其目标 RNA 的细胞区域是一个挑战。2000 年的时候,萨马尔斯基(Samarsky)等人报告了一群核仁小 RNA(small nucleolar RNA, snoRNA)可以很容易地将核酶运送到亚细胞器中。

119

除了已经广泛存在的 RNA 实体之外,还有一种潜在的危害。类病毒是一种小型单链环状 RNA,含有 246～463 个核苷酸,以棒状二级结构排列,是目前已知的最小病原体。迄今为止最小的类病毒是水稻黄斑病病毒,只有 220 个核苷酸。相比之下,已知最小的能够自行引起感染的病毒,即环状病毒的单链环状 DNA,其基因组大小约为 2 kb。第一个被鉴定出来的类病毒是马铃薯纺锤形块茎类病毒。到目前为止,已鉴定出约 33 个种类的类病毒。与植物病毒相关的许多卫星 RNA 或有缺陷的干扰 RNA 不同,类病毒在易感宿主接种后能自主复制。并且蛋白质衣壳和可检测到的信使 RNA 活性的缺失意味着复制和致病所需的信息存在于类病毒基因组的不寻常结构中。类病毒的复制机制实际上涉及与 RNA 聚合酶 II(一种通常与信使 RNA 合成相关的酶)以及新 RNA 的"滚动循环"合成的相互作用。一些类病毒具有核酶活性,可以从较大的复制中间产物中进行单位大小基因组的自我切割和连接。有人提出,类病毒是"逃逸的内含子"。类病毒通常通过种子或花粉传播。受感染的植物会出现畸形生长。

10. 其他方面

很早以前,生物技术就引起了科学界以外的人们的兴趣。最初,公众关注的主要焦点是重组 DNA 技术的安全性,以及产生不可控和有害的新型生物的可能风险(Berg,1975)。几年后,关于故意释放转基因生物以及含有这些生物的消费品的争论开始了(NAS,1987)。值得注意的是,在 20 世纪 90 年代,关于生物技术科学及其产品的潜在伦理问题的讨论中,看似无害的植物改良领域一直是主要话题。农业生物技术的成功在很大程度上取决于公众对其接受程度,该行业运营的监管框架也受到舆论的影响。随着分子生物学研究的重点从对基本知识的追求转向对有利可图、利润丰厚的应用的追求,与过去 20 年一样,因为新产品和应用的潜力必须在实验室之外进行评估,因此风险再次出现了。

然而,随着商业应用的影响不仅涉及工人的安全,还涉及环境、农业和工业产品以及所有生物的安全和福祉,这种担忧现在变得更加全球性了。除了"故意"发布之外,重组 DNA 咨询委员会的指南并不是为了解决这些问题而设计的,所以这个问题进入了具有监管权力的联邦机构的管理范围,这些机构负责监督生物技术问题。这种监督的调整是一个动态的过程,因为各个机构都在努力执行适用现有法规的任务,并制定新的法规,以监督在过渡中的技术。

经过 10 年的发展,研究的重点从基本的生物抗逆性转移到更复杂的基因修饰上,使下一代植物具备更有价值的性状,其中有价值的基因和代谢物将被识别和分离出来,随后的一些化合物也将被大量生产,用于利基市场。其中两个比较有前景的市场是保健食品或所谓的"功能性食品",以及作为生物反应器而开发的植物,用于生产有价值的蛋白质和化合物,这一领域被称

120

为植物分子农业。

　　培育具有改良品质性状的植物需要克服代谢工程项目固有的各种技术挑战。传统的植物育种和生物技术都需要生产出具有所需品质性状的植物,分子和基因组技术的持续改进有助于加速这一领域产品的开发。

　　在 20 世纪 90 年代末的 1999 年,迪安·德拉彭纳(Dean DellaPenna)运用营养基因组学分离出一种基因,它能将活性较低的前体转化为活性最高的维生素 E 化合物——α-生育酚。通过这项技术,拟南芥种子油中的维生素 E 含量提高了近 10 倍,科学家在将该技术应用到大豆、玉米和油菜等作物方面也取得了进展,同时这一技术也应用于提高大米中的叶酸含量。ω-3 脂肪酸在人体健康中发挥着重要作用,其中的二十碳五烯酸(EPA)和二十二碳六烯酸(DHA)分别存在于视网膜和大脑皮质中,从临床角度看,它们是记录最充分的脂肪酸。有人认为,EPA 和 DHA 在炎症免疫反应、血压的调节、心血管疾病和囊性纤维化等疾病的治疗、子宫内大脑发育以及产后早期认知功能的发育方面发挥着重要作用。它们主要存在于鱼油中,而且供应量有限。到 21 世纪初,乌尔辛(Ursin, 2000)成功地在油菜籽中制造出了这些脂肪酸。

　　从全球角度看,另一项附加价值的开发在技术和社会经济方面都产生了更大的影响。因戈·波特里库斯(Ingo Potrykus, 1999)领导的一个研究小组对水稻进行了基因改造,使其能产生维生素 A 原,这是一种必需的微量营养素。这种微量营养素在以大米为主食的亚洲国家普遍缺乏,使儿童容易患上失明和麻疹等疾病,带来悲剧性的后果。据联合国儿童基金会介绍,改善维生素 A 的摄入可以缓解严重的健康问题,还可以防止多达 200 万婴儿因维生素 A 缺乏症而死亡。

121

　　由于市场面临如何确定商品价格和股票价值以及调整营销策略以适应特定的最终用途特点等问题,下一阶段转基因作物应用的进展可能会更缓慢。此外,来自现有产品的竞争也不会消失。伴随着改良农艺性状的转基因作物而来的挑战,如欧洲监管进程的停滞不前,也将影响营养改良转基因产品的应用。除此之外,我们还需要更充分的科学研究来证实任何特定食物或成分的益处。为了使功能性食品发挥对公众健康的潜在益处,消费者必须对用于记载健康影响和声明的科学标准有清晰的理解和高度的信心。由于这些决策需要了解植物生物化学、哺乳动物生理学和食品化学，因此需要植物学家、营养学家和食品科学家之间充分的跨学科合作，以确保安全和健康的食品供应。

几个世纪以来，植物除了是一种营养来源外，还是治疗药物的宝贵源泉。然而，在 20 世纪 90 年代，越来越多的研究集中在通过重组 DNA 生物技术来扩大这一源泉。通常，这些研究是将植物和动物作为活体工厂，用于疫苗、治疗药物和其他有价值的产品的商业化生产，如工业酶和生物合成原料。

在医学领域的可能性包括各种各样的化合物，从针对乙型肝炎、诺沃克病毒（Arntzen，1997）、铜绿假单胞菌和金黄色葡萄球菌的可食用疫苗抗原，到预防癌症和糖尿病的疫苗、酶、激素、细胞因子、白细胞介素、血浆蛋白和人 α-1 抗胰蛋白酶。因此，植物细胞能够表达种类繁多的重组蛋白和蛋白复合物。以这种方式生产的治疗药物被称为植物合成药物，而非治疗药物则被称为植物制成的工业产品（Newell-McGloughlin，2006）。

转基因植物衍生药物首次成功应用于人体临床试验的结果于 1988 年发表。它们是预防由大肠杆菌引起的腹泻的可食用疫苗和针对变形链球菌的分泌型单抗，这种单抗被用于预防性免疫治疗以降低龋齿的发生率。哈克（Haq）等人（1995）报道了一种在马铃薯植株中生产抗大肠杆菌肠毒素疫苗的方法，该疫苗可使小鼠对该毒素产生免疫反应。人体临床试验表明，口服接种霍乱弧菌或大肠杆菌这两种密切相关的肠毒素疫苗中的任何一种，都能诱导人体产生抗体，通过阻止细菌与肠道细胞结合来中和各自的毒素。在通过马铃薯培育的诺沃克病毒口服疫苗中也发现了类似的结果。对于发展中国家，他们的目的是用香蕉或番茄来实现此类效果（Newell-McGloughlin，2006）。

植物也比主要的真核细胞生产系统，即用于生产药物的中国仓鼠卵巢细胞更快、更便宜、更方便、更高效。数百平方千米含有蛋白质的种子可以用更低的成本生产出比中国仓鼠卵巢生物反应器工厂多一倍的产量。此外，蛋白质可以在可收获的种子中以最高水平表达，并且研究人员已发现在种子中产生的植物合成蛋白质和酶非常稳定,从而降低了储存和运输成本。转基因技术还可能使目前无法生产的药物的研究成为可能。例如,位于弗吉尼亚州布莱克斯堡的作物技术(CropTech)公司正在研究一种蛋白质,这种蛋白质可能是一种非常有效的抗癌剂。但问题是,这种蛋白质会抑制细胞生长,因此很难在哺乳动物细胞培养系统中产生,而这在植物中应该不是问题。

此外,用植物生产药物的生产规模灵活,可根据不断变化的市场需求进行调整。用植物生产药物也是一个可持续的过程,因为用作原材料的植物是可再生的。该系统还有可能解决向发展中国家的人民提供疫苗的问题。来自这些替代来源的产品不需要所谓的冷链运输和冷藏储存。正在开发的采用口服给药方式的产品消除了对针头和无菌条件的需要,而这些条件通常是偏远地区无法满足的。除了植物系统最优的那些特定应用外,利用植物生产产品还有许多其他优点。许多基于重组蛋白的新药将在未来几年内获得美国食品药品监督管理局的监管批准。随着这些治疗药物通过临床试验和评估,制药业面临着生产能力的挑战。制药公司正在探索以植物为基础的生产,以克服能力限制,使生产复杂的治疗性蛋白质成为可能,并充分实现其生物制药的商业潜力(Newell-McGloughlin,2006)。

11. 动物生物技术

1990 年,当赫尔曼在世界舞台上亮相时,也标志着动物生物技术领域的一个重要里程碑。自布林斯特的"超级小鼠"之后,转基因技术已应用于多个物种,包括绵羊、牛、山羊、猪、兔子、家禽和鱼等农业物种。基因药物公司在荷兰的一个实验室利用早期胚胎培育出来第一头转基因牛赫尔曼。研究人员通过显微注射将编码人乳铁蛋白的基因注射到受精卵中,随后在体外将这些细胞培养至胚胎阶段,并将它们转移到受体牛身上。乳铁蛋白是一种含铁的抗菌蛋白质,对婴儿的生长发育至关重要。由于牛奶不含乳铁蛋白,因此婴儿必须从其他富含铁元素的配方奶或母乳中获取(Newell-McGloughlin,2001)。

123

由于赫尔曼是头公牛，无法提供牛奶，因此这就需要生产母牛，然而这并不是一个简单的过程，需要得到荷兰议会的批准。1992 年，这一措施终于获得了批准，即允许世界上第一头转基因公牛进行繁殖。总部位于莱顿市的基因制药公司用赫尔曼的精子对 60 头母牛进行了人工授精。乳铁蛋白有望成为第一种从牛奶中获得的新一代廉价高科技药物，并将用于治疗艾滋病和癌症等复杂疾病。1994 年，赫尔曼成为至少 8 头母牛犊的父亲，每头小牛都遗传了产生乳铁蛋白的基因。虽然它们的诞生最初被认为是一项科技进步，可能会对发展中国家的儿童产生深远的影响，但其表达水平太低，不具备商业可行性。

到 2002 年，喜欢听说唱音乐放松的赫尔曼已经有了 55 头小牛后代，而且它比小牛们活得都长。根据荷兰的卫生立法，它的后代在实验结束后应该全部被杀死和销毁。随后赫尔曼也被列入了屠宰名单，但为赫尔曼创造历史而自豪的荷兰公众开始抗议，尤其是在一个电视节目播放了这头和蔼可亲的公牛舔小猫的画面之后，抗议更加激烈，最终赫尔曼赢得了议会的赦免。然而，它并没有在舒适的稻草床上听着说唱音乐退休，而是被迫再次服役。现在它是荷兰莱顿市的自然历史博物馆的一个永久性生物技术展览的主角。在它死后，它被制成了标本，永久地留在博物馆里（这种命运类似于 20 世纪 90 年代晚些时候出生的一个更著名的哺乳动物）。

转基因动物研究的应用大致分为两个截然不同的领域，即医疗和农业应用。21 世纪初的重点是开发动物作为生物反应器，使它们的乳汁中产生有价值的蛋白质，这可以同时归为这两个领域。当然，在每一种技术的背后都有一个更基础的应用，那就是将这些技术作为工具，来确定基因表达和动物发育的分子和生理基础。这种方式可以促进技术的创新，以调整开发的路径。

1992 年，欧洲做出了一项比赫尔曼的性生活影响更深远的决定。欧洲的首个转基因动物专利颁发给了对致癌物质敏感的转基因小鼠——哈佛大学的肿瘤小鼠。由于欧洲禁止动物申请专利，因此 1989 年肿瘤小鼠的专利申请被拒绝了。该申请经过修改后，提出了更低的权利要求，并于 1992 年获批。自那以后,这一事件引起了人们的广泛讨论,这一专利一再受到那些反对将人类的利益置于动物痛苦之上的团体的质疑。目前,专利申请人正在等待抗议者对申请的一系列修改的可能的回应。据预测,双方不太可能达成共识,这场法律纠纷将一直持续到未来。

在转基因生物商业化之前,美国食品药品监督管理局批准了重组牛生长激素(recombinant bovine somatotropin, rBST)用于增加奶牛的产奶量,这将动物带入了争议领域。美国食品药品监督管理局的兽医药中心对将用于动物的食品添加剂和药物的生产和销售进行监管。生物技术产品在兽医药中心监管的动物保健品和饲料成分中所占的比例越来越大。该中心要求,来自经过处理的动物的食品产品必须证明可供人类安全食用。申请者必须证明该药物对动物是有效和安全的,并且这种药物的生产不会影响环境。申请者还必须根据美国食品药品监督管理局的新型动物药物研发申请要求来进行地理分散的临床试验,美国食品药品监督管理局通过该申请控制未经批准的化合物在食用动物中的使用。与欧盟内部不同,美国食品药品监督管理局在上市前的药物审批过程中没有考虑可能的经济和社会问题。在此基础上,他们确定了重组牛生长激素的安全性和有效性。根据美国食品药品监督管理局的食品标签法,还确定了不需要对使用重组牛生长激素的奶牛所产的牛奶进行特殊标签,因为使用重组牛生长激素不会影响牛奶的质量或成分。

124

在这 10 年中,关于鱼类的研究进展很快。转基因技术已经被应用于大量水生生物中,包括脊椎动物和无脊椎动物。转基因实验在基因结构和功能的研究、水产养殖生产,以及渔业管理计划中有着广泛的应用。

由于鱼类的繁殖力强,卵子大,不需要重新移植胚胎,因此转基因鱼是比较适合用来研究基因表达的模型。转基因斑马鱼在胚胎发育研究中有很大的应用价值,转基因的表达可以标记细胞谱系,或为研究启动子或结构基因的功能提供基础。虽然不像斑马鱼那样被广泛使用,但转基因青鳉和转基因金鱼也已经被用于启动子功能的研究。这些研究表明,转基因鱼类提供了可用的基因表达模型,可靠地模拟了"高等"脊椎动物的基因表达模式。

也许数量最多的转基因实验针对的是为了解决水产养殖生产的遗传改

良问题。主要的研究领域集中在生长性能上，最初的转基因生长激素鱼类模型已经显示出加速生长和其他有益的表型。DNA 显微注射方法推动了许多已有的研究，而且由于能相对容易地处理鱼类胚胎而取得了有效的成果。温哥华鲍勃·德夫林斯（Bob Devlins）的研究小组已经证明，转入了红鲑鱼生长激素基因的银鲑鱼具有惊人的生长速度。在 6 个月内，这些转基因生物的体型就可以达到同窝同类的 11 倍，且大约只需要一半的生长时间就可以达到性成熟。有趣的是，这种戏剧性的效果只在投料点可以观察到，因为转基因生物的胃口巨大，需要持续喂食。如果让这些鱼自生自灭，必须自己觅食，它们似乎会在竞争中输给更聪明的兄弟姐妹。

125 　　然而，大多数研究，例如，转基因大西洋鲑鱼和斑点叉尾鮰的研究发现其生长速度提高了 30%～60%。除了上述物种外，生长激素基因还被转移到了条纹鲈鱼、罗非鱼、虹鳟鱼、金头鲷、鲤鱼、钝鼻鲷、泥鳅等其他鱼类中。

　　为了提高水产养殖产量，贝类也需要进行转基因育种。引入表达生长激素基因的鲍鱼的生长正在评估中，加速的生长对这种生长缓慢的软体动物的养殖是大有裨益的。一种标记基因被成功地引入罗氏沼虾中，证明了在甲壳类动物中进行转基因操作的可行性，并为涉及影响重要经济性状的基因的工作提供了可能性。在水产养殖的观赏鱼领域，正在进行的工作涉及具有独特颜色或图案的鱼类的开发。目前市场上已经成立了一些公司，以寻求水产养殖转基因产品的商业化。由于大多数水产养殖物种在 2～3 岁时才性成熟，因此大多数转基因品系仍处于发育阶段，尚未在养殖条件下进行性能测试。

　　早期的研究发现甲基法尼酯是甲壳类动物中的一种保幼激素，并确定了其在繁殖中的作用。康涅狄格大学的研究人员开发了同步虾卵生产技术，并提高了所产卵的数量和质量。注射了甲基法尼酯的雌虾受到刺激会产生卵子，为受精做好准备，用该方法产生的卵子数量比传统的去除眼柄腺的方法提高了 180%，这将大大提高水产养殖的效率。

　　许多实验利用转基因来开发在渔业管理中具有潜在效用的遗传系。比如将生长激素基因转移到北方狗鱼、玻璃梭鲈和大口黑鲈中，目的是提高运动性鱼类的生长速度。尽管还没有确定合适的候选基因，但转基因已经被提

出作为减少虹鳟鱼因眩转病而损失的一种选择。佐治亚大学的理查德·温
(Richard Winn)正在开发将转基因鳉鱼和青鳉作为环境诱变剂的生物监测
器,它们携带的噬菌体 phi X174 是突变检测的目标。目前用于渔业管理的转
基因品系的开发还处于早期阶段,通常是亲代(F_0)或 F_1 代。

转基因水生生物在水产养殖和渔业管理中的广泛应用将取决于能否证
明特定的转基因生物是否可以有效和安全地用于环境中。尽管我们目前评
估水生转基因生物的生态和遗传安全的基础知识有限,但美国农业部生物技
术风险评估项目支持的一些早期研究已经取得了成果。奥本大学的雷克
斯·邓纳姆(Rex Dunham)报告的基于室外池塘转基因鲇鱼的研究数据表
明,转基因个体和非转基因个体可以自由交配,转基因个体在未喂食的池塘
中的存活率和生长率等于或低于非转基因个体,并且对捕食者的躲避行为不
受转基因表达的影响。

　然而,毫无疑问,20 世纪 90 年代动物生物技术的开创性事件是伊恩·威 126
尔穆特(Ian Wilmut)的里程碑式工作,他在 1996 年使用核移植技术从胚胎细
胞核中创造了莫拉格(Morag)和梅根(Megan)羊,并在 1997 年 2 月用成体细
胞核创造了多莉羊(Wilmut, 1997),这是真正的开创性工作。随着多莉的诞
生,威尔穆特和他在罗斯林研究所的同事们首次证明,成体细胞核可以移植
到去核的卵子中,从而产生克隆后代。一段时间以来,人们一直认为只有胚
胎细胞才能用作核移植的细胞来源,多莉的诞生打破了人们的这一认知。这
个用成体细胞核克隆动物的案例研究意义重大,因为它证明了卵子的细胞质
具有对成体细胞核进行"重新编程"的能力。当细胞分化,即从原始胚胎细胞
分化到具有明确功能的成体细胞时,它们会失去表达大多数基因的能力,只
能表达细胞分化功能所必需的基因。例如,皮肤细胞只表达皮肤功能所需的
基因,而脑细胞只表达脑功能所需的基因。产生多莉的过程表明,卵子的细
胞质能够对成熟的已分化细胞(只表达与该细胞类型的功能相关的基因)进
行重新编程。这种重新编程的能力能使已分化的细胞核再次表达成年动物
胚胎发育所需的所有基因。自从多莉被克隆出来以来,类似的技术已经被用
来从成年的脊椎动物身上获得的各种供体细胞中克隆出一个动物园,包括老

鼠、牛、兔子、骡子、马、鱼、猫和狗。这些从完全分化的成体细胞中克隆出正常动物的例子证明了细胞核重新编程的普遍性,但在接下来的 10 年里,其中一些假说受到了质疑。

该技术为生产克隆动物和转基因动物提供了技术支持。因此,多莉的成功克隆激发了世界各地研究人员的想象力。这一技术突破能在一些哺乳动物物种的基因工程新程序开发中发挥重要作用。需要指出的是,细胞核克隆是转基因动物研究的一个特别重要的发展,克隆的细胞核来自哺乳动物的干细胞或已分化的成体细胞。近 10 年来,克隆技术快速发展,一个日本小组取得了一些进展,他们没有使用成纤维细胞而是使用卵丘细胞来克隆小牛。他们发现,卵丘细胞和输卵管细胞培养重构卵子发育成囊胚的比例分别为 49%和 23%。这些比值均高于以往研究中从牛胎儿成纤维细胞中移植细胞核的12%。继多莉之后,波莉(Polly)和莫利(Molly)成为第一批通过核移植技术培育出来的转基因羊。波莉和莫利经过基因改造,通过从转染的胎儿成纤维细胞中转移细胞核来产生人类凝血因子IX(用于血友病患者)。在此之前,除小鼠外,人们只有利用 DNA 显微注射才能在哺乳动物中产生具有遗传能力的转基因动物。

127 　　马萨诸塞大学和高级细胞技术公司(位于马萨诸塞州伍斯特市)的研究人员合作,利用类似于生产克隆绵羊的技术,培育出了克隆牛。与绵羊的克隆实验不同,克隆牛的实验涉及从活跃分裂的细胞群中转移细胞核的技术。先前的绵羊实验结果表明,通过减少血清来诱导细胞进入休眠状态是重新编程供体核并成功进行核移植所必需的,后来的牛实验则表明,这一步可能没有必要。

通常情况下,需要显微注射大约 500 个胚胎才能获得 1 头转基因小牛,而核移植可以从 276 个重组胚胎中获得 3 头转基因小牛。这一效率与之前关于绵羊的研究相当,该研究从 425 个重组胚胎中培育出了 6 只转基因羔羊。能在核移植之前对培养中的转基因细胞进行选择的这项技术,为基于小鼠开发的强大的基因靶向技术的应用提供了可能性。然而,使用原代细胞的限制之一是它们在培养中的寿命有限。原代细胞培养,如胎儿成纤维细胞,在衰老之前只能经历大约 30 次群体倍增（duplication）。这种有限的寿命将削弱其进行多轮选择的能力。为了克服细胞衰老的问题，有些研究人员证明了成纤维细胞的寿命可以通过核移植来延长。由基因修饰细胞通过核移植而培育出的胚胎，又可以用来建立第二代胎儿成纤维细胞。然后，这些胎儿成纤维细胞将能够再进行 30 次群体倍增，这将为第二次基因改造的选择提供充足的时间。

如上所述，对于成功的细胞核移植是否需要休眠细胞这一问题，还没有统一的定论。人们最初认为，对供体核进行成功的重新编程的必要步骤之一是诱导其进入休眠状态。然而，克隆小牛已经使用非休眠的胚胎细胞产生了。此外，支持细胞和神经元细胞的细胞核在成年小鼠中通常不分裂，因此移植后没有产生活小鼠；然而，从活跃分裂的卵丘细胞中移植的细胞核确实又产生了克隆小鼠。

在关于塔夫茨山羊的研究中，用于建立胚胎细胞系的胚胎是通过将非转基因雌性山羊与含有人类抗凝血酶（antithrombin，AT）Ⅲ 的转基因雄性山羊交配而产生的，这种抗凝血酶转基因技术能将人类抗凝血酶高水平表达到哺乳期转基因雌性山羊的乳汁中。不出所料，来自雌性胚胎细胞的 3 个后代都是雌性，其中一只克隆山羊在激素的诱导下分泌乳汁。这只山羊的乳汁中有 $3.7 \sim 5.8$ g/L 的抗凝血酶，这一抗凝血酶表达水平与通过自然育种获得的同一品系转基因山羊的乳汁中检测到的抗凝血酶水平相当。

乳汁中抗凝血酶的成功分泌是一个关键结果，因为它表明克隆动物仍然可以合成和分泌外源蛋白，并达到预期水平。假设这 3 只克隆山羊都能以相同水平分泌人类抗凝血酶，那么创造一个完全相同的转基因动物群的目标就会成为现实，并且这种动物可以分泌相同水平的重要药物。由于产自基因相似但不完全相同的动物，所以后代的生产水平将不会存在差异。这种同质性将极大地有助于生产和加工统一的产品。随着核移植技术的不断完善并应用于其他物种，这种技术可能最终会取代显微注射，成为产生转基因家畜的首选方法。

核移植具有许多优点：① 核移植在生产转基因动物方面比显微注射更

128

有效。② 整合的外源 DNA 可以在转基因动物生产之前就检测到其命运。③ 可以预先确定转基因动物的性别。④ 可以消除第一代转基因动物的嵌合体问题。

DNA 显微注射并不是产生转基因哺乳动物的一种非常有效的机制。然而,1998 年 11 月,威斯康星州的一个研究小组报告了一种近乎 100% 有效的方法来生产转基因牛。之前常用来生产转基因牛的方式为:将重组的 DNA 注入受精卵或受精卵的原核中。相比之下,威斯康星州的研究小组是将复制缺陷型的反转录病毒载体注射到未受精卵母细胞的卵黄周隙,卵黄周隙是位于卵母细胞膜和卵母细胞周围被称为透明带的保护层之间的区域。

除了胚胎干细胞外,还可以使用其他来源的供体进行核移植并产生后代,如胚胎细胞系、原始生殖细胞或精原细胞。利用胚胎干细胞或相关方法进行高效和靶向的体内基因操作,为生物医学、生物学和农业应用提供了非常有用的动物模型。通往成功的这条道路是极具挑战性的,但这一领域最近的发展还是非常鼓舞人心的。

12. 替换部件

1999 年 5 月,杰龙(Geron)公司宣布收购由威尔穆特成立的公司罗斯林生物医药(Roslin BioMed),他们宣布这是生物医学研究进入一个新时代的开端。杰龙公司从人类多能干细胞中提取可移植细胞并通过端粒酶扩大其复制能力的技术与罗斯林研究所生产了克隆绵羊多莉的核移植技术相结合,其目标是生产可移植的、组织匹配的细胞,这些细胞可以在不引发免疫排斥的情况下为人类提供更广泛的治疗益处。这种细胞可用于治疗许多主要的慢性退行性疾病和一些病症,如心脏病、脑卒中、帕金森病、阿尔茨海默病、脊髓损伤、糖尿病、骨关节炎、骨髓衰竭和烧伤。

干细胞是在动物体内发现的一种独特且必不可少的细胞类型。研究人员在人体内发现了多种类型的干细胞,其中一些干细胞比其他干细胞的分化程度更高,或具有特定的功能。换句话说,当干细胞分裂时,一些子代细胞分

化为特定类型的细胞(如心肌细胞、肌细胞、血细胞或脑细胞),而另一些则仍
然是干细胞,准备修复我们身体所经历的一些日常磨损。这些干细胞能够不
断地自我繁殖,并在个体的一生中不断产生新组织。例如,它们不断地使肠
道内壁再生,使皮肤恢复活力,并分化产生不同种类的血细胞。尽管"干细
胞"一词通常指的是成年机体内更新组织的细胞(例如造血干细胞,一种在血
液中发现的细胞类型),但最基本和最特殊的干细胞是在早期胚胎中发现的。
与分化程度更高的成体干细胞或其他类型的细胞不同,这些胚胎干细胞保留
了分化成不同类型细胞的特殊能力。胚胎生殖干细胞起源于胚胎发育中的
胎儿的原始生殖细胞,具有与胚胎干细胞相似的特性。

来自早期胚胎的胚胎干细胞和来自死婴组织的胚胎生殖干细胞具有潜
在的、独特的多功能性,在科学研究和治疗前景上呈现出独特的优势。事实
上,科学家们早就认识到利用这种细胞产生更特化的细胞或组织的可能性,
这可以使产生的新细胞用于治疗机体损伤或疾病,如阿尔茨海默病、帕金森
病、心脏病和肾衰竭。同样,科学家认为这些细胞是了解人类早期发育的重
要手段,或许还是必不可少的,也是开发急救药物和细胞替代疗法的重要工
具。这些药物和细胞替代疗法可用于治疗由早期细胞死亡或损伤而引起的
疾病。

1998 年 11 月,杰龙公司与美国威斯康星大学麦迪逊分校[詹姆斯·A.
汤姆森(James A. Thomson)博士]、约翰斯·霍普金斯大学[约翰·D. 吉尔哈
特(John D. Gearhart)博士]的合作者宣布,他们成功获得了人类多能干细胞
的衍生物,其来源有两个:① 来自体外受精囊胚的人类胚胎干细胞(Thomson,
1998)。② 来自医学终止妊娠的胎儿组织的人类胚胎生殖干细胞(Shamblott
et al., 1998)。尽管这两种细胞是由不同的实验过程从不同的来源获得的,
但它们有一些共同的特征,被统称为人类多能干细胞。由于对人类胚胎干细
胞的研究已经比较深入,因此人类多能干细胞的特性最能描述人类胚胎干细
胞的已知特性。

干细胞在两方面代表了巨大的科学进步:第一,作为研究发育和细胞生
物学的工具;第二,作为干细胞治疗方法的起点,开发治疗某些最致命疾病的

129

药物。在研究基本的细胞发育和胚胎发育的基础上,干细胞研究应运而生。通过观察干细胞分化为多种细胞类型的过程,科学家能够更好地了解细胞过程以及当细胞发生故障时修复细胞的方法。通过移植新组织治疗心脏病、动脉粥样硬化、血液疾病、糖尿病、帕金森病、阿尔茨海默病、脑卒中、脊髓损伤、类风湿性关节炎等许多其他疾病,干细胞治疗是一种极具潜力的革命性治疗方式。通过使用干细胞,科学家们也许能够培养出人类皮肤细胞来治疗皮肤伤口和烧伤。而且,研究干细胞还将有助于理解生育障碍。许多患者和科学机构都认识到了干细胞研究的巨大潜力。

130 　　另一种可能的治疗技术是"定制"干细胞的产生。研究人员或医生可能需要开发一种特殊的细胞系,这种细胞系包含疾病患者的DNA。通过使用一种名为"体细胞核移植"的技术,研究人员可以将患者的细胞核移植到去核的正常人类卵子中。然后,这种经过改造的细胞可以被激活形成囊胚,从中可以衍生出定制的干细胞系,用于治疗被提取细胞核的个体。通过使用患者自己的DNA,干细胞系将是完全相容的,当干细胞重新输回该患者进行治疗时,患者身体不会产生排斥反应。

　　目前研究人员正在对不需要使用人类卵母细胞就能产生多能胚胎干细胞的其他方法进行初步研究。人类卵母细胞的数量可能无法满足数百万潜在患者的需求。然而,目前还没有同行评议的论文来判断动物卵母细胞是否可以用来制造"定制的"人类干细胞,以及它们是否可以在现实的时间尺度上被开发出来。正在考虑的其他方法还包括使用细胞质样培养基的早期实验研究,这可能使实验室培养成为一种可行的方法。

　　在更长的时间线上,人们有可能使用复杂的基因修饰技术消除外源细胞中主要的组织相容性复合体和其他细胞表面抗原,以制备具有更低排斥反应可能性的主干细胞系。这可能会促进通用的供体细胞库或多种类型的供体细胞库的开发,使所有患者都能受益。然而,人类免疫系统对许多微小的组织相容性复合体都很敏感,免疫抑制治疗会带来危及生命的并发症。

　　干细胞在帮助新药和生物制剂的研究和开发方面也显示出巨大的潜力。现在,干细胞可以作为正常人类分化细胞的来源,用于药物筛选和测试、药物毒理学研究和识别新的药物靶点。在从干细胞中培养出的人类细胞系中评估药物毒性的能力,可以显著降低在动物模型中测试药物安全性的需要。

干细胞还有其他来源,包括在血液中发现的干细胞。最近的研究报告指出,可以从脊髓内膜中分离出用于大脑的干细胞。其他研究报告表明,已经分化成一种类型细胞的干细胞也可以变成其他类型的细胞,特别是有潜力成为血细胞的脑干细胞。然而,这些研究报告描述的是非常早期的细胞研究,我们对此知之甚少,因此我们应该继续对所有类型的干细胞进行基础研究。一些宗教领袖主张,研究人员应该只使用某些类型的干细胞。然而,由于人类胚胎干细胞具有分化为人体内任何类型细胞的潜力,因此任何研究途径都不应该被取消。相反,我们必须找到一种好的方法,在解决可能引发的伦理问题的同时,促进所有使用干细胞的研究的开展。

20 世纪 90 年代末,威斯康星州麦迪逊市发生了另一起影响深远且与此密切相关的事件。直到 1998 年 11 月,分离小鼠以外的哺乳动物的胚胎干细胞还是难以实现的,但在 1998 年 11 月 5 日,威斯康星大学麦迪逊分校的发育生物学家汤姆森在《科学》杂志上发表的一篇论文成为重要转折点,他首次成功地分离、培养了人类胚胎干细胞。这一发现实现了研究对象从小鼠到人的一个重要飞跃。正如汤姆森自己所说,这些细胞不同于迄今为止分离的所有其他人类干细胞,作为所有细胞类型的来源,它们在移植医学、药物开发以及人类发育生物学研究中有着巨大的应用前景。新世纪正在迅速实现这一愿景。

131

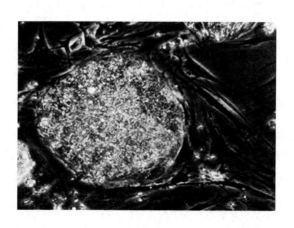

13. 芯片

当斯蒂芬·福多尔在 2003 年被问及："你如何真正将人类基因组序列转化为知识？"他从昂飞公司的角度回答说："这是一项技术开发任务。"他认为，俗称为 affyChips 的芯片相当于基因组的只读存储光盘，它们从基因组中获取信息并将其记录下来。从文特尔早期的无害环境技术和之前描述的不那么强大的算法开始，该公司已经走了很长的路。

新一代更复杂的芯片揭示了一个令人惊讶的事实，即有 30%～35% 的非重复 DNA 被表达，而人们普遍认为只有 1.5%～2% 的基因会被表达。由于这些序列大部分没有蛋白质编码能力，因此它们很可能具有调节功能。与天体物理学作比较，这通常被称为"基因组的暗物质"，对许多人来说，就像暗物质一样，它们是揭开神秘基因组最令人兴奋和最具挑战性的方面。它们可能是，而且很可能是，涉及调节功能、网络或发育的因素。就像物理学的暗物质一样，它们可能会改变我们对基因到底是什么或不是什么的整体概念！由于乔治·比德尔和爱德华·塔特姆对蛋白质世界的谨慎观点不再成立，这就使芯片设计变得更加复杂。根据特定转录本中存在的序列，理论上可以设计一组探针来唯一地区分该变体。以 DNA 层面本身作为一个诊断系统，在非常基本的水平上观察表达或不表达的变异有很大的潜力，但最终真正的价值是通过观察非编码序列变异对转录组本身的影响而获得的信息。

昂飞公司的子公司——珀尔根公司负责对重要或无关的预测模型进行微调。珀尔根公司成立于 2000 年底，旨在加速开发高分辨率全基因组的扫描技术。他们一直坚持着这个纯粹的目标，套用《天网》里乔·弗雷迪（Joe Friday）警官的话，他们专注于 DNA 且只关注 DNA。珀尔根公司的真正起源要归功于其联合创始人之一的一个愿望，即使用 DNA 芯片来帮助人们理解遗传疾病背后的秘密。布拉德·马尔格斯（Brad Margus）的两个儿子患有一种罕见的疾病——共济失调毛细血管扩张症（ataxia telangiectasia，A-T）。A-T 是一种进行性的、神经退行性的儿童疾病，会影响大脑和其他身体系统。

针对真核生物靶标标记的基因芯片探针阵列

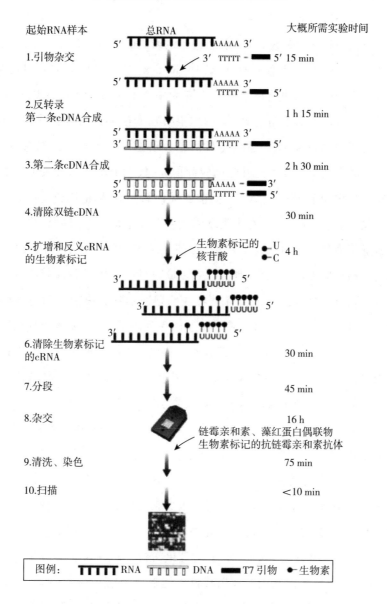

起始RNA样本	总RNA	大概所需实验时间
1.引物杂交		15 min
2.反转录 第一条cDNA合成		1 h 15 min
3.第二条cDNA合成		2 h 30 min
4.清除双链cDNA		30 min
5.扩增和反义cRNA 的生物素标记	生物素标记的 核苷酸	4 h
6.清除生物素标记 的cRNA		30 min
7.分段		45 min
8.杂交	链霉亲和素、藻红蛋白偶联物 生物素标记的抗链霉亲和素抗体	16 h
9.清洗、染色		75 min
10.扫描		<10 min

图例：　　RNA　　DNA　　T7 引物　　生物素

这种疾病的最初症状包括运动技能发育迟缓、平衡能力差和口齿不清，通常发生在生命的前 10 年。毛细血管扩张症状（微小的红色"蜘蛛"静脉）在眼角或耳朵和脸颊表面出现，是这种疾病的特征之一，但这并不总是存在。许多患有 A-T 的人免疫系统较弱，容易反复发生呼吸道感染。大约 20% 的 A-T

患者会患上癌症,最常见的是急性淋巴细胞白血病或淋巴瘤,这表明患者的免疫系统预警能力受到了损害。

对于任何科学家来说,有一个这么近距离的研究目标都是一个强大的动力。他的联合创始人戴维·考克斯(David Cox)是一名博学的儿科医生,在儿科方面所受的训练使他在开发以患者为中心的工具时可以应用马尔格斯所提供的信息。从这个角度来看,珀尔根公司的使命是与合作伙伴一起,改良或改进药物,揭示疾病的遗传基础。他们创造了一种全基因组关联方法,使他们能够在几个月而不是几年的时间内,在数千个病例和对照中对数百万个独特的 SNP 进行基因分型。正如前面提到的,SNP 标记比微卫星标记更适合用于关联研究,因为它们在人类基因组中含量丰富,突变率低,并且可以进行高通量基因分型。由于大多数疾病,甚至是对药物干预引起的反应,都是多种遗传和环境因素相互作用的产物,因此改进疾病鉴别和诊断的方法是一项挑战,而且更重要的是,开发有针对性的靶向治疗。由于复杂疾病中涉及的突变是概率性的,也就是说,除了单基因序列的变异外,临床表现还取决于许多因素,任何特定突变的影响都较小。因此,只有在从普通人群中抽取的大量患者样本和对照样本中寻找不同频率的变异才能揭示这种效应。这些SNP 模式的分析为帮助实现这一目标提供了一个强大的工具。

虽然大多数双等位 SNP 都很罕见,据估计,只有 500 多万个常见的 SNP,每个的出现频率为 10%～50%,但他们占了人类 DNA 序列差异的大部分。这样的 SNP 在人类基因组中大约每 600 个碱基对就出现一次。正如从连锁不平衡研究中所预期的那样,在物理上非常接近的这些 SNP 区块中的等位基因通常是相关的,这导致其遗传变异性降低,同时定义了有限数量的 SNP 单体型,每一种 SNP 单体型都反映了它是单一古老祖先染色体的后代。2001年,考克斯的研究小组利用一些老式体细胞遗传学的高精度扫描,构建了 21号染色体的 SNP 图谱。令人惊讶的发现是单体型多样性块的有限性,其中全球 80% 以上的人类样本通常只需要由 3 种常见的单体型表征(有趣的是,每种单体型在受检人群中的流行率为 50：25：12.5)。由此可以得出结论,通过比较无关病例和对照人群中遗传变异的频率,关于遗传关联的研究就可以

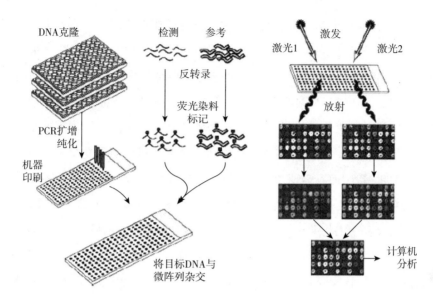

识别出在疾病发生过程中人类基因组发挥重要作用的特定单体型,而不需要了解潜在序列的历史或来源,随后他们证明了这一猜想。

　　在考克斯等人将 21 号染色体"阻断"为特征单体型的这一开创性工作之后,来自南加利福尼亚大学的陈添(Tien Chen)参观了考克斯的实验室。在这次访问之后,陈添的团队开发了识别算法,该算法利用了单体型块结构可以由低不平衡的短区域隔开,从而被分解成具有高度连锁不平衡和相对有限的单体型多样性大块的特点。这一观察结果的实际意义是,正如考克斯所建议的那样,在所有他们称为"标签"的 SNP 中,只有一小部分可以被选择用于绘制导致复杂人类疾病的基因图谱,这可以显著减少基因分型的工作量,而且不会造成太大的损失。他们开发了将单体型划分为区块的算法,使整个染色体上的标签 SNP 数量最少。2005 年,他们在研究报告里提到,他们已经开发了一套优化的程序来分析这些区块连锁不平衡模式,并选择相应的标签 SNP,从而为给定的标准选择最少数量的标签。此外,更新后的程序可以分析来自无亲缘关系的个体和一般谱系的单体型数据以及基因型数据。

　　珀尔根公司随后使用了一种类似于 10 多年前理查德·米歇尔莫尔(Richard Michelmore)在植物中进行的整体分离分析方法,将这些 SNP 单体型和统计概率工具用来估计由多基因编码的、具有特定复杂性状的总遗传变

135

异性,其中任何单个基因占该性状总体变异性的比例不超过几个百分点。考克斯团队已经确定,在测试大量 DNA 时使用非常严格的显著性水平,并且在样本总数不足 1000 的条件下,该工具也能提供足够的能力来识别只占复杂性状整体遗传变异百分之几的基因。由此可以确定导致复杂疾病或治疗反应可变性的主要遗传风险因素。因此,虽然单一的遗传风险因素不能很好地预测治疗结果,但对治疗反应或常见疾病的大部分风险因素的总和可以用于优化个性化治疗,而不需要了解疾病的潜在机制。他们认为,如果要对药物反应或疾病易感性做出可重复的预测,就需要有一个饱和的覆盖水平,而走捷径在很大程度上将导致一个不完整的或与临床无关的结果。

2005 年,海因兹(Hinds)等人在《科学》杂志上描述了更为夸张的进展。他们描述了一个公开可用的全基因组数据集,其中包括 158 万个常见的 SNP,这些数据已经在来自 3 个人群样本共计 71 人中进行了准确的基因分型。国际单体型图谱项目已经生成了第二个公共数据集,其中包括 270 个人的超过 100 万个 SNP。这两个公开的数据集,结合多种快速且便宜的 SNP 基因分型新技术,正在为涉及人类常见基因变异的全面关联研究铺平道路。

珀尔根公司基本上把福多尔创建昂飞公司的理由提升到了一个新的水平,基因组学革命的下一步是需要了解遗传变异性及其在健康和疾病中的相关性。当然,这种覆盖水平的另一个有趣的方面是,基于种族、起源中心等的离散可识别群体的概念被瓦解了,图谱是在所有人群中出现的一系列变化,这使得珀尔根公司的芯片在某种程度上真正统一了人类,但在另一层面上则为医疗保健组织增加了一层复杂性!

在世纪之交,这种个性化的芯片治疗方法在一个密切相关的疾病领域得到了更简单的验证,怀特黑德生物医学研究所的研究人员在使用 DNA 芯片,根据不同细胞群中的基因表达模式来区分不同形式的白血病时,发现有 1/5 的 A-T 患者最终死于这种疾病。美国国家癌症研究所的主要目标是将癌症诊断从基于视觉的系统转移到基于分子的系统。在这项研究中,科学家们使用 DNA 芯片检测了两种不同类型的急性白血病(急性髓系白血病和急性淋巴细胞白血病)患者骨髓样本中的基因活性。随后,使用怀特黑德生物医学研究所开发的算法,他们识别出了可以区分这两种急性白血病类型的特征模式。当他们将芯片的诊断结果与两种急性白血病中已知的差异基因进行交叉比较时,发现芯片方法可以自动区分急性髓系白血病和急性淋巴细胞白血病,而不需要事先知道这两种类型。这项研究的领导者埃里克·兰德说,这项研究将其提升到一个超越珀尔根公司最初目标的水平,不仅要绘制基因组中的内容,还要绘制基因组中内容的功能,这是理解并最终治愈癌症和其他疾病的真正秘密。

2003 年,在寻找严重急性呼吸综合征(SARS)病因方面,芯片发挥了关键作用,其主要贡献者因此获得了麦克阿瑟天才奖,并得到了世界同行的认可。加利福尼亚大学旧金山分校的助理教授约瑟夫·德里西因开发在线 DIY(自己动手做)芯片而在科学界闻名于世,他在斯坦福大学帕特·布朗的实验室里构建了一个基因微阵列,其中包含所有已知的全测序病毒(共有 12 000 个),并使用他自己定制的机械臂,在 3 天的时间里,将从 SARS 患者身上分离出的病原体归为一种新型冠状病毒。当已知的脊椎动物冠状病毒光谱上出现一整个星系的点时,德里西知道这是一个新的变种。有趣的是,该序列与禽传染性支气管炎病毒的信号最为接近。随后,他的工作引导流行病学家将目标锁定在花面狸身上,这是一种树栖动物,长着鼬鼠脸和猫一样的身体,可能是该病毒的主要宿主。德里西在加利福尼亚大学旧金山分校的团队在确定冠状病毒为 SARS 的疑似病因方面所起的作用引起了全国媒体的注意,当时疾病预防控制中心主任朱莉·格贝尔丁(Julie Gerberding)博士在 2003 年 3 月 24 日的新闻发布会上表彰了德里西,2004 年德里西被授予令人梦寐以求的麦克阿瑟天才奖。

从人类基因组序列中收集到的信息以及在细胞和分子生物学中的补充发现使得这样或那样的新工具不断出现。基因表达谱和蛋白质组学分析等新工具正在融合,最终表明快速可靠的诊断和"合理的"药物设计在疾病研究中具有光明的未来。

另一种让人对 SARS 死亡相关病毒产生了解的方式得益于世纪之交的合理药物设计。流感是一种由多种病毒引起的急性呼吸道感染。每年有多达 4000 万美国人会患上流感，平均约有 15 万人会住院治疗，并有 1 万～4 万人会死于流感及其并发症。由于缺乏针对所有流感病毒株的活性、不良副作用的了解，而且病毒耐药性的发展很快，目前针对流感的治疗方法受到了限制。通过医疗就诊、生产力损失和工资损失，流感每年给美国造成高达 146 亿美元的损失。至少我们仍然把它视为一种讨厌的东西，我们很清楚地记得，1918 年和 1919 年的西班牙大流感导致超过 2000 万人的死亡，使其成为历史上最严重的流行性传染病，甚至超过了中世纪臭名昭著的黑死病。随着令人恐惧的 H5N1 禽流感毒株（H 代表血凝素，N 代表神经氨酸酶）有可能发生变异，并将人类视为理想的宿主，这种恐惧被重新点燃。众所周知，由于 RNA 病毒在复制过程中存在缺陷，这种加速的进化过程使其在适应新环境时具有明显的优势，从而利于找到更适合的宿主。

虽然有灭活流感疫苗可用，但它们的效果并不理想，部分原因是它们诱导局部 IgA（免疫球蛋白 A）和细胞毒性 T 细胞反应的能力有限。21 世纪，我们对治疗和预防流感的选择有了更多的希望。目前正在进行的冷适应性流感活疫苗临床试验表明，这种疫苗的减毒效果最佳，它们不仅不会引起流感症状，还能诱导保护性免疫。阿维龙（Aviron）公司（位于美国加利福尼亚州山景城）、生物化学制药（BioChem Pharma）公司（位于加拿大魁北克省拉瓦尔）、默克公司（位于美国新泽西州怀特豪斯站）、企隆公司（位于美国加利福尼亚州爱莫利维尔）和科特克斯（Cortecs）公司（位于英国伦敦）在世纪之交都有流感疫苗投入临床试验，其中一些是鼻吸或口服的。与此同时，吉利德科学（Gilead Sciences）公司（位于美国加利福尼亚州福斯特城）和罗氏公司（位于瑞士巴塞尔）以及葛兰素史克（GlaxoSmithKline）公司（位于英国伦敦）的团队于 2000 年向市场推出了阻止流感病毒复制的神经氨酸酶抑制剂。

吉利德科学公司是最早推出抗流感药物的生物技术公司之一。达菲（Tamiflu，磷酸奥司他韦）是神经氨酸酶抑制剂，也是这种新型药物中的第一种流感药，对所有常见的流感病毒株都有效。神经氨酸酶抑制剂通过靶向流感病毒两个主要表面结构中的一个位点来阻止病毒复制，从而阻止病毒感染新细胞。据发现,神经氨酸酶突出于流感病毒 A 型和 B 型这两种主要流感病毒的表面。它使新形成的病毒颗粒在体内从一个细胞传播到另一个细胞。达菲设计的目的是用来防止所有常见的流感病毒株的复制。这种复制过程是导致流感病毒感染者症状恶化的原因。通过使神经氨酸酶失活,病毒复制就会停止,流感病毒就会停止传播。

与新治疗药物漫长的临床试验过程形成鲜明对比的是,达菲从构思到应用的过程非常迅速。1996 年,吉利德科学公司和罗氏公司达成合作协议,共同开发和推广这种能够治疗和预防病毒性流感的治疗药物。1999 年,作为吉利德科学公司的全球开发和营销合作伙伴,罗氏公司主导了达菲的最终开发。1999 年 4 月,也就是第一名患者在临床试验中服用达菲 26 个月后,罗氏公司和吉利德科学公司宣布向美国食品药品监督管理局提交治疗流感的新药申请。此外,罗氏公司于 1999 年 5 月初根据集中程序在欧盟提交了上市许可申请。6 个月后,也就是 1999 年 10 月,吉利德科学公司和罗氏公司宣布,美国食品药品监督管理局批准了达菲用于成人甲型和乙型流感的治疗。这些努力进一步快速地推进了达菲在 1999—2000 年流感季节及时进入美国市场。吉利德科学公司的一项研究显示,当疫苗与神经氨酸酶抑制剂联合使用时,其疗效从单独使用疫苗时的 60% 提高到了 92%。除美国以外,阿根廷、巴西、加拿大、墨西哥、秘鲁和瑞士也都批准了使用达菲治疗甲型和乙型流感。欧洲权威机构正在对达菲的上市许可申请进行监管审查。2006 年,H5N1 禽流感毒株在亚洲肆虐,穿过东欧来到法国的一户农家,人们形容它是一种不受欢迎的带翅膀迁徙的偷渡者,而且没有相应的疫苗。达菲虽然还没有针对这种毒株进行测试,但却被视为最后一道防线被大量储存,其专利生产权就像炼金术士的配方一样被争夺。

达菲的主要竞争对手扎那米韦以瑞乐砂(Relenza)的名称上市,是葛兰素史克公司和学术合作伙伴利用基于结构的药物设计方法开发的一组分子中的一个,这种药物设计方法是靶向流感病毒神经氨酸酶表面糖蛋白的一个区域,该区域在不同菌株之间高度保守。葛兰素史克公司已申请在欧洲和加拿大上市销售瑞乐砂。

138

美国食品药品监督管理局加快药品审批的时间表在 2001 年开始见效，它对诺华公司（Novartis）生产的格列卫（Gleevec）的评估只用了 3 个月，而标准的评估时间是 10～12 个月。在 21 世纪，生物疗法的财富不断增加的另一个因素是早期成功所带来的惊人利润。2003 年，在旧金山南部的基因泰克公司 33 亿美元的收入中，有 19 亿美元来自肿瘤产品，主要是用于治疗非霍奇金淋巴瘤的单克隆抗体药物利妥昔单抗美罗华（Rituxan）和用于治疗乳腺癌的曲妥珠单抗赫赛汀（Herceptin）。事实上，赫赛汀和格列卫这两种最早使用新工具进行合理设计的抗癌药物已经被证明是成功的了，格列卫是一种治疗某些类型白血病的小分子化疗药物，其他药物，如治疗结肠癌的阿瓦斯汀（Avastin，一种抗血管内皮生长因子）和爱必妥（Erbitux）已经在追随它们的脚步。格列卫在利用信号转导途径治疗癌症方面处于领先地位，因为它阻断了酪氨酸激酶的一种突变形式（20 世纪 60 年代被称为费城染色体易位），这种突变形式有助于引发失控的细胞分裂。

根据在线通信风险播报员（VentureReporter）的数据，在 2003 年第三季度筹集风险投资的生物技术公司中，约有 25% 将癌症列为主要关注的领域。根据美国药物研究和制造商协会的数据，到 2002 年，有 402 种治疗癌症的药物正在开发，而 1996 年只有 215 种。癌症研究的另一个新途径是联合用药。例如，惠氏（Wyeth）公司的吉妥单抗麦罗塔（Mylotarg）将抗体与化疗药物联系起来，并定位于急性髓系白血病细胞上的 CD33 受体。开发这种药物需要生物化学、细胞生物学和免疫学方面的专业知识。尽管药物开发总体上受到了公司并购、几次引人瞩目的失败和 21 世纪初美国经济不稳定的不利影响，但在癌症研究和开发方面还是创造了一些亮点。

随着新世纪的到来，包括微软（Microsoft）公司的比尔·盖茨（Bill Gates）和美国总统克林顿在内的形形色色的观察家都预测，21 世纪将是"生物学的世纪"。到 1999 年，各大研究机构和大型公司正在进行的许多项目和倡议已经证实了这一论断。这些倡议开创了生物研究的新时代，预计将产生与工业革命和以计算机为基础的信息革命相似的巨大技术变革。

🧬 参考文献

Adams MD，Kelley JM，Gocayne JD，Dubnick M，Polymeropoulos MH，Xiao H，Merril CR，Wu A，Olde B，Moreno RF，Kerlavage A，McCombie W（1991）Complementary DNA sequencing：Expressed sequence tags and human genome project. Science 21：1651-1656

Altschul SF，Gish W，Miller W，Myers EW，Lipman DJ（1990）Basic local alignment search tool. J Mol Biol 215：403-410

Arntzen CJ（1997）High-tech herbal medicine：Plant-based vaccines. Nat Biotechnol 15：221-222

Berg P，Baltimore D，Brenner S，Roblin R，Singer M（1975）Asilomar conference on recombinant DNA molecules. Science 188：991-994.

Berg P，Baltimore D，Boyer HW（1974）Potential biohazards of recombinant DNA molecules. Science 185：303.

Bodmer WF（1991）HUGO：The Human Genome Organization. FASEB J 5(1)：73-74

Brennan FR，Bellaby T，Helliwell SM，Jones TD，Ka-mstrup S，Dalsgaard K，Flock JI，Hamilton WDO（1999）Chimeric plant virus particles administered nasally or orally induce systemic and mucosal immune responses in mice. J Virol 73：930-935

Brenner S（1990）The human genome：The nature of the enterprise. In Human Genetic Information：Science，Law and Ethics. Ciba Found Symp 149：6-12

Charles C（1990）Orchestrating the Human Genome Project. Science 248(4951)：49-51

Cohen AS，Najarian DR，Karger BL（1990）Separation and analysis of DNA sequence reaction products by capillary gel electrophoresis. J Chromatogr 516(1)：49-60

DellaPenna D（1999）Nutritional genomics：Manipulating plant micronutrients to improve human health. Science 285：375-379

Dickman S，Aldhous P（1991）Helping Europe compete in human genome research. Nature 350(6316)：261

Dickson D（1989）Genome project gets rough ride in Europe. Science 243：599 Down Memory Lane，Nature S1，2006

Green P，Helms C，Weiffenbach B，Stephens K，Keith T，Bowden D，Smith D，Donis-Keller H（1989）Construction of a linkage map of the human genome，and its application to mapping genetic diseases. Clin Chem 35（7 Suppl.）：B33-B37

Heiger DN，Cohen AS，Karger BL（1990）Separation of DNA restriction fragments by high performance capillary electrophoresis with low and zero crosslinked polyacrylamide using continuous and pulsed electric fields. J Chromatogr 516(1): 33-48

Hillier LD, Lennon G, Becker M, BonaldoMF, ChiapelliB, Chissoe S, et al. (1996) Generation and analysis of 280,000 human expressed sequence tags. Genome Res 6: 807-828

King DS (1999) Preimplantation genetic diagnosis and the 'new' eugenics. J Med Ethics 25: 176-182

Leslie R, Davenport RJ, Pennisi E, Marshall E (2001) A history of the Human Genome Project. Science 291(5507): 1195 (in News Focus)

Lewontin R (2000) It Ain't Necessarily So: The Dream of the Human Genome and Other Illusions. New York Review of Books

Luckey JA, Drossman H, Kostichka AJ, Mead DA, D'Cunha J, Norris TB, Smith LM (1990) High speed DNA sequencing by capillary electrophoresis. Nucleic Acids Res 18(15): 4417-4421

Marshall E (1995) A strategy for sequencing the genome 5 years early. Science 267: 783-784

Mason HS, Ball JM, Shi JJ, Jiang X, Estes MK, Arntzen CJ (1996) Expression of norwalk virus capsid protein in transgenic tobacco and potato and its oral immunogenicity in mice. Proc Natl Acad Sci USA 93: 5335-5340

McCormick AA, Kumagai MH, Hanley K, Turpen TH, Hakim I, Grill LK, Tusé D, Levy S, Levy R (1999) Rapid production of specific vaccines for lymphoma by expression of the tumor-derived single-chain Fv epitopes in tobacco plants. Proc Natl Acad Sci USA 96: 703-708

NAS (1987) National Academy of Sciences. Introduction of Recombinant DNA-engineered Organisms into the Environment: Key Issues. National Academy Press, Washington, D.C.

Newell-McGloughlin M (2006) Functional Foods and Biopharmaceuticals: The Next Generation of the GM Revolution in Let Them Eat Precaution, Jon Entine, Ed. published by AEI Press, pp 163-178

Newell-McGloughlin M, Burke J (2001) Biotechnology: A Review of Technological Developments, Publishers Forfas, Dublin, Ireland

Potrykus I (1999) Vitamin-A and iron-enriched rices may hold key to combating blindness and malnutrition: a biotechnology advance. Nat Biotechnol 17: 37

Rabinow P (1999) French DNA: Trouble in Purgatory, University of Chicago Press, Chicago, pp 201

140

Ridley M（2000）Genome：The Autobiography of a Species in 23 Chapters，Harper Collins，New York

Shamblott，Shamblott M，Axelman J，Wang S，Bugg EM，Littlefield JW，Donovan PJ，Blumenthal PD，Huggins GR，Gearhart JD（1998）Derivation of pluripotent stem cells from cultured human primordial germ cells. PNAS 95：13726-13731

Sijmons PC，Dekker BMM，Schrammeijer B，Verwoerd TC，van den Elzen PJM，Hoekema A（1990）Production of correctly processed human serum albumin in transgenic plants. Bio/Technology 8：217-221

Staub J，Garcia B，Graves J，Hajdukiewicz P，Hunter P，Nehra N，Paradkar V，Schlittler M，Carroll J，Spatola L，Ward D，Ye G，Russell D（2000）High-yield production of a human therapeutic protein in tobacco chloroplasts. Nat Biotechnol 18：333-338

Sulston J，Ferry G（2002）The Common Thread：A Story of Science，Politics，Ethics and the Human Genome. National Academies Press

Swerdlow H，Wu SL，Harke H，Dovichi NJ（1990）Capillary gel electrophoresis for DNA sequencing. Laser-induced fluorescence detection with the sheath flow cuvette. J Chromatogr 516(1)：61-67

Terashima M，Murai Y，Kawamura M，Nakanishi S，Stoltz T，Chen L，Drohan W，Rodriguez RL，Katoh S（1999）Production of functional human alpha 1-antitrypsin by plant cell culture. Appl Microbiol Biotechnol 52：516-523

Thomson JA，Itskovitz-Eldor J，Shapiro SS，Waknitz MA，Swiergiel JJ，Marshall VS，Jeffrey MJ（1998）Embryonic stem cell lines derived from human blastocysts. Science 282：1145-1147

Ursin V（2000）Genetic modification of oils for improved health benefits，Presentation at conference，Dietary Fatty Acids and Cardiovascular Health：Dietary Recommendations for Fatty Acids：Is There Ample Evidence? American Heart Association，Reston，VA，June 5-6

Verwoerd TC，van Paridon PA，van Ooyen AJJ，van Lent JWM，Hoekema A，Pen J（1995）Stable accumulation of *Aspergillus niger* phytase in transgenic tobacco leaves. Plant Physiol 109：1199-1205

Wald NJ，Kennard A，Densem JW，Cuckle HS，Chard T，Butler L（1992）Antenatal maternal serum screening for Down's syndrome：Results of a demonstration project. Br Med J 305：391-394

Wilmut I，Schnieke AE，McWhir J，Kind WAJ，Campbell KHS，（1997）Viable offspring derived from fetal and adult mammalian cells. Nature 385：810

第 5 章

飞向无限和超越 2000—∞

1. 超级模型

戴维·巴尔的摩在《自然》杂志上介绍了人类基因组的"公共"版本,该版本与《科学》杂志的"私人"版本同时发表。在这篇介绍中,一个不喜欢夸张的人变得抒情了起来,巴尔的摩指出:"在过去的 40 年里,我看到了很多令人兴奋的生物学成果。但当我第一次读到这篇发表在本期杂志第 860 页的描述人类基因组轮廓的论文时,我仍然感到毛骨悚然。并非很多问题都得到了明确的答案——就概念上的影响而言,它无法与沃森和克里克在 1953 年描述 DNA 结构的论文相提并论。然而,它是一篇开创性的论文,开启了后基因组科学时代。"

随着基因组迎来了 21 世纪的真正开端,后基因组时代由此开启。实际上,尽管没有经受住巴尔的摩的热情,但在某种程度上,这是最新的"模式"生物,它加入了越来越多相互关联的物种清单,每个物种都可以为有关其他物种的工作提供参考信息。这些极具价值的模式生物的完整基因组序列来自酿酒酵母(1997 年 5 月)、秀丽隐杆线虫(1998 年 12 月)、黑腹果蝇(2000 年 3 月)和拟南芥(2000 年 12 月)。

新的千年(或上个千年的最后一年,取决于个人的观点)开始于一项意料之中的宣布：人类基因组计划比原计划提前 5 年完成了生命之书的第一个完整序列。虽然毫无疑问它仍然是一个工作草案，但这是人类努力完成的一项重大壮举，代表了人类状况的所有最好和最坏的方面都被编码在这个主题中。这一冒险为理查德·道金斯（Richard Dawkins）的"自私基因"提供了佐证，标志着前所未有的、自相矛盾的合作和竞争，有时甚至在同一组织内也如此。

　　在被不断发展的戏剧性事件所掩盖之前，一些事件本身就很重要，它们是千禧年的合理标志。2006 年早些时候，来自英国桑格研究中心的团队与德国的研究团队和基因组学研究所的合作者一起发表了脑膜炎奈瑟菌（*Neisseria meningitidis*）不同菌株的序列，这种细菌会导致许多脑膜炎病例（在撒哈拉以南的非洲每年的患者数量高达 25 万例）。研究的两个菌株具有不同的特性，对比这两种序列可以寻找新的疫苗靶标。巴黎的巴斯德研究所与桑格研究中心的团队合作，共同破译了麻风病这种更古老瘟疫的致病菌——麻风分枝杆菌（*Mycobacterium leprae*）。麻风分枝杆菌在实验室中极难生长，在这种情况下，基因组数据有望加快对这种病原体的研究。更重要的是，由伯克利果蝇基因组小组牵头，与塞莱拉公司进行独家合作，在 2000 年 3 月 24 日的《科学》杂志上报道了黑腹果蝇基因组的测序和注释（含基因）研究（Kornberg，2000）。

142

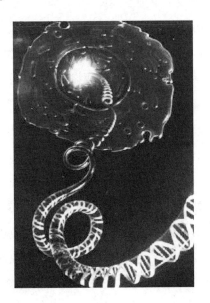

这项注释的结果在名为"牛虻"（GadFly）的果蝇基因组注释数据库中公开发布了。该数据库可以通过基因名称、亚细胞区域、分子功能或蛋白质结构域进行查询。随着技术的进步，现在可以使用其新的 Java 显示工具 GeneScene 以图形方式浏览带注释的基因组。合作者使用了文特尔的全基因组枪式测序策略，并得到了基于克隆的测序和细菌人工染色体物理图谱基因组学支持。果蝇的实际测序工作始于 1999 年 5 月，并于当年 9 月完成。组装工作在接下来的 4 个月中进行，并于 12 月完成。

在许多方面，这只是果蝇作为高等生物体的模式生物统治了 90 多年的最新篇章。它始于 1907 年，当时托马斯·亨特·摩尔根试图反驳孟德尔遗传、染色体理论和达尔文自然选择概念等关于新物种出现的小假设，结果发现这 3 种假设都得到了无可辩驳的证实。通过对普通果蝇，即黑腹果蝇的大量繁殖，他希望能发现代表新物种出现的大规模突变。结果，当他的白眼突变体遵循了孟德尔的分离规律，并与后来被确定的性染色体共存时，摩尔根证实了孟德尔的遗传定律和基因位于染色体上的假说。他由此开创了经典的实验遗传学。该模式生物的测序为这个领域的一些数据提供了验证，同时也产生了一些独特的见解。

基因组的初步统计显示果蝇有 13 601 个基因。这些基因中有数千个是全新的研究对象，其功能仍有待确定。但最引人瞩目的直接结果是研究人员发现了大量与人类基因相似的基因。一项对 269 个已测序的人类基因（这些基因的突变与疾病有关）的调查表明，其中 177 个基因在果蝇基因组中有密切相关的基因。这些基因包括与神经系统疾病有关的基因，如脊髓小脑共济失调和肌肉萎缩症；p53 肿瘤抑制基因和其他与癌症相关的基因；以及影响血液化学、肾脏工作和免疫系统功能的基因。

正如摩尔根在 20 世纪初以非常平淡的语言提出的那样，果蝇与其他高等生物的大量相似之处（这将在同年晚些时候使其黯然失色），证明了比较基因组学在医学研究中的潜力。尽管曾经被认为是最小的染色体的 22 号染色体在世纪之交之前已经被测序，但在医学上最重要的染色体之一，即 21 号染色体在 2001 年才被日本和德国的人类基因组计划实验室测序（数字上的平行无疑是无意的),果蝇在这方面几乎没有什么帮助。21 号染色体是人类最小的染色体,包含近 4700 万个碱基对,约占细胞内 DNA 总量的 1.5%。在一些唐氏综合征的病例中,存在着 21 号染色体的第三个拷贝(全部或很少是部分易位),因此研究 21 号染色体具有医学意义。还有其他一些更罕见的与 21 号染色体严重重排相关的综合征,包括 21 号染色体部分单体和一种被称为 21 号环状染色体的环状结构。21 号染色体是最小的人类染色体这一事实可能是它成为能耐受的最大的常染色体三体的原因,其他的三体会在怀孕早期或出生后不久便死亡。

随着文特尔的塞莱拉公司宣布,他们打算在 2001 年之前完成人类基因组的测序,这促使人类基因组计划加快了自己的工作,并修改了原定于 2005 年的最后期限,到了千禧年,竞争使这个目标成为一个动态的目标。利用全基因鸟枪测序,塞莱拉公司于 1999 年 9 月开始测序,并于 12 月完成。在接下来的 6 个月里,该公司对含有 31.2 亿个碱基对的 DNA 进行了组装,这需要大约 $5×10^{20}$ 的序列比较,这也代表了生物学有史以来范围最广的计算工作。

在 2000 年 3 月 14 日,美国总统克林顿和英国首相布莱尔以某种诗意的方式宣布,私人公司塞莱拉和国际人类基因组计划都已经完成了人类基因蓝图的 DNA 序列。事实上,在这个时候,它被更正确地定义为基因组的"工作草案",大约有 85% 的基因组被完全测序。来自美国和英国的 5 个主要机构进行了大部分的测序工作,同时中国、法国和德国的研究所也做出了贡献。同年晚些时候,美国能源部的阿里·帕特里诺斯(Ari Patrinos)展示了所罗门[①]智慧。2000 年 6 月 26 日,他促成了这场戏剧的主角科林斯和文特尔之间的不稳定的和平,并在华盛顿的白宫发表了联合声明。

7 个月后的 2001 年 2 月 12 日,在白宫举行的纪念查尔斯·达尔文诞辰的仪式上,两个序列草案的要点和对数据的分析在《科学》杂志(Venter, 2001)和《自然》杂志(Aach, 2001)上发表了。关于对人类基因组舞台上两个

---

① 所罗门是古以色列联合王国的第三代君主,在犹太经典中以智慧贤明著称,传闻他在做梦时受雅赫维蒙召,在面对雅赫维的赏赐时求得了智慧,并在此后的"所罗门断案"等典故中凭着智慧秉公行义。在后世西方语言中,"所罗门"即喻指非常聪明、极有智慧的人。——编者注

不同角色的猜测,巴尔的摩(2001)发表了许多观点。为了安抚那些认为这是另一项竞技运动的人,巴尔的摩认为这些论文使之看起来大致是个平局。他告诫说,重要的是要记住,塞莱拉公司拥有所有公共项目数据的优势,但他们只用了一年的时间就完成了序列草案的制作,这证明了今天利用新的毛细管测序仪、足够的计算能力和投资者的信心可以实现什么目标。

有趣的是,与这一观察结果形成对比的是,加利福尼亚大学圣克鲁斯分校的一名研究生(他在一定程度上得到了本书作者项目的支持)被科林斯认为有可能在公共人类基因组计划生成人类基因组的第一个汇编方面击败文特尔。科林斯指出,如果没有吉姆·肯特(Jim Kent),就不能将基因组按黄金路径(肯特编写的 GigAssembler 程序的昵称)进行组装(Collins, 2001)。肯特的导师戴维·豪斯勒(David Haussler)形容他的这个学生是超级巨星。他指出,该程序所代表的工作量,需要一个由 5 名或 10 名程序员组成的团队至少花费 6 个月或 1 年的时间才能完成。肯特通过夜以继日的工作,只用了 4 周时间就创建了 GigAssembler。他在自己改装的车库里工作,晚上手腕上还敷着冰袋,因为他在愤怒中创造了豪斯勒所说的一段异常复杂的代码。因此,惠普(Hewlett Packard, HP)公司车库的创新源泉现在在旧金山大湾区有了一个与之竞争的创意对手。后来,肯特创建了 UCSC 基因组浏览器,这是一个被广泛使用的基于网络的基因组研究工具。

最初,黄金路径所揭示的最令人扫兴的方面之一(除了免费访问公告抑制了基因组学股票市场外)可与伽利略通过将地球从已知宇宙的中心移出而贬低人类物种相媲美。从混乱的"字母汤"中浮现出来的结果是,人类基因组中只包含大约 3.5 万个基因,仅比许多"低等"生物多出一点点,远远少于最初预测的数字。该序列远未完成,而且还需要 3 年时间,才能确保多次通过的序列具有足够的饱和覆盖率,从而宣布该项目完成了 99% 以上。该序列于 2003 年 4 月被存入公共数据库。到这个时候,在越来越令人清醒的启示中,估计值已经缩减到 3 万个基因,这些基因定义了我们自诩无限的复杂性和多样性。2004 年年底,肯特的继任者阿达姆·西佩尔(Adam Siepel)进一步减少了这一估计值(他也得到了本书作者的项目支持)。在 2004 年 10 月 21 日出版的《自然》杂志上,国际人类基因组测序联盟发表了其对人类基因组序列成品的科学描述,将人类蛋白质编码基因的估计数量从 3.5 万个减少到只有 2 万～2.5 万个。加利福尼亚大学圣克鲁斯分校的团队还对完成序列的覆盖率和准确性进行了关键分析。这一评估证实,现已完成的序列覆盖了人类基因组常染色体(含基因)部分的 99% 以上,且测序的准确率达到了 99.999%,这意味着每 10 万个碱基的错误率仅为 1 个碱基,比最初的目标要准确 10 倍。后来,西佩尔努力扭转最小化的趋势,通过使用他最新开发的用于检测人类基因组中功能元件的计算方法,已经确定了数百个新的人类基因,并对真核生物基因组中的进化保守序列进行了迄今为止最广泛的研究(即将发表在《基因组研究》上)。2006 年 8 月 17 日的这一周,西佩尔再次成为头条新闻,因为他所在团队确定了一个在人类进化过程中迅速变化的基因,这为了解我们与其他动物的区别迈出了重要的一步。由加利福尼亚大学戴维斯分校的凯蒂·波拉德(Katie Pollard)领导的豪斯勒小组设计了一个在人类基因组中显示出明显加速进化的区域排名。在 8 月 17 日的《自然》杂志上,他们报道了一个被称为"人类加速区"的基因——*HAR1*,它是一个新的 RNA(而不是蛋白质)基因(*HAR1F*)的一部分,该基因与胚胎皮层中一种名为络丝蛋白(reelin)的蛋白质有关,并在妊娠 7～19 周中的胎儿新皮层中特异性表达,而这个时期正是皮质神经元细胞特化和细胞迁移的关键时期。此外,人类和黑猩猩的 *HAR1* RNA 分子的形状也有明显不同。研究小组推测,*HAR1* 和其他人类加速区为寻找独特的人类生物学提供了新的备选项。

　　然而,无论最终结果如何,基因组和蛋白质组之间实质性差异的发现为乔治·比德尔和爱德华·塔特姆的"一种基因一种酶理论"的基本假设敲响了丧钟。相反,一个基因似乎可以通过可变剪接等机制指导多种蛋白质的合成。亲爱的布鲁特斯,错误在于我们的蛋白质而不是基因。① 一个基因产生多种蛋白质的发现表明,未来的生物医学研究将在很大程度上依赖于基因组学和蛋白质组学的结合。蛋白质是细胞的工作主力,它们不仅使细胞所有部

---

　　① 这里套用了莎士比亚的剧作《凯撒大帝》中的台词"The fault, dear Brutus, is not in our stars, But in ourselves."——编者注

146　件工作，也是疾病早期发作的标志，对预后和治疗至关重要。事实上，大多数药物和其他治疗剂都是针对蛋白质的。详细了解蛋白质及产生它们的基因是下一个前沿领域。

2004 年年底的另一篇重要论文谈到了这个问题。这篇论文发表在 10 月 20 日的《科学》杂志上，概述了由美国国家人类基因组研究所组织的一个研究联盟的计划，即编制一份对生物功能至关重要的人类基因组所有关键部分的综合目录。随着对完整的人类基因组序列的掌握，科学家们面临巨大的挑战，即如何解读它并学习如何利用这些信息来理解人类发育、健康和疾病的基础生物学。DNA 元素百科全书计划基于这样一种前提：对人类基因组序列中编码的结构元件和功能元件进行全面的分类，对于充分理解人类生物学，解决生物医学研究的基本目标至关重要。这样一个完整的目录，或称"部件清单"，将包括蛋白质编码基因、非编码基因、转录调控元件，以及介导染色体结构和动力学的序列。DNA 元素百科全书的研究人员还预计，他们可能会发现更多尚未被识别的其他功能元件。这些知识将使人们深入了解基因和基因家族如何发挥功能，为何有时会出现功能异常，以及单个基因（如 SNP）变异的作用，最终阐明诊断和治疗的新靶点。

2005 年 9 月，《科学》杂志报道了基因组测序后的下一个合乎逻辑的目标，即转录组。基因组探索研究小组的 FANTOM 联盟是一个大型的科学家组织，其中包括斯克利普斯研究所佛罗里达校区的研究人员，他们报告了一个大规模多年项目的结果，该项目旨在绘制哺乳动物的转录组。转录组，或有时被称为转录谱，是指任何组织的任何细胞在任何特定时间内从 DNA 产生的 RNA 转录本的总和。它是衡量人类基因如何在活细胞中表达的一个手段，它的完整图谱使科学家对哺乳动物基因组的工作原理有了重要的了解。反义转录曾经被认为是罕见的，但转录组揭示了它发生的程度是出人意料的。这一发现对生物学研究、医学和生物技术的未来有重大意义，因为反义基因可能参与控制许多，也许是所有细胞和身体功能。如果这些发现正确的话，它们将从根本上改变我们对遗传学的理解，以及对信息如何储存在我们的基因组中、如何处理这些信息来控制哺乳动物极其复杂的发育过程的认识。

2002 年 1 月的《自然》杂志描述了两个首次尝试,即通过系统地记录蛋白质在酵母细胞中协同工作的方式,在蛋白质水平上寻找所有这些控制点真正开始工作的地方。加文(Gavin)等人(2002)和霍(Ho)等人(2002)对酵母中的许多蛋白质簇进行了分类。加文等人发现,所研究的蛋白质大约有 85% 与其他蛋白质相关。这两个小组所发现的蛋白质双重任务的程度可能促使人们重新思考药物开发。许多药物是针对单一蛋白质的,但是现在很明显,每个蛋白质都在发挥许多功能,这些功能都可能受到影响。关于整个蛋白质组范围内的蛋白质相互作用,研究人员已经通过几种方式进行了分析。

在两篇里程碑式的论文中,于茨(Uetz)等人(2002)和伊托(Ito)等人(2002)将酵母"双杂交"测定法(一种评估两个单一蛋白质是否相互作用的方法)改造成了一种高通量方法,用于大规模绘制成对蛋白质相互作用图谱。作者们共同鉴定了酿酒酵母中 4000 多个蛋白质-蛋白质相互作用。另一个研究小组开发了一种微阵列技术,这种技术可以将几乎整个酵母蛋白质组中的纯化活性蛋白质高密度地打印到显微镜载玻片上,这样就可以同时检测成千上万种蛋白质的相互作用(和其他蛋白质功能)了。由于需要制备每种复合物的近乎纯制剂,表征蛋白质复合物的大规模工作速度通常会受到限制。

在加文(2002)的研究中,研究人员通过在数百种不同的蛋白质上附加标签(以创建诱饵蛋白)来纯化蛋白质复合物。然后,他们将编码这些诱饵蛋白的 DNA 引入酵母细胞中,使修饰后的蛋白质在细胞中表达,并与其他蛋白质形成生理复合物。然后,使用标签将所有诱饵蛋白都拉出来,通常用它们来钓出整个复合物(因此称其为"诱饵"),再使用标准的质谱分析方法对提取的带有标签的诱饵蛋白进行鉴定(Ho,2002)。加文等人在整个蛋白质组范围内应用这种方法,在酵母的 232 个蛋白质复合体中鉴定出了 1440 个不同的蛋白质。此外,他们还发现,这些复合体中的大多数都与至少一个其他的蛋白质复合体有共同成分,这表明了细胞功能的一种协调手段,即相互作用的蛋白质复合体的高阶网络。对这种高阶网络的理解无疑将为了解其他生物的相应网络提供启示,因为大多数酵母复合物在更复杂的物种中都有对应的物质。加文将细胞比作一个工厂,将各个装配线编排成集成的网络,完成特定的和重叠的任务（Gavin，2003）。2006年，加利福尼亚大学洛杉矶分校的金福莱（Fulai Jin，2006，有本书作者的项目支持）凭借其在蛋白质复合物相互作用图谱方面的革命性工作登上了《自然方法》（*Nature Methods*）杂志的封面。该系统将允许对大规模的数据集进行有意义的查询，距离系统生物学的基本要求更近了一步。

2002年，在我们以智人为中心的世界中，其中一个复杂的物种充当了一个不那么复杂的物种的模型系统。到2001年4月，塞莱拉数据库的订阅者已经可以获得小鼠基因组序列草稿。第二年，人们发现小鼠16号染色体上仅有14个基因似乎在人类中没有明显的对应基因，其他700多个在人类中都有对应基因。此外，人类基因组的染色体位置和顺序与小鼠基因组中的染色体位置和顺序有很大程度的相似性。不同物种的同线性不仅意味着种间同源基因的存在，而且意味着它们在基因组上以相同的顺序存在，有共同的祖先。小鼠基因组的测序及其与先前测序的人类基因组的比较表明，人类基因组的90.2%和小鼠基因组的93.3%位于保守的染色体连锁片段中。"小鼠和人"可以看作是一本包含约200个基因组块的书，这些基因组块具有相同的基因，但位于不同的染色体上。在哺乳动物的进化过程中，这些组块内的一小段遗传密码是保守的。当时两个物种都被认为拥有大约3万个基因。2002年11月，《自然》杂志的一篇论文报道在小鼠中发现了在人类中也存在的2000个"非基因"区域，这些区域曾经被认为是"垃圾DNA"，现在人们认识到这些区域具有重要的功能，如调节表达基因。在许多应用中，对这种调节的理解将与对基因本身功能的研究同样重要。

2002年，基因组学研究所宣布成立两个非营利组织：生物能源替代研究所和基因组学发展中心，前者分析代谢碳或氢的生物体的基因组，以获得更清洁的能源替代品；后者是由文特尔的科学基金会支持的一个生物伦理学智库。在完成人类基因组计划的高潮之后，文特尔与塞莱拉公司分道扬镳，陷入了基因组计划的低谷。据文特尔说，科学基金会的既定目标是要建立一种新的独特的测序设施，可以处理大量需要测序的生物体，并能以极低的成本进一步分析那些已经完成的基因组。最终，在成本降低的情况下，根据每个人的 DNA 定制的医疗保健服务将是可行的。

2003 年 4 月 25 日,《自然》杂志为纪念詹姆斯·沃森和弗朗西斯·克里克描述 DNA 双螺旋结构的里程碑式论文在《自然》杂志发表 50 周年,特设立专辑,免费提供《自然》网站焦点,其中包含关于双螺旋发现的历史、科学和文化影响的新闻、特写和网络专题。

2004 年 7 月,最新的"高级"生物——家犬(*Canis familiaris*)成了炙手可热的测序动物。一个由麻省理工学院、哈佛大学和阿让库尔(Agencourt)生物科学公司组成的科学家团队成功地组装了家犬的基因组。研究中所针对的家犬品种是拳师犬,它是基因组变异最少的品种之一,因此它可能能够提供最可靠的参考基因组序列。接下来被测序的哺乳动物包括:红毛猩猩、非洲象、鼩鼱、欧洲刺猬、豚鼠、马岛猬、九带犰狳、兔子和家猫(家猫在克隆比赛中击败了家犬)。

2. 异种移植

在许多情况下,关闭基因功能与开启基因功能一样至关重要。千禧之年,在这方面也出现了首创。

基因工程动物的一个新用途是改变器官,如心脏的表面抗原,这样它们就有可能被用于移植,因为接受者的免疫系统不会识别这些器官是外来的,从而减少异体移植发生免疫排斥的可能性。医学的进步已经使许多器官移植,如肝脏、肾脏和心脏移植,几乎成为常规手术。然而,由于适合移植的器官长期短缺,因此这些拯救生命的手术的数量受到了限制。据估计,每年有 6 万人需要器官移植,但实际上只有一半人接受了器官移植。仅在美国,每年就有约 3000 人在等待器官移植的过程中死亡。

提高公众对器官捐赠重要性的认识并没有有效地增加器官供应以满足需求。作为一种替代方法,异种器官移植已被提出作为缓解可移植器官短缺的一种可能的解决方案。与任何器官移植一样,无论是人与人还是动物与人之间的移植,必须克服的主要医疗障碍是宿主免疫系统对移植器官的超急性

149

排斥反应。补体系统由一系列对外来生物或组织提供第一线防御的蛋白质组成，它会启动一连串的事件，在几分钟内摧毁外来物质。补体掩蔽蛋白或补体屏蔽蛋白的存在可以防止补体系统攻击人体自身的细胞。为了防止出现人类对动物器官的排斥反应，研究人员正在开发在其器官表面表达人类补体屏蔽蛋白的转基因动物。从理论上讲，这些转基因器官在移植到人体后，不会受到补体系统的破坏。

然而，在供体方面，也存在着表面抗原的问题。2000年，位于弗吉尼亚州布莱克斯堡的PPL治疗公司培育出了一窝仔猪，它们在多个水平上都获得了世界第一，也是第一批通过转基因技术获得了重要基因敲除功能的克隆猪。PPL治疗公司通过同源重组成功地敲除了体细胞中的 α-1,3-半乳糖基转移酶的基因，再使这些细胞与猪核移植相结合，产生了基因敲除猪。这些猪的细胞和器官中没有 α-1,3-半乳糖残基，这是克服与异种器官移植有关的超急性排斥反应的关键步骤。将这项技术推广到其他牲畜细胞中的基因敲除研究，将为各种新型药品和营养品的大规模生产打开大门。

21世纪初的另外两家公司，诺华公司的子公司伊姆兰（Imutran）公司（位于英国剑桥）和DNX公司（位于美国新泽西州普林斯顿）是开发转基因动物作为器官供体的两家"领头羊"。因为猪器官的大小、解剖学和生理学结构与人类相似，所以猪是这些转基因研究的首选模式生物。另外，可以传染给人类的猪疾病也很少。伊姆兰公司已经成功地培育出表达上述人类补体屏蔽蛋白——衰变加速因子（decay accelerating factor，DAF）的转基因猪，将表达DAF的猪心转移到处于严重免疫抑制状态的猴子身上，结果显示，移植后的猴子存活时间增加，这表明异种器官移植可能是急性排斥反应的一种解决方案，但它不能解决慢性排斥反应。DNX公司也培育出了表达补体屏蔽蛋白的转基因猪，同样也证明了转基因器官的超急性排斥反应的发生被推迟了。尽管这些结果显示补体系统的超急性排斥反应有望减轻，但研究人员还需要克服进一步的技术障碍，例如，异种移植器官必须在受到免疫系统其他部分的攻击后仍能存活下来。

美国食品药品监督管理局对异种移植产品的监管，虽然首要目的是保障公众健康,但据推测,这会对异种移植产品的开发造成很大的阻碍,包括通过体外培养小鼠细胞产生胚胎干细胞。胚胎干细胞与任何其他产品一样,在向美国食品药品监督管理局提交研究性使用申请时,将被逐一审查以评估其安全性。

除了用于治疗和异种移植外,转基因动物的使用为大规模生产重组蛋白提供了一种可行的、经济的方法。2000 年,尼克夏(Nexia)公司宣布,他们正在使用转基因动物制造一系列名为生物钢的重组蜘蛛丝。圆网蛛可以产生并吐出多达 7 种不同类型的蛛丝,每一种都有非常特殊的机械性能,将它们与其他天然或合成纤维区分开来。例如,牵引丝是已知的最坚韧的材料之一:它可以表现出高达 35% 的伸长率,拉伸强度接近凯芙拉纤维等高性能合成纤维,而在断裂前吸收的能量则超过了钢丝。具有如此极端特性的生物钢有多种潜在用途,例如医疗设备、防弹保护、飞机和汽车复合材料等,以及类似于凯芙拉纤维的应用。尼克夏公司的转基因项目使用获得专利的乳腺上皮细胞和 BELE 系山羊,结合原核显微注射和核移植技术,在羊奶中生产生物钢。作为该产品的生产者,山羊薇洛(Willow)有自己的心理医生和定制设计的玩具,以确保她能愉快地产奶。

3. 基因治疗

在杰西·吉尔辛格事件(第 4 章)失败之后,2000 年 6 月,基因治疗领域出现了新的希望。来自费城儿童医院、斯坦福大学和位于加利福尼亚州阿拉米达市的阿维根(Avigen)生物技术公司的研究人员报告了关于凝血因子Ⅸ缺乏所导致的 B 型血友病患者的可喜结果。腺病毒是一种不稳定的载体,该团队使用了一种更稳定的,但存在缺陷的腺相关病毒(adeno-associated virus,AAV)来包装凝血因子Ⅸ的基因。然后他们用 AAV 将基因导入患有凝血因子Ⅸ缺陷型血友病的患者体内。研究人员报告说,他们用凝血因子Ⅸ基因治疗方法治疗了 6 名患者。尽管该基因治疗方法的剂量极低,导致没有人认为它能起到作用,但正是它,减少了这些患者在特殊情况下使用凝血因子Ⅸ的注射次数。此前，费城儿童医院进行了一项关于狗的实验，即将凝血因子IX基因插入 AVV 载体中，并将其注射到狗的腿部肌肉中。在基因治疗后，血液 151 凝固时间从一个多小时下降到 15～20 min。健康动物的正常凝血时间约为 6 min。这些基因花了大约两个月的时间来最大限度地表达缺失的蛋白质。研究人员欣喜地发现，在一次基因治疗后，基因表达水平在未来一年多的时间里将会保持稳定。除此之外，治疗后的个体也没有出现副作用或限制性免疫反应。

2001 年，北卡罗来纳大学教堂山分校的科学家们在动物身上使用了一种基因治疗技术，以持续产生非常高的凝血因子IX。这些发现还表明，基因治疗方法可能同样适用于 A 型血友病，一种更常见的血友病类型。12 月 4 日发表在《分子疗法》(*Molecular Therapy*) 杂志上的一份报告得出结论，这种方法"可能有助于治疗各种遗传性疾病"。近年来，在北卡罗来纳州和其他地方的动物实验中，研究人员大多是利用 AAV 来将克隆的基因送入动物体内。以前的研究只使用了 6 个已知 AAV 血清型中的 2 型，每个血清型的蛋白质包裹物都不一样。然而，这一次，北卡罗来纳州的研究人员尝试了 6 种类型中的 5 种，将 1 型、3 型、4 型和 5 型 AAV 中凝血因子IX的产生量与 2 型 AAV 中的产生量进行了比较。结果令人震惊，出乎他们的意料，小鼠产生的这种因子的数量比他们之前观察到的要高 100 到 1000 倍。

血友病是少数由单个已知的基因缺陷引起的疾病之一。这使得它成为基因治疗方法的理想候选者。目前血友病的治疗方法是将缺失的凝血因子通过静脉注射到血液中。这些血液制品有些是从汇集的血液中提取的，有些则是利用重组 DNA 技术生产的。研究人员不建议用来自血库血液提取的因子，因为它们有传播疾病(如肝炎和艾滋病)的风险。

虽然这可能更像细胞疗法而不是基因疗法，但克隆动物的胚胎细胞可能是简化帕金森病实验性治疗的一个有用方法，即将胚胎细胞移植到该疾病患者的大脑中。有研究人员报道，首次成功地将猪胚胎的脑细胞移植到人体内，以治疗帕金森病。初步结果表明，11 名患者中的大多数在手术后的 12 个月内病情出现了改善。这种治疗方法不仅可以帮助帕金森病患者，而且还可以帮助其他退行性脑疾病患者改善病情,如阿尔茨海默病、亨廷顿病和肌萎缩侧索硬化。

移植人类胚胎细胞似乎是一种更直接的方法,但由于缺乏这些细胞的供应,因此阻碍了这种方法的应用。科罗拉多大学医学院的研究人员证明了克隆作为治疗帕金森病的胚胎细胞来源的可行性(Harrower et al., 2006)。研究人员使用体细胞克隆技术生成克隆牛胚胎,这与克隆多莉羊的方法相同。在妊娠 42～50 天后,从克隆的胚胎细胞中提纯出能够产生多巴胺神经递质的神经元细胞。再将这些神经元移植到模拟帕金森病的大鼠脑中,移植后的大鼠运动能力有明显改善。而其他研究人员曾尝试移植猪或小鼠胚胎的脑组织来治疗帕金森病,但这是第一次通过克隆产生该组织。克隆产生的多巴胺细胞具有可靠的一致性和更丰富的来源。而如果神经元移植要成为一种广泛可用且可预测的帕金森病疗法,这一点将至关重要。克隆是一种可行的方法,可以为这类研究供应足够的胚胎细胞。这种方法还存在一个潜在的优势,即利用遗传上相同的细胞进行研究。除了任何技术上的障碍外,考虑在人类身上尝试这种方法的研究人员还面临着控制异种移植和克隆的监管障碍。除了伦理方面的考虑外,人们还非常担心,非人类的胚胎细胞可能携带未知的传染性病原体,这可能被引入人类基因组中。

研究人员正在考虑对肿瘤性疾病进行基因治疗。目前主要有 3 种方法,即突变补偿、分子化疗和基因免疫增强。突变补偿依赖于去除激活的致癌基因或增强肿瘤抑制基因表达;分子化疗采用向肿瘤细胞传递毒素基因的方式来进行根除治疗;基因免疫增强通过传递免疫刺激分子或外源基因来增强宿主对肿瘤相关抗原的免疫反应。前列腺癌是男性最常见的肿瘤之一,也是导致患者死亡的一个重要原因。尽管基因治疗已经取得了重大进展,但目前的治疗方法只有在没有转移性疾病的情况下才有效。基因治疗为利用正常组织和恶性组织的不同特征构建治疗策略提供了新的希望。目前研究人员正在利用免疫调节基因、抗癌基因、肿瘤抑制基因和自杀基因进行前列腺癌基因治疗的一些临床试验。随着对前列腺癌发生和发展所涉及的病因机制的持续了解,以及基因治疗技术的进步,针对前列腺癌的基因治疗在未来将具

152

有很高价值。目前,各种基因治疗策略的快速实施已被用于人体临床试验。

基因治疗的一个强大应用是对抗脑瘤,脑瘤是所有癌症中最难治疗的种类之一,因为这种疾病通常无法进行手术,而且对化疗也不耐受。研究人员目前正在利用基因治疗方法进行治疗。这一次,他们不是简单地插入一个基因来取代另一个有缺陷的基因,而是将一个基因插入患者的肿瘤细胞中,将这些细胞标记为死亡。在最初的实验中,该基因是疱疹病毒复制机制的一部分,该病毒是更昔洛韦药物的靶标,这种药物会干扰 DNA 的合成。为了使该基因进入肿瘤的 DNA 中(与囊性纤维化患者相同),研究人员将其拼接到一种无害的载体病毒中,该病毒只能结合到正在复制的细胞中。因为正常的脑细胞不会复制,所以病毒和它携带的基因只会插入目标肿瘤细胞中。为了确保向肿瘤细胞中持续供应这种病毒,研究人员首先将病毒置于小鼠细胞中,然后再将细胞注射到肿瘤中。随后,病人会接受更昔洛韦的治疗,但这尚未被证明是一种成功的疗法。

未来的研究方向可能包括进一步发展基因转移技术,以提高基因转移到造血干细胞的效率。因为巨噬细胞和 T 细胞是人体中 HIV 的主要储存库,所以如果将基因转移到造血干细胞中,在被 HIV 感染的情况下,用基因进行细胞内免疫就可以抑制病毒复制。此外,这种方法更有可能导致免疫系统中广泛表达 T 细胞受体的抗 HIV T 细胞的重新增殖。造血干细胞也是利用针对病毒或肿瘤抗原的嵌合免疫受体策略的良好靶标,原因如下:使用这种方法可以同时重新定向多个效应细胞;可以避免基因修饰的 T 细胞在体外长期扩增,这可能会对体内运输或在体内发挥功能产生负面影响;可以创建一种能够进行长期抗原特异性免疫监测并得到可再生基因修饰效应细胞的来源。

尽管除了最狂热的怀疑论者外,应用基因治疗来治疗退行性疾病对其他人来说都是可以接受的风险,但单一基因修饰的结果已经(尽管是在种系中)引发了一些人的担忧。他们认为任何基因治疗都是在滑坡上迈出的第一步,往好了说是轻率的,往坏了说,这种方式很可能应用于优生优育。2004 年 8 月 23 日,马拉松鼠首次亮相。来自加利福尼亚州的科学家罗恩·埃文斯(Ron Evans)等人通过基因工程改造了一种动物,相比于同窝的其他动物,这种动物的肌肉更多,脂肪更少,身体耐力更强(Wang et al., 2004)。增加参与肌肉发育调控的单基因——调节 PPARβ(过氧化物酶体增殖物激活受体 β 亚型)活性的基因后,研究人员发现其骨骼肌纤维出现重大变化。这些小鼠体内所谓的"慢肌纤维"的肌纤维显著增多,而"快肌纤维"的肌纤维则减少。人类的肌肉中含有一种由基因决定的慢肌纤维和快肌纤维的混合物,平均而言,在我们用于运动的大部分肌肉中,约有 50% 的慢肌纤维和 50% 的快肌纤维。慢肌纤维含有更多的线粒体和肌红蛋白,这使它们可以更有效地利用氧气产生 ATP(腺苷三磷酸,adenosine triphosphate)而不产生乳酸,因此它们具有较高的抗疲劳能力。这样,被 PPARβ 修饰的慢肌纤维就可以为反复和长时间地收缩提供能量,比如像马拉松这样的耐力赛所需要的肌肉收缩。与野生型小鼠相比,转基因小鼠在退出前跑了 1800 m,并且在跑步机上多停留了一小时。野生型小鼠只能忍受 90 min 的跑步和 900 m 的路程。这种被修饰的慢肌纤维似乎还可以防止高脂肪、高热量饮食后导致的不可避免的体重增加。好莱坞的需求还遥遥无期吗?

4. 未来的替代部件

在更现实的层面上,组织工程(tissue engineering)已经被证明是一种可行的技术。该术语是在 1987 年被提出的,指的是开发生物替代物来恢复、维持或改善人体组织功能。它采用了生物技术和材料科学的工具以及工程学的概念来探索哺乳动物组织的结构-功能关系。这项新兴技术可以大幅节省医疗保健成本,大大提高组织损失或器官衰竭患者的生活质量并延长他们的寿命。

先进组织科学(Advanced Tissue Sciences)公司最初生产了一种名为 Skin 的皮肤替代品,用于测量药物和化妆品的毒性,但它很快就发展到了真皮移植领域。这是一种可生物降解的网状物,其细胞取自新生儿的包皮,与成人细胞相比,这种细胞的优势在于皮肤生长速度更快,而且不会结疤。这种产品正被用来替代被腿部溃疡破坏的皮肤,且有望得到更广泛的应用。该公司

154

现在正在开发用于培养软骨细胞的基质,以取代受损关节的软骨。需要注意的是,这些基质会随着时间的推移而溶解,因此他们正在用聚乳酸-乙醇酸(与缝合线所用的物质相同)构建这些基质,并在其中添加一种氨基酸,作为其他分子的附着点。新型植物产品中涉及的可生物降解塑料——聚羟基丁酸酯,在这一领域的应用包括生物兼容的可溶解基质的生产和药物输送系统的应用。

在细胞和组织层面上,关于组织生长和再生的研究为组织工程的实际应用奠定了基础。二维单层细胞的培养使对细胞过程的研究成为可能,并打开了遗传操作的大门。科学家和工程师已经开始将细胞培养视为一个三维过程,在这个过程中,作用于细胞上的外力不仅可能影响细胞产物,而且还可能重新唤醒细胞分化过程。这对开发活体组织的等效物,了解细胞环境如何影响分化过程以及工程组织和宿主之间的相互作用将是非常重要的。

第一次成功获得的分化细胞来自人类皮肤工程,目前正处于临床试验阶段。科学家们也开始探索在基质中培养其他组织的可能性。利用人类组织的基质细胞,研究人员正在开发血管、骨骼、软骨、神经、口腔黏膜、骨髓、肝脏和胰腺细胞。联邦政府的支持有利于加速这些材料的开发。

微囊化细胞疗法是工业界正在开发的另一项技术,这种方法采用生物材料来治疗某些严重的慢性疾病。这种方法的目标是替换体内被疾病破坏的细胞,以提高缺陷分子的循环或局部表达水平。替换的具体目标包括糖尿病患者的胰岛素分泌细胞和帕金森病患者的多巴胺分泌细胞。

微囊化细胞植入物由分泌所需激素、酶或神经递质的细胞组成,这些细胞被包裹在聚合物胶囊中,并被植入宿主的特定部位。相关的动物研究表明,分泌细胞可以在体内保持功能活性。胶囊壁允许小分子(即葡萄糖、其他营养物质、治疗分子)通过,但会阻止或延缓大分子的通过,如免疫系统中的某些物质。研究表明,移植的细胞会受到保护,不会被破坏,甚至不会被宿主的免疫系统所识别,因此可以使用不匹配的甚至是基因改变的组织,而不会出现系统性免疫抑制。

因此,使用胶囊膜可以克服阻碍组织移植广泛应用的两个困难:供体人

155

体组织的有限供应,以及防止未封装的移植组织发生排斥反应所需的免疫抑制药物的毒性作用。

2006 年 4 月,维克森林大学医学院再生医学研究所所长安东尼·阿塔拉(Anthony Atala)医学博士报告说,已成功地在实验室创造了第一个人工培育的器官——由来自病人的人体组织制成的膀胱,这使得复杂的组织工程成为可行的现实。在这个首创之后 7 年,他们与波士顿儿童医院合作,在《柳叶刀》(The Lancet)杂志上报道说,他们使用患者自己的细胞重建了 7 个年轻患者的有缺陷的膀胱,这标志着组织工程首次在人体内重建了一个复杂的内部器官(Lorenz,1999)。这给我们带来了希望,有朝一日,我们将能够利用组织工程再生出衰竭的器官,即利用自身的细胞,培养它们沿着支架生长,使它们长成我们所需的形状,然后在需要的地方重新植入它们。

患者器官的培养过程始于活检,以获得肌肉细胞和排列在膀胱壁上的细胞样本。这些细胞被培养到足够密度时,就会被放置在一个专门建造的可生物降解的膀胱形状的支架上。令人欣喜的是,这些细胞会继续生长。经过大约 8 周后,在手术时,再将人工膀胱缝合到患者原来的膀胱上。该支架所用材质被设计为可以随着膀胱组织与身体融合而降解的物质。测试显示,人工膀胱的功能与用肠道组织修复的膀胱一样好,且没有任何不良影响。对于 16 岁的凯特琳·麦克纳马拉(Kaitlyne McNamara)来说,移植意味着新的生活的开始。在 2001 年进行手术时,她的肾脏由于膀胱问题而濒临衰竭,这使得她不得不穿上纸尿裤。她说:"现在我做了移植手术,我的身体可以支撑我去做想做的事了。现在我可以去玩了,不用担心会发生意外。"阿塔拉说,这种方法需要进一步研究,才能被广泛使用。他们有关膀胱的其他临床试验计划在2006 年晚些时候公布了。

动物模型在医学研究中是必不可少的,它是测试许多药物安全性和有效性的必要步骤。这些疗法的许多受益者其实是动物本身。医学研究的一个分支正在研究开发替代动物试验的方法,特别是在化妆品和化学试验领域。例如,直到 1993 年,联邦政府批准的对腐蚀性化学物质的唯一测试方法仍然是将其涂抹在 6 只剃毛的兔子背部,然后等待组织完全破坏——这是一个可怕的过程。现在,由于生物技术的发展,体外培养(In Vitro)公司生产了一种名为 Corrositex 的产品,它由一个装满化学探测器混合物的小瓶组成,瓶盖上覆盖着一层纤维素膜,该膜支撑着一层 3 cm 厚的凝胶状人造皮肤。破坏皮肤的腐蚀剂会改变检测液的颜色。人造皮肤技术的另一个优点是,它的成本仅为 300 美元,且仅需要一天就可以完成试验,而使用兔子的试验要花费 1200 美元和一个月的时间。该产品于 1993 年 5 月获得联邦政府批准。该公司还生产体外试验产品,以取代化妆品公司所使用的其他用于眼睛和皮肤刺激性的试验。

5. 生物材料

如上所述,生物技术的工具可以赋予生物材料以常规手段无法实现的特性。在不久的将来,我们有可能通过新的组织工程和化学合成方法来扩大新型生物材料的开发,如生物仿生学和替代组织。由于生物分子材料的多样性、多功能性和不寻常的性质组合,生物分子材料几乎在所有的经济领域,包括国防、能源、农业、卫生和环境技术等都有应用前景。生物分子材料的例子包括从蜘蛛中获得的蛛丝以及从贝壳中获得的陶瓷。加利福尼亚大学旧金山分校的学生拉什达·卡恩(Rashda Khan,有本书作者的项目支持)正在研究沙蚕口部结构的新型材料,以提炼出一套生物拟态规则,从而形成新型材料构成和新型坚固轻质材料设计方案。

除了直接用作天然细胞产物或其改性衍生物外,生物分子材料还具有另一个非常重要的用途,即展示大自然如何优化其物理特性。为了阐明高阶结构是如何实现的,以及它如何以多种形式确定大分子的功能,研究人员都需要进行研究。随着现代生物学、分子遗传学和蛋白质工程的不断发展,以及新型材料物化特性的迅速改善,我们可以设计新型生物分子材料并为满足特定需求而进行定制。反过来,这又将扩大这些材料实际应用的可能性。

常规的化学合成有其固有的局限性,包括生产出的化合物中含有不需要的杂质和副产品等。相比之下,生物分子合成(基于生物过程的制造方法)可以实现精确控制,从而减少杂质和副产品的产生。例如,当细胞生产多肽聚合物时,可以通过 RNA 和 DNA 复制机制的精确度来确保对氨基酸序列的控制。由于重组 DNA 技术和分子生物学的不断进步,现在寻求合成和表达天然或定制的多肽聚合物基因的科学家也可以同样控制多肽聚合物的组成、长度和序列一致性了。

6. 干细胞

最终的替代部件,当然是那些来自自体,即病人自己身体的部件。在世纪之交的时候,已故的克里斯托弗·里夫斯(Christopher Reeves)经常引用关于弗雷德·H. 盖奇(Fred H. Gage)的一个例子,他在加利福尼亚州拉荷亚的索尔克生物研究所的团队和瑞典的合作者推翻了一个人们长期认可的观点,这个观点在 21 世纪初时曾被授予诺贝尔奖,即人脑一旦达到成熟期就不能产生新的神经元了。自那时起(盖奇的发现),关于此话题的研究激增,研究结果表明,干细胞具有更大的可塑性,即便不是更容易获得的话,也可能比最初认为的更普遍了。

而这也为那些对使用胚胎干细胞有伦理安全问题顾虑的人带来了新的希望,因为某些应用可以通过非胚胎干细胞实现。例如,2000 年理查德·蔡尔兹(Richard Childs)的研究表明,从兄弟姐妹的血液中收集的干细胞在移植到肾癌患者体内后,可以诱导产生一种"新"的免疫系统,它有助于阻止或逆转肾癌。最令人印象深刻的发现来自对动物神经干细胞的研究,这些干细胞来自胎儿大脑,似乎也可能存在于成人大脑中。与其他干细胞不同,它们很容易培养,而且能形成大脑中存在的所有类型的细胞。因此,它们可能能够修复帕金森病和其他神经系统疾病造成的损害。哈佛大学医学院的埃文·Y. 斯奈德(Evan Y. Snyder)和他的同事们已经证明,当人类神经干细胞被引入小鼠的大脑时,它们对发育信号会做出适当的反应,它们会像小鼠细胞一样进行移植、迁移和分化。此外,它们能在受体大脑中产生蛋白质,以响应人工引入供体的细胞基因。

157

同样在 2000 年,罗纳德·D. G. 麦凯(Ronald D. G. McKay,来自美国国家神经疾病和脑卒中研究所)的研究似乎表明,在胎儿中调节细胞特化的控制系统在成人中会继续运作,这使大脑修复有了实现的可能。麦凯的实验表明,将神经干细胞放置在啮齿类动物的大脑中后可以形成神经元,并产生适合其位置的突触,这表明神经干细胞具有功能性。2002 年,麦凯的团队表明,小鼠的胚胎干细胞可以衍生出高度丰富的中脑神经干细胞群。研究证明,这些干细胞所产生的多巴胺神经元表现出与来自中脑的神经元相同的电生理和行为特性。该结果支持将胚胎干细胞用于帕金森病的细胞替代疗法。

将猴子的神经剥去绝缘层,以模拟多发性硬化症的损害,一个研究小组发现,注射的神经干细胞会迁移到猴子的受损组织中。另一位科学家在模拟头部重创的小鼠身上也发现了这一点。还有一些科学家报告称,在注射了淀粉样蛋白(阿尔茨海默病的罪魁祸首)、感染了杀死运动神经元的病毒或在外科手术中发生脑卒中的大鼠中同样出现了这种现象。在 3 项啮齿类动物实验中,接受干细胞的动物比对照组动物恢复了更多功能。约翰斯·霍普金斯大学的杰弗里·罗思坦(Jeffrey Rothstein)说,综合来看,最新的研究表明干细胞移植可能在一到两年内进入人体临床试验阶段。

158　　神经干细胞似乎还具有以前未被发现的发育灵活性。1999 年,位于米兰的意大利国家神经研究所的安杰洛·L. 韦斯科维(Angelo L. Vescovi)和同事们表明,如果将神经干细胞植入骨髓中,就可以形成血细胞。韦斯科维指出,如果其他类型的干细胞也能以这种令人惊讶的方式改变自己的命运,那么成人中可能存在一个可以再生所有类型细胞的细胞库。其他线索也表明,干细胞可以灵活决定其命运。来自费城哈内曼大学的达尔文·普罗科普(Darwin Prockop)发现,人类骨髓基质细胞(一种被认为与神经组织无关的细胞)在植入大鼠大脑后可以形成脑组织。匹兹堡大学的布里翁·E. 彼得森(Bryon E. Petersen)和同事们证明来自骨髓的干细胞可以再生肝脏(Oh, 2002)。

盖奇成功地从最近死亡的儿童和年轻人的大脑中分离出了干细胞,这一发现揭示了除了胎儿组织以外的其他干细胞来源,一个稀缺和有争议的来源,显然可以诱导产生分化的组织,包括神经元,甚至已经达到了一个非凡的水平。在营养物质、生长因子、抗生素和新生小牛血清的混合物中培养干细胞，当用黏附在神经元上的标签对培养物进行染色时，会发现有极小部分的细胞会被标记。来自新泽西州卡姆登市罗伯特伍德约翰逊医学院的戴尔·伍德伯里（Dale Woodbury）和艾拉·B. 布莱克（Ira B. Black）从大鼠和成人的骨髓中培养出了干细胞。他们发现，一种"灵丹妙药"促使超过 80% 的细胞生长出类似于神经元的突起，并能产生一些与神经元相同的蛋白质。由麦吉尔大学的弗雷达·米勒（Freda Miller）领导的团队，对从成人头皮和大鼠皮肤中抽取的干细胞进行了研究，得到了类似的结果。2002 年，研究人员在阐明控制干细胞分化的因素方面取得了巨大进展，确定了参与这一过程的 200 多个基因。

2004 年，一个德国研究小组成功地将成人骨髓中的干细胞转化为了功能性脑细胞，使将来通过植入新细胞来修复受损脑组织更具可能性。不仅如此，这也意味着人们有可能成为自己的供体，从而规避了与其他更具争议性的干细胞来源有关的伦理问题。由德累斯顿工业大学神经退行性疾病教授亚历山大·施托希（Alexander Storch）领导的小组，没有对神经元或神经胶质细胞进行培养，而是培养了未成熟的神经祖细胞。他们希望这些细胞可以直接被移植到大脑中，从理论上讲，它们将变成功能齐全的神经胶质细胞和神经元。目前已经有证据证实这一推测的可行性。研究人员发现，在悬浮状态下，这些细胞可以成长为神经球（前体脑细胞的小球或聚合体），并且它们表达了神经干细胞的标记物——神经上皮干细胞蛋白或巢蛋白（nestin），这两个特征在其他实验室研究人员之前的实验中都没有出现。

然而，关于干细胞的研究并非一帆风顺。2001 年，杰龙公司的科学家在新奥尔良市的一次会议上报告说，他们取自人类胚胎的干细胞系在 250 代后仍在分裂，但当他们将人类干细胞注射到大鼠的大脑中时，这些细胞未能转化为神经元。更令人不安的是，注射部位周围的脑组织开始死亡。

正如在基因治疗研究中得到的教训一样，小鼠和人类的研究结果在分子水平上并不一定成立。在干细胞被认为是对人类可行的治疗方法之前，风险与效益的比率必须大幅偏向效益的一方。而目前，对于决定这些实体命运的

159

最基本的先天编程和外部影响因素,我们仍然缺乏了解。2000年12月,耶鲁大学的帕斯科·拉基奇(Pasko Rakic)和他的合作者声称已经找到答案,至少在小鼠的神经元方面是这样的。这些啮齿类动物的干细胞并不是初期时红润的无定形细胞,而是成熟的星形细胞,被称为星形胶质细胞。多年来,研究人员认为星形胶质细胞在中枢神经系统中发挥着支持作用。而在1999年,加利福尼亚大学旧金山分校的研究人员阿图罗·阿尔瓦雷斯-拜伊拉(Arturo Alvarez-Buylla)则报告说,星形胶质细胞实际上在小鼠脑室下区作为干细胞发挥作用,为嗅球(靠气味谋生的动物的一种重要器官)提供源源不断的神经元供应。

此后,研究人员证明了成人干细胞存在于人类大脑的脑室下区,但直到拉基奇的研究,人们才发现这些细胞的身份、组织与功能。在婴儿期的短暂窗口期,这些细胞分化为大脑各部分的神经元。该窗口期会在儿童早期的某个时间段关闭,此时,除了脑室和海马体的微小区域中的神经发生仍在继续外,其他部位的干细胞都处于休眠状态。拉基奇所发表论文的结论是,改变休眠星形胶质细胞的化学环境,可能会重新唤醒其潜在的干细胞特性,此观点与沃森和克里克的观点非常相似(但对全球的影响很小)。因此,在美好的未来,大脑损伤可能会利用原材料进行修复,这些原材料不在我们的骨骼或皮肤中,而是存在于整个大脑中。

随着2004年11月加利福尼亚州干细胞法案的通过,该州希望在这一领域引领世界,并且已经吸引了该领域的一些优秀研究人员和公司,但不可避免的法律诉讼使一切都被搁置了,直到2007年才又继续进行。然而,据报道,在美国以外的地方已经有成功申请的案例。

2006年2月,国际干细胞治疗组织报道了一个成功案例:2005年11月,科研人员对一名42岁的爱尔兰男子成功地进行了干细胞移植,该男子3年前被诊断出患有进展型多发性硬化症。塞缪尔·邦纳(Samuel Bonnar)是爱尔兰纽敦阿比区的一名店主,他的身体越来越虚弱,症状表现包括说话困难和血液循环不畅等。他曾在爱尔兰的两家医院接受过传统的多发性硬化症治疗,但效果甚微。在接受国际干细胞治疗组织的鸡尾酒治疗后的几天内,他的语言和行动能力得到了极大的改善。两周后,他恢复了爬完整个楼梯的能力,双手指尖的麻木感也只是偶尔出现了。

同样在 2006 年 2 月,杰龙公司宣布了一项研究成果,该研究表明从人类胚胎干细胞分化出来的心肌细胞在移植到梗死的大鼠心脏后,能够存活、植入并防止心脏衰竭。这项工作提供了一个概念验证,即移植的人类胚胎干细胞所分化的心肌细胞显示出治疗心衰的应用前景。

2004 年 1 月,由黄禹锡(Hwang Suk)领导的韩国科学家宣布,他们已经克隆了 30 个人类胚胎以获得干细胞,他们希望有一天这些干细胞能用于治疗疾病。但韩国人成功培育出大量先进克隆的事件立即重新引发了关于克隆的辩论,但成功克隆人类胚胎以提取干细胞的韩国科学家则呼吁在全球禁止克隆婴儿。不幸的是,后来的事件证明,黄禹锡课题组使用了另一种克隆方式,即数字克隆①,改变了他们的许多图像,从而使人们对其工作的真实性产生了怀疑。

7. 克隆动物

20 世纪 90 年代末,在多莉羊的到来所带来的欣喜之后,越来越多的哺乳动物(和其他一些脊椎动物)出现在了世界舞台上。

在 2002 年 2 月的《自然》杂志上,基因储蓄和克隆(Genetic Savings and Clone, GSC)公司的第一个产品亮相了。CC(Copy Cat 或 Carbon Copy)出生于 2001 年 12 月 22 日,是 87 个克隆猫胚胎中唯一一个幸存的克隆小猫。得克萨斯 A&M 大学的研究人员使用多莉羊体细胞核移植系统,将三花猫卵丘细胞核的 DNA 移植到另一只猫的去核卵细胞中,然后将培育的胚胎移植到第三只猫的体内。虽然基因测试证实这只小猫确实是由原始三花猫细胞的基因复制而来的,但称它为 CC 有点用词不当,因为它没有三花猫母亲的典型标志。这一现象说明了表观遗传效应属于不精确的"克隆"。三花猫的颜色

---

①　也就是说,该课题组存在学术造假行为,通过修改图片来获得想要的结果。——译者注

是 X 染色体连锁的，而且在自然选择下，为了竞争公平，在所有雌性动物中，两条 X 染色体中的一条在胚胎发育早期的常染色体细胞中会失活。一旦这种被称为 X 染色体失活的效应发生，相同的 X 染色体将在该细胞的所有后代中失活，失活的 X 染色体则被称为"巴氏小体"。由于这个过程是随机的，所以在三花猫中形成了独特的斑驳毛色。这种现象与 DNA 甲基化和转录组多态性有关。这进一步证实了这种表观遗传特征不会通过克隆进行转移。CC 的产生是 1997 年在加利福尼亚州太浩湖举行的转基因动物会议（由该作者的项目组织）上一项提议的结果。在该会议上，一只名叫米西（Missy）的已绝育混血牧羊犬的富有主人出价高达 500 万美元来克隆他心爱的宠物。得克萨斯 A&M 大学的马克·韦斯特胡辛（Mark Westhusin）接受了他的提议，并与 GSC 公司联合成立了 Missyplicity 项目，该项目最终产生了克隆猫 CC。

来自得克萨斯州的朱莉成为第一个收到克隆宠物的付费客户。2004 年 12 月 10 日，GSC 公司在旧金山的一家餐厅举办了一个节日派对，将她的已故猫咪妮基（Nicky）的"双胞胎"小妮基赠送给她作为圣诞惊喜。妮基是一只缅因猫，于 2003 年 11 月去世，享年 17 岁。从各方面来看，她对自己的克隆宠物都非常满意，但一些动物收容所认为，这 5 万美元用在拯救每天被遗弃的猫身上会更好。GSC 公司独家授权的染色质转移克隆方法包括对要克隆的动物的细胞进行预处理，以去除与细胞分化有关的分子。他们声称，各种动物研究表明这种方法比核转移更有效。这种方法如果用于克隆多莉羊和大多数其他动物，能产生更健康的动物。

研究人员认为，狗可能是最难被克隆的动物之一。原因如下：目前对它们的生理学了解甚少；它们产生的是未成熟的卵子，而大多数哺乳动物的卵子是在卵巢内达到成熟并在排卵时可用于克隆的，但狗排出的未成熟卵子是在输卵管内达到成熟的，因此在排卵后 2～5 天才能受精，并且这种卵子是不透明的，被富含能量的黑色脂质所覆盖，因此难以评估和去核；狗的发情次数不多，使得克隆胚胎的代孕移植变得困难。2005 年，负责改进人类干细胞生产方法的韩国团队称他们已经成功地生产出了人类干细胞。随后他们称，已经成功通过体细胞核移植途径克隆了一只狗。虽然黄禹锡的确捏造了他关于人类干细胞的工作,但在 2006 年 1 月 10 日,当 DNA 证据证明阿富汗猎犬史纳比(Snuppy)确实是被克隆出来的时候,在某种程度上这开脱了他的罪责。然而,GSC 公司认为,对于这种在西方社会占有重要地位的动物来说,这种方法的缺点是不可接受的。供体细胞的不完全重编程被认为是导致体细胞核移植克隆动物成功率低的一个主要因素。根据 2002 年的一项研究,在通过体细胞核移植产生的所有哺乳动物中有 23% 无法健康成年。他们认为,在其他动物中,这一事实和质量不高的异常结果在克隆研究中可能还是差强人意的,但是不幸的是,对于人类最好的朋友来说,这种不太理想的结果是不能为人所接受的。他们正在设计新的方法,以绕过或减少克隆生产阶段的时间,该阶段似乎会导致一些不可接受的结果。在科学上,这涉及两种不同的技术。第一种技术是染色质转移,该技术涉及对要克隆的动物细胞进行预处理,以去除与细胞分化有关的分子。位于康涅狄格州的染色质转移开发公司奥鲁斯(Aurox)已经用这种技术生产了 50 多头健康小牛。GSC 公司获得了这种胚胎生产方式用于宠物克隆的独家授权,经证实,这种方法的效率比传统克隆技术高约 10 倍。第二种方法是包含了大部分犬科动物基因组的定制基因阵列,他们正在用它来开发胚胎基因组评估技术。

　　2003 年,爱达荷宝石(Idaho Gem)是第一个被克隆出来的马科动物,这一举措使其加入了绵羊、牛、猪、猫、兔、啮齿类动物和斑马鱼的行列。爱达荷大学的戈登·伍德(Gordon Wood)等人利用骡子的胚胎细胞和马的卵子克隆了骡子。爱达荷宝石是赛跑冠军骡子小胡子(Taz)遗传学意义上的兄弟。为了克隆这头赛跑冠军骡子的兄弟,研究人员让小胡子的父母,一头公驴和一匹母马进行交配,并让产下的胎儿生长 45 天,这提供了克隆所需的 DNA。再从母马身上采集卵子,将雄性胚胎细胞的 DNA 植入带核卵子中,然后将其放入母马体内。在 307 次尝试中,有 21 次成功怀孕,有 3 次怀孕到足月。这次克隆尤其特别,因为骡子是驴和马杂交得到的,几乎无一例外都是不育的,不能产生自己的幼崽,克隆可能允许育种者生产相同的冠军骡子的副本。第二个克隆骡子,犹他州先锋(Utah Pioneer),于 2003 年 6 月 9 日出生了。

　　对于许多真正的马爱好者来说,骡子不能被视为真正的马。2003 年 5 月

162

28日,世界上第一匹克隆马的出现标志着又一个新物种的遗传双胞胎诞生了。意大利科学家塞萨雷·加利(Cesare Galli)培育出了世界上第一匹克隆马。这匹克隆马普罗米泰亚(Prometea)是由怀有她的那匹马的皮肤细胞克隆出来的,这使代孕母亲和克隆马驹具有相同的基因。加利(2003)声称,用于克隆普罗米泰亚的方法推翻了母亲不可能生下她自己的同卵双胞胎的观点。在正常怀孕期间,母体的免疫系统会将胎儿识别为外来物并产生特定的免疫蛋白。这些蛋白质是用来维持妊娠的物质。然而,在2003年总第424期《自然》杂志的更正中,作者承认他们的主张不能成立。他们说:"我们已经注意到,此前有报道称一只山羊成功怀上了与其基因完全相同的胚胎。该母亲和她的双胞胎孩子之间(两者都是由单个胚胎分裂产生的)表现出完全的免疫相容性。这些发现也表明,母体的免疫反应不是支持健康怀孕所必需的。"这一点由加利福尼亚大学戴维斯分校的安德森所领导的实验室在2000年证实(Oppenheimer & Anderson, 2000)。

加利说,克隆马驹被称为普罗米泰亚,这种用藐视权威的人物的名字来命名克隆体是一个持续的笑话。这匹马驹的名字参考自普罗米修斯(Prometeus),而普罗米修斯是希腊神话中的一个泰坦[①],他勇敢反抗宙斯并从奥林匹斯山盗取了火种。当加利的团队克隆出第一头公牛时,他们把它命名为伽利略(Galileo),因为他们预计意大利卫生部部长会提反对意见,因为他是虔诚的天主教教徒。卫生部部长声称,研究人员违反了1998年禁止克隆的法令,并将研究人员告上了法庭。伽利略和他的父亲——一头名叫佐尔多(Zoldo)的著名公牛被没收了,这一命运与伽利略——这位17世纪的天文学家非常相似,他因声称地球不是太阳系中心的异端邪说而被监禁(太阳系的现名则来自这一异端邪说)。由于伽利略花了300年的时间才最终得到梵蒂冈的平反,加利也准备进行一场漫长的斗争,但令卫生部部长失望的是,加利和他的同事最终赢得了诉讼,因为伽利略在新法律实施之前已经被克隆了。这种法律和科学的对抗在许多方面上都继续着,因为技术的进步有时会超过

---

① 泰坦:在希腊神话中指乌拉诺斯(天空之神)和盖亚(大地女神)的孩子和他们的后代。——编者注

司法程序的修改速度。

在美国,政府非常关注该事件,要求国家科学研究委员会处理更多的动物生物技术问题,并在 2002 年发表了一份报告——《动物生物技术:基于科学的关注》。该报告研究了两个主要问题:一是基于生物医学目的而对动物进行的改造,包括异种移植和生物制药。二是用于食品目的的动物改造。所涉及的主要技术也可以大致分为使用原核显微注射和体细胞核移植这两种转基因产品生产技术。从纯粹的安全而不是伦理的角度来看,医学方面的关键发现是新传染源的转移,特别是在异种移植中。从食品安全的角度来看,他们提出了新蛋白质的安全问题。他们建议对新蛋白质以及由生物活性、过敏性或毒性引起的食品安全问题,进行具体问题具体评估。

他们认为,关于克隆动物的关键问题是,基因组的重新编程是否以及在多大程度上导致基因表达的改变,从而引起食品安全问题。当然,他们的结论是,在没有来自克隆动物和非克隆动物的食品成分数据比较的情况下,很难量化这种问题,但目前没有证据支持这样的观点,即来自成年体细胞克隆体或其后代的食品存在安全问题。

他们认为,转基因动物最大的问题是它们在逃逸自然环境中的生活和立足。在道德层面上,人们担心动物本身可能会感到疼痛,包括身体和生理上的痛苦,以及行为异常和健康问题。然而,国家科学研究委员会也认识到了减轻或减少这些问题的可能性。总的来说,他们认为目前的监管框架可能没有提供足够的监督,特别是在转基因节肢动物方面,并且机构的技术能力缺乏,无法解决潜在的危害。

8. 植物生物技术

在上个千年的最后一年(或新千年的第一年),对研究界具有重大意义的另一个物种的基因组测序完成了,该研究结果发表在 2000 年 12 月 14 日的《自然》杂志上。植物界的"实验室小白鼠"拟南芥(*Arabidopsis thaliana*)是一种一年生的杂草,广泛存在于各个地区,是一种与甘蓝等十字花科植物有关的芸薹属植物。拟南芥获得"实验室小白鼠"的地位，其原因包括基因组小、生长容易且灵活、结实率高、能适应从北极到赤道的各种生活环境等。

欧盟委员会、美国国家科学基金会和日本千叶县是这一倡议的主要贡献者。来自欧盟、美国和日本的实验室对 1.15 亿个碱基对进行了测序，这些碱基对编码了近 26 000 个基因，超过了当时任何其他已完成测序和分析的基因组。拟南芥的基因组比酵母的大 10 倍，包含的基因多 5 倍，基因组成也更复杂。对序列的分析显示了一个动态的基因组，通过从质体前体转移细菌基因而进行富集。有趣的是，尽管拟南芥是基因组最小的开花植物，但分析结果发现其 58% 的基因组是重复的。由第一种植物的基因组序列产生的影响超出了基础科学的范畴。从拟南芥的基因来看，预测、鉴定和分离任何植物中的大多数基因都是有可能的，因此 2000 年的这一测序事件为提高包括关键作物在内的所有植物的价值提供了一个飞跃。

有趣的是，与果蝇和线虫甚至人类的基因组序列的比较表明，所有这些"高等生物"在相关的细胞功能实现中却使用了许多类似的组成成分。序列分析揭示了细胞功能的保守性，为不同生物之间的研究提供了基础，从而有效地扩大了生物调查的范围。在许多情况下，植物中的不同蛋白质被招募来在其他植物和果蝇以及线虫中执行类似的功能。

到 2000 年，生物技术作物在 13 个国家的种植面积已达 44 万 km²。主要作物是大豆、玉米、棉花、木瓜、南瓜和油菜。在世纪之交更广泛的食品领域中，功能性食品和益生菌的爆炸性增长显示出将该行业扩展到新领域的巨大前景。预计美国功能性食品市场的经济影响将是巨大的，最新估计可达 1340 亿美元，涵盖的食品包括天然功能性食品（如蔓越莓汁、绿茶），有特定健康用途的食品和成分、配方食品（主要针对婴儿和老人）、医疗食品、营养保健品和药用食品。在食品和药品之间的这个过渡带中，食品系统的发展似乎有无限的利基，可以发展促进最佳营养、健康和一般福祉的食品系统。面对这些爆炸性的发展，在涉及食品安全、保存、生物加工和益生菌等问题的领域，未来的食品研究人员面临的挑战将更加令人振奋。

农业生物技术的下一个主要阶段是引进能给消费者带来更明显好处的

性状,以及从食品或饲料加工商的角度来看能赋予增值成分的性状。其中许多性状将为消费者提供显而易见的利益,而其他性状将从食品或饲料加工商的角度提供增值成分。由于市场面临着如何确定价格、分享价值、调整营销和处理方式以适应专门的最终用途特性等问题,下一阶段转基因作物的采用可能会进展得更慢。此外,来自现有产品的竞争也不会消失。具有改良农艺性状的转基因作物还面临着其他挑战,如欧洲的监管进程停滞不前等,这些也将影响营养改良型转基因产品的采用进度。

功能性食品是指任何经过改良的食品或食品成分,它可能提供超出其包含的传统营养成分的健康益处。"营养品"被定义为"任何可被视为食品或食品的一部分,并提供医疗或健康益处的物质,包括预防和治疗疾病"。越来越多的科学证据支持植物化学物质和功能性食品在预防和/或治疗美国至少4 个主要死亡原因:癌症、糖尿病、心血管疾病和高血压中的作用。

开发具有改良品质的植物需要克服代谢工程项目所固有的各种技术挑战。传统的植物育种和先进的生物技术都需要生产出带有所需质量特征的植物。分子和基因组技术的不断改进有助于加速产品开发。新产品和新方法需要重新评估适当的标准来管理风险,同时确保鼓励创新技术和工艺的发展,为消费者提供增值的商品。

美国国家癌症研究所估计,每 3 个癌症死亡病例中就有 1 个与饮食有关,每 10 个癌症患者中就有 8 个与营养或饮食成分有关。其他与营养相关的例子还包括:膳食中的脂肪和纤维与预防结肠癌有关,叶酸与预防神经管缺陷有关,钙与预防骨质疏松症有关,亚麻籽与降低血脂水平有关,抗氧化营养素可以清除活性氧化物,保护细胞免受可能导致慢性疾病的氧化损伤,而这些只是其中几个例子(Goldberg, 1994)。有一组植物化学物,即异硫氰酸盐(包括硫代葡萄糖苷、吲哚和萝卜硫素等)存在于西兰花等蔬菜中,已被证明可以触发酶系统,阻断或抑制细胞 DNA 损伤,并缩小肿瘤(Gerhauser et al., 1997)。大量有关植物化学物质的研究表明,植物化学物质和功能性食品对人类和其他动物的健康的潜在影响值得被深入研究。接下来,我们将讨论在宏量(蛋白质、碳水化合物、脂类、纤维)和微量(维生素、矿物质、植物化学

165

物)水平上提高营养质量以及在抗营养素的改良方面正在进行的工作的具体例子，但首先我们要了解使植物性状改造可行的技术。

代谢工程一般被定义为重新定向一个或多个酶反应，以改善现有化合物的生产，从而生产新的化合物或介导化合物的降解。近年来，研究人员在许多植物途径的分子剖析和利用克隆基因设计植物代谢方面取得了重大进展。虽然有许多成功的案例，但还有更多的研究产生了意想不到的结果。通过添加一两个基因，对性状进行修改，产生了有针对性的、可预测的结果。然而，对代谢途径进行操作所得到的这些数据凸显出我们对植物代谢的理解是零散的，并突出了我们克隆、研究和操作单个基因和蛋白质的能力与我们对它们如何被整合到植物复杂的代谢网络中的理解之间日益增长的差距。这些具有意外结果的实验促使人们认识到，彻底了解酶的个别动力学特性可能对我们了解它在代谢网络中的作用并没有什么参考价值。这些研究还清楚地表明，当把单个酶的动力学推断为复杂代谢途径中的通量控制时，必须谨慎。对工程产品的监管是为了检测生物技术作物中的这种意外结果，随着更多代谢修饰的出现，我们可能需要更新分析方法。

2000 年 5 月，代谢工程的先驱之一，在苏黎世开发"黄金大米"（Golden Rice）的因戈·波特里库斯宣布，发明者已经通过一个名为绿色更新（Greenovation）的非营利组织将其权利独家转让给了先正达（Syngenta）公司用于人道主义目的，并且该公司有权将公共研究转授给发展中国家的研究所和贫困农民。水稻是养活世界上近一半人口的主食，但碾碎的大米不含任何 β-胡萝卜素或类胡萝卜素前体。将原核系统的观察结果纳入他们的工作体系，使研究人员能够在 20 世纪 90 年代从植物中克隆出大部分类胡萝卜素生物合成酶。由波特里库斯领导的研究小组发现，未成熟的水稻胚乳能够合成 β-胡萝卜素生物合成过程中的早期中间产物（Ye et al., 2000）。利用来自水仙花和土壤中的欧文氏菌的类胡萝卜素途径基因和核酮糖-1,5-双磷酸羧化酶/加氧酶转运肽，他的团队成功地在水稻胚乳中产生了 β-胡萝卜素。这一重大突破促进了"黄金大米"的开发，并表明合成维生素 A 前体的重要步骤可以在通常不含类胡萝卜素的非绿色植物部分中进行设计。

绿色更新组织合作的目的是加快进行所有适当的营养和安全测试并加速获得监管部门对"黄金大米"的批准过程。签约公司（包括拜耳、孟山都、诺华、阿斯利康）将与发明者一起制定必要的许可框架,以区分什么是人道主义项目和什么是商业项目,随后捐赠免费许可,为符合该计划的发展中国家提供操作自由。该协议旨在确保"黄金大米"尽快惠及最需要帮助的人群,并使其可能发展成为旨在造福发展中国家贫困人口的公私伙伴关系中的典范。它可以让科学家与发展中国家的生物技术专家和水稻育种者相互交流,在开发出用于人道主义目的的水稻育种系的同时,提供商业结构。这将有助于确保免费的馈赠继续保持,并保证质量。

到 2001 年,水稻本身成为第一个完全绘制出基因组图谱的食用植物。同年,中国国家杂交水稻研究人员报道了一种"超级稻"的开发,其产量是普通水稻的两倍。在这一年,研究人员还完成了两种农业上非常重要的细菌 DNA 的测序,一种是固氮物种苜蓿中华根瘤菌（*Sinorhizobium meliloti*）,它以前是少数被批准用于农业的转化细菌之一,另一种是根瘤农杆菌,它是大自然的"基因工程师",也是植物转化的主要工具之一。

截至 2000 年,大多数被批准的作物改造都是针对生物性危害的,2001 年的成功之一是研究人员开始解决非生物胁迫。加利福尼亚大学戴维斯分校的科学家爱德瓦尔多·布卢姆瓦尔德（Edwardo Blumwald）将拟南芥中的单个蛋白质转运基因插入番茄植株中,创造了第一个能够在盐水和盐渍土中生长的作物。世界上 40% 的灌溉土地受到盐度限制,在美国,25% 的土地上的作物生产也受到盐度限制,这大约相当于加利福尼亚州面积的 1/5。布卢姆瓦尔德所开发出的植物即使在比正常盐度高 50 倍以上的灌溉水中也能生长并结出果实,这种盐度比海水的盐度都高 1/3 以上。

2002 年 4 月,先正达公司宣布,该公司的托里-梅萨研究所发表了他们对水稻基因组的首次重要分析。先正达公司的水稻基因组序列分析确定了大约 45 000 个基因（当时比人类的基因至少多 10 000 个）,这些基因嵌在水稻 12 条染色体由 4.2 亿个碱基对组成的核苷酸中。据托里-梅萨研究所当时的所长史蒂夫·布里格斯（Steve Briggs）介绍,该分析涵盖了 99% 以上的水

167

稻基因组,准确率达 99.8%,这一研究使先正达公司的水稻基因组项目成为迄今为止对任何谷类作物最全面和完整的分析之一。布里格斯声称,利用这项研究,他们可以加速为全世界的农民和消费者开发新的和创新的水稻问题解决方案。

不出所料,这种原始谷物的基因组显示出与其他主要谷类作物基因组很高的相似性,包括玉米、小麦和大麦。先正达公司发现,大约98%的已知玉米、小麦和大麦基因都存在于水稻中。利用这种相似性,先正达公司在水稻基因组里找到了超过 2000 个谷物性状。先正达公司在该研究中使用了低深度随机片段测序策略,这种策略通常被称为"鸟枪测序",从而确保以最低的成本获得尽可能广泛的基因组覆盖。这种策略所表现出的高覆盖率和高精确度支持继续将鸟枪测序用于其他谷类作物的基因组测序。先正达公司测得的序列通过托里-梅萨研究所的网站向公众提供。时任先正达公司研究和技术主管的戴维·埃文斯(David Evans)认为,基因组工具将协助植物育种者开发令人振奋的新产品,以帮助应对未来的食品、健康和安全问题等挑战。此后,先正达公司继续与公共研究机构合作,生产出了准确度为 99.99% 的水稻基因组的成品版本。该完成版已存入 GenBank[①] 数据库。

2002 年,第一份关于水稻最重要的病原体——稻瘟病菌(*Magnaporthe grisea*)的基因组的 95% 的序列草图完成了,该基因组由 4000 万个碱基对组成。这种病原体是一种真菌,每年摧毁的水稻足以养活 6000 万人。导致稻瘟病的真菌的基因组是由怀特海德研究所在线公布的。这是第一次公开提供一个重要的植物病原体的基因组结构。麻省理工学院和北卡罗来纳州立大学的合作团队使用细菌人工染色体文库的"指纹识别"技术,使用小序列标签连接器来提供稻瘟病菌基因组中所有基因片段的复制。怀特海德研究所的研究人员随后对该文库进行了 6 次鸟枪测序。

168   在 2002 年秋季,汇编并注释完成的稻瘟病菌基因序列被公布了。现在有一个专门的网站来进行这项分析。北卡罗来纳州立大学的迪安(Dean)研

---

①   GenBank 是美国国家生物技术信息中心建立的 DNA 序列数据库,从公共资源中获取序列数据,这些序列数据主要是由科研人员直接提供的,或来源于大规模基因组测序计划。——编者注

究小组正在研究基因表达谱,以确定当病原体进行攻击时,哪些基因在宿主和病原体中都被激活。这使研究人员能够系统地逐一消除每个病原体基因,看看它对疾病过程有什么影响,并最终帮助阐明植物的易感性与抗性反应的复杂过程。

对基因组学的价值持有同样看法并对开放数据分析有类似看法的人是理查德·杰斐逊(Richard Jefferson),他发明了优良的、先于 GFP(green fluorescence protein,绿色荧光蛋白)的 GUS(β-葡萄糖醛酸酶),这是最早用于植物转化的用户友好型标记系统之一。20 世纪 90 年代初,杰斐逊在澳大利亚堪培拉成立了国际农业分子生物学应用研究中心,并在 2000 年开创了他所说的"转基因组学"。其理念是为了引入一种新的遗传性状,不是插入基因,而是插入增强子捕获系统,通过释放转座子(可动遗传因子)来改变基因的自我调节。他们选择水稻作为所谓的跨基因组学计划的第一种作物,其原因与直接基因组学研究人员选择水稻的原因大致相同。这一选择可以归因于水稻作为遗传模型的优良特性,以及它作为世界上一半人口的主食的重要性。该团队正在分两步开发水稻中的跨基因组学计划。

他们先使用一种特别定制的"增强子陷阱"捕获了大量基因组区域,该陷阱采用转录激活剂来生成反式激活剂"模式"系。使用国际农业分子生物学应用研究中心开发的一些报告,他们在实验室里对一群转录激活剂品系进行了定性分析。下一步是在田间条件下检查这些品系,这一步也是转基因怀疑论者最常提出疑问的一步,是基于布鲁斯·埃姆斯(Bruce Ames)在其自称的"埃姆斯实验"中提出的一项旧技术。这项技术被称为"功能性诱变",是由国际农业分子生物学应用研究中心使用一组转录激活剂品系作为遗传背景进行的。在这个过程中,植物自身基因的新型表达模式揭示了其潜在的表型和性状。一般来说,他们会在植物的化石历史中搜寻有趣的基因和基因家族,这些基因和基因家族的开关在历史上的育种计划中曾被选中(无论是有意的还是无意的)。

他们计划筛选大量的突变体,以确定具有改进价值和所需特性的植物。到目前为止,国际农业分子生物学应用研究中心已经创造了 5000 个水稻转基因品系,这些品系有能力在新的位置或新的时间产生新的基因。然后,这些"激活"的品系可以与育种者感兴趣的现有栽培品种进行杂交。反过来,育种者又可以在随后几代中寻找表达的新特性。这项技术的测试正在中国的武汉大学进行。如果它在水稻上起作用,那么该技术可以被推广到一系列作物中。

虽然目前还处于转基因组学的早期阶段,但国际农业分子生物学应用研究中心的专利项目已经取得了成果。在洛克菲勒基金会的资助下,该中心花了两年时间建立了一个可搜索的网络数据库(www.cambiaip.org),其中包含了来自美国、欧洲各国和国际专利合作条约体系中多于 25.7 万项的农业相关专利。该网络数据库建立的目的是创造一种简单的手段,让普通用户也能够利用这个庞大的专利文件库中所包含的丰富的技术和商业信息,否则的话,这些信息的获取将是非常昂贵和棘手的。这个可搜索的网站于 2004 年 8 月被推出,在最初的几个月里,每天都有来自世界各地用户的数百次访问。

然而,与现有的转基因植物技术不同,转基因组学相关技术还没有在实地得到证实。

21 世纪还见证了植物技术的第一个纯美学应用。花基因(Florigene)公司(来自澳大利亚)推出了他们"月影"系列的蓝色康乃馨。鲜切花是一种具有高价值的国际贸易商品。在世界范围内,每年的零售贸易额超过 250 亿美元。最大的市场是德国、日本和美国。这些市场中的每一个,零售价值每年都为 30 亿~50 亿美元。其他重要的市场来自西欧的个别国家,这些国家的鲜切花人均消费量是世界上最高的。二三十种鲜切花占了国际销售的绝大部分。在这些花卉类型中,有许多品种,每年都有新的品系问世。除了农艺特性外,新颖性是新品系成功营销的一个极其重要的因素,因为鲜切花业本质上是一个时尚产业。

通过连续杂交和人工选择的"经典"花卉育种有其局限性,例如,没有人能成功地培育出蓝色玫瑰或橙色矮牵牛花。然而,将单个基因引入植物的能力(分子育种)使开发具有新颖审美特性的植物物种成为可能。现代技术的发展是为了满足新世纪观赏业的需求。现有的基因转移方法可以大大缩短育种程序,克服一些农艺和环境问题,这些是通过传统方法无法实现的。

涉及组织培养、细胞和分子生物学的花卉生物技术操作有助于开发新种质,可以更好地应对不断变化的需求。基因工程这一策略对玫瑰来说是非常可取的,因为它们有利于改变(或引进)单一基因的性状,而不会破坏目标品种原有的、有商业价值的表型特征。一系列的转基因物种都具有潜在的价值,包括抗病虫害、花色、形态和瓶插寿命,以及植物的结构和香味等。科学家在观赏植物方面进行了广泛的研究,包括微繁殖、愈伤组织再生和体细胞胚胎发生等。

参与这项研究的主要公司在澳大利亚。花基因公司的研究方向是为世界上最受欢迎的两种花卉作物(玫瑰和康乃馨)的种植者和消费者增加价值。该公司已经开发了将基因引入这些作物的专有方法,目前在包括美国、欧盟各国、日本和澳大利亚在内的司法管辖区拥有 50 项已颁发或待审的专利,保护能够影响鲜切花的重要经济性状的基因。新奇的颜色为花卉的销售增加了相当大的价值。许多世界上最受欢迎的花卉永远都无法产生淡紫色或蓝色的色素,因为它们不含产生这种色素所必需的基因。花基因公司已经开发出了在玫瑰、康乃馨和菊花这些最畅销的花卉中产生这种色素的技术。

花朵的颜色是由两种类型的色素造成的:黄酮类化合物和类胡萝卜素。类胡萝卜素存在于许多黄色或橙色的花朵中,而黄酮类化合物对红色、粉色和蓝色色调有影响。对这些颜色具有重要影响的黄酮类化合物是花青素苷,它是一种只在植物中起作用的生化途径衍生物。矢车菊素和花葵素一般存在于粉红色和红色的花朵中,而飞燕草素通常存在于蓝色花朵中。在玫瑰或康乃馨中从未发现飞燕草素。许多植物物种缺乏产生蓝色或紫色花朵的能力,就是因为它们不能合成这些被称为 $3',5'$-羟基取代花青素苷的物质。

在植物中,参与黄酮类化合物合成的细胞色素 P450 酶家族的作用可以通过花的颜色直接看到。细胞色素 P450 酶家族对二氢黄酮醇在 $3'$ 位和 $5'$ 位的羟基化(无色化)是一个特别重要的步骤,因为这一步决定了是形成红色还是紫色或蓝色的花青素苷。在矮牵牛花中,红色和品红色花朵所需的 *Ht1* 基因座编码细胞色素 P450 酶——类黄酮 $3'$-羟化酶。另外两个基因座 *Hf1* 和

170

Hf2 则决定了花青素苷在 3′位和 5′位的替代以及紫色和蓝色花朵的产生。对 *Hf1* 和 *Hf2* 基因座的分离表明,两者均编码具有类黄酮 3′,5′–羟化酶(F3′ 5′H)活性的细胞色素 P450 酶。

玫瑰和康乃馨等物种缺乏 F3′5′H 活性,因此不能产生紫色或蓝色的花朵。此外,矮牵牛含有两个基因座,分别为 *Hf1* 和 *Hf2*,编码具有 F3′5′H 活性的细胞色素 P450 酶。为了引入真正的蓝色和紫色,花基因公司从矮牵牛中分离出了生产飞燕草素的 F3′5′H 转基因,并将其引入玫瑰和康乃馨中,由此,该公司生产了各种颜色的康乃馨。1999 年 6 月,该公司在堪萨斯城的一个大型园艺展览会上推出了紫色康乃馨,并将其命名为"月影",2000 年,该植物在荷兰阿尔斯梅尔的全球花卉大会上正式向欧洲推出。在新千年的第一个 10 年结束之前,该公司计划推出一种黑色康乃馨。

虽然这种颜色在康乃馨中效果很好,但人们发现影响 pH 的基因和花青素苷形成之间存在着紧密的联系,对于玫瑰来说,低液泡 pH 会影响颜色的形成,因此引入基因来提高 pH,使玫瑰的颜色多样化的进一步工作正在进行。因此,尽管蓝玫瑰的形成仍未实现,但离实现又近了一步。

9. 不到 10 年的转基因技术

2002 年 6 月,美国国家食品和农业政策中心对生物技术作物的研究发现,在美国种植的 6 种生物技术作物——大豆、玉米、棉花、木瓜、南瓜和油菜在与非转基因作物相同的种植面积下,额外生产了 18 亿 kg 的食物和纤维,提高了 15 亿美元的农场收入,减少了 2000 万 kg 的农药使用。美国国家食品和农业政策中心的研究发现,抗农达(Roundup Ready,商品名)大豆为农民提供了诸多有利条件,包括更容易的杂草管理,对作物的伤害更小,对作物轮作没有限制,增加无公害程度和更便宜的成本等。由于除草剂的成本降低,使用抗农达大豆的美国农民在 2001 年节省了大约 7.53 亿美元。草甘膦控制的杂草范围很广,这意味着大豆种植者不再需要用多种除草剂的组合来进行多次施药。总的来说,对 27 种生物技术作物的 40 个案例研究表明,植物生

171

物技术可以帮助美国人额外收获 63 亿 kg 的食物和纤维,提高 25 亿美元的农场收入,减少 9400 万 kg 的农药使用量。2003 年,美国国家食品和农业政策中心的另一项研究表明,种植生物技术作物的美国农民获得了 27% 的农场净收入。

根据国际农业生物技术应用服务组织发布的报告,到 2003 年,全球转基因作物的种植面积增加了 15% ,即 9 万 km^2(James, 2003)。根据该报告,2003 年全球转基因作物的种植面积达到了 67.7 万 km^2,目前全世界一半以上的人口生活在政府机构正式批准并种植转基因作物的国家。此外,全球超过 1/5 的作物(包括大豆、玉米、棉花和油菜)面积中含有利用现代生物技术生产的作物。

到 2004 年,17 个国家的 8.25 万农民正在种植生物技术作物,另外 45 个国家正在进行研究和开发(James, 2006)。2003—2004 年全球转基因作物的商业价值为 440 亿美元,其中 98% 来自美国、阿根廷、中国、加拿大和巴西这 5 个国家,这些国家都会种植大豆、棉花、玉米和油菜中的一种或多种生物技术作物。北美仍然是植物生物技术研发的中心,按 2003—2004 年的产值计算,美国和加拿大均为排在前五的生产国:加拿大为 20 亿美元,美国为 275 亿美元,这些产值来自大豆、玉米、棉花和油菜。这两个国家已经进行了数以千计的田间试验,到 2003 年,美国已经对 24 种作物进行了田间试验。试验对象包括对抗真菌的马铃薯、花生、李子、香蕉、水稻、莴苣,耐盐的黄瓜,耐除草剂的豌豆、洋葱、烟草和许多其他作物。到 2004 年,加拿大生产、批准或实地测试的田间作物比任何其他国家都多。美国迄今为止总共批准了 14 种作物,包括玉米、棉花、油菜、大豆、菊苣、亚麻、甜瓜、木瓜、马铃薯、水稻、南瓜、甜菜、烟草和番茄。

自 1996 年第一种生物技术作物被商业化以来,10 年来,这些作物由 21 个国家的 850 万农民进行商业化种植,比 2004 年 17 个国家的 825 万农民增加了 3% 。2005 年,生物技术作物的种植面积累计达到了 400 万 km^2。值得注意的是,2005 年伊朗种植了第一批生物技术水稻,这是全球范围内首次种植这种重要粮食作物的生物技术产品。捷克首次种植了 Bt 玉米,使种植生

172 物技术作物的欧盟国家总数达到了 5 个,除了西班牙、德国和捷克外,法国和
葡萄牙分别在间隔 4 年和 5 年后重新恢复种植生物技术玉米。这可能是标
志欧盟变化的一个重要趋势。这类作物的第一代主要侧重于农艺性状的投
入,下一代则将更多地集中在附加值的产出性状上。在未来 10 年,一些研究
估计全球生物技术作物的价值将增加近 5 倍,达到 2100 亿美元。

美国消费者总体上对此保持积极的态度。值得注意的是,消费者并没有
单独将转基因产品列为避免食用的产品。事实上,在国际食品信息委员会
2004 年进行的一项调查中,绝大多数消费者(59%)认为该技术将在未来 5 年
内使他们或他们的家庭受益。受访者预计在质量和口味(37%)、健康和营养
(31%)以及减少化学品和农药(12%)等方面受益。调查还发现,80% 的美国
人想不出任何他们希望添加到食品标签上的信息,这些信息"目前没有包括
在食品标签上"。10% 的人认为应该添加的信息是营养成分,4% 的人认为是
食品成分,只有 1% 的人认为生物技术是他们希望在食品标签上看到的信息。

尽管北美在研究方面处于领先地位,但在从事农业生物技术研究、开发
和生产的 63 个国家中,有一半以上是发展中国家。中国已经成为生物技术
研究的一个主要中心。中国政府已投资数亿美元,在生物技术研究资金方面
排名世界第二,仅次于美国。世界各地数以百万计的农民迅速采用和种植转
基因作物;全球各类政府、机构和国家对转基因作物的支持越来越多;独立来
源的数据也证实并支持与转基因作物相关的利益(Runge & Ryan, 2004)。

虽然在 1999 年欧盟暂停审批后,欧洲的生物技术研究和开发明显放缓,
但欧洲对生物技术作物的立场并不能阻止世界其他地区采用生物技术。根
据朗格(Runge)和瑞安(Ryan, 2004)的一项研究,随着欧盟变得越来越孤立,
这将阻碍其年轻的科学家和技术人员追求在欧洲的职业发展。从另一个层
面讲,如果欧盟将生物技术纳入与世界其他地区协调一致的有序监管框架
中,那么将鼓励该技术更迅速地在国际上传播。更多的国家将加入商业生产
的最高层,而新兴国家将继续扩大这一领域。就植物生物技术的影响范围而
言,欧洲不太可能赶上北美,但其科学和技术能力将使其能够相对迅速地
好转。

10. 伦理、法律和社会影响

　　所有这些已知知识的潜力都带来了新的问题。美国总统克林顿在多莉羊刚刚诞生之后,从《科学》杂志(1997)上发表的一篇文章中展望 21 世纪,在即将到来的新世纪充满乐观的气氛中发出了警告。他要求读者想象一个由科学塑造、受技术影响、被知识驱动的充满希望的新世纪。克林顿认为,我们现在正在进行最大胆的探索,揭开我们内心世界的神秘面纱,为征服疾病开辟新的道路。虽然他坚持认为我们不能在探索科学前沿方面退缩,但他告诫说,科学的发展速度往往快于我们理解其影响能力的发展速度,这就是为什么我们有责任谨慎行事,小心翼翼地利用科学和技术的强大力量,在获得收益的同时将潜在的危险降到最低。

　　早在多年前,人类基因组计划的规划者就认识到,从人类基因组图谱和测序中获得的信息将对个人、家庭和社会产生深远影响。虽然这些信息有可能极大地改善人类健康,但他们意识到这些信息也会引起一些复杂的伦理、法律和社会问题,如应该如何解释和使用这些新的遗传信息? 谁有权访问它? 如何保护人们免受其被不当披露或使用时可能造成的伤害? 为了解决这些问题,伦理、法律和社会影响计划建立了。美国能源部和美国国立卫生研究院将其年度人类基因组计划预算的 3%～5% 用于提供一种新的科学研究方法,即在研究围绕遗传信息可用性的基本科学问题的同时,识别、分析和解决人类遗传学研究的伦理、法律和社会影响问题。通过这种方式,在所获得的科学信息被纳入医疗保健实践之前,相关人员可以确定问题范畴并制定解决方案。这代表了世界上最大的生物伦理学项目,并已成为世界各地伦理、法律和社会影响项目的典范。而一些批评人类基因组计划的人则认为,社会和政治机制不足以规范最终结果。

　　技术层面上的一些棘手问题包括:这些工具将提供在任何相关治疗方法出现之前就能诊断遗传疾病的能力,这可能是弊大于利的,因为它会造成人们的焦虑和沮丧。例如,导致镰状细胞贫血症的 β-珠蛋白基因早在 1956 年

173

就被确认了,但至今我们对这种疾病还没有治疗方法。由于缺乏明确的序列,"正常"的适当定义产生了不确定性,这反过来又使对公共政策问题的讨论变得困难。关于控制人类遗传材料的操作问题令一些批评者感到担忧,因为他们认为,不能仅仅因为这些科学家有能力做这种科学,他们就应该做。

伦理、法律和社会影响具体涉及 4 个方面:① 使用和解释基因信息方面的隐私和公平性,如研究基因信息的含义以及如何防止其被误解或误用。② 新基因技术的临床一体化,这些活动审查基因检测对个人、家庭和社会的影响,并为与基因检测和咨询有关的临床政策提供信息。③ 围绕遗传学研究的问题,这一领域的活动侧重于知情同意和其他与遗传学研究的设计、实施、参与和报告有关的研究伦理审查问题。④ 公共教育和专业教育,这一领域包括向卫生专业人员、政策制定者和公众提供遗传学以及相关伦理、法律和社会影响问题的教育活动。

这些问题中的一个主要关注点是基因隐私问题。2000 年,美国政府采取了第一步措施来解决这个问题,至少对联邦雇员来说是这样。2000 年 2 月 8 日,美国总统克林顿签署了一项行政命令,禁止任何联邦部门或机构在任何雇佣或晋升行动中使用基因信息。这项行政命令得到了一些处理医学伦理问题的主要组织的支持,包括美国医学会、美国医学遗传学学院、国家遗传咨询师协会和基因联盟。公众关注的主要问题是:① 保险公司会利用基因信息来拒绝、限制或取消保险单。② 雇主会利用基因信息来对付现有雇员或筛选潜在员工。由于 DNA 样本可以被无限期地保存,因此还有一个威胁,即样本将被用于收集目的之外的其他目的。

行政命令禁止联邦雇主要求或请求进行基因测试,以作为雇员被雇用或接受福利的条件。雇主不能要求雇员进行基因测试,以评估雇员从事工作的能力。行政命令还禁止联邦雇主使用受保护的遗传信息对雇员进行分类,从而剥夺他们的晋升机会。雇主不能因为雇员有某些疾病的遗传倾向而拒绝将其晋升或派遣海外。根据行政命令,获取或披露雇员或潜在雇员的基因信息是被禁止的,除非是为了向雇员提供医疗服务,应确保工作场所的健康和安全,并供职业和健康研究人员查阅数据。在任何情况下,雇员的遗传信息都将受到联邦和州的所有隐私保护。

11. 伦理、法律和社会影响与基因治疗

2001 年 3 月,美国卫生与公共服务部宣布了美国食品药品监督管理局和美国国立卫生研究院的两项倡议。基因治疗临床试验监测计划旨在通过对研究发起人的额外报告要求来提高审查水平。一系列基因转移安全研讨会旨在让研究人员相互交流,分享他们对意外问题的研究结果,并确保每个人都了解规则。美国食品药品监督管理局还暂停了波士顿圣伊丽莎白医学中心的基因治疗试验,该中心是塔夫茨大学医学院的一个主要教学附属机构,该中心试图使用基因治疗来治愈心脏病,但因为那里的科学家未能遵循协议,可能导致了至少一名患者的死亡。由于这项研究具有与宾夕法尼亚大学研究的技术相似性,因此美国食品药品监督管理局还暂时中止了由先灵葆雅公司赞助的宾夕法尼亚大学的两项肝癌研究。

一些研究小组自愿中止了基因治疗研究,包括囊性纤维化基金会赞助的两项研究,以及位于波士顿的贝斯以色列女执事医疗中心针对血友病的研究。科学家们停下研究,以确保从错误中吸取教训。此外,美国食品药品监督管理局对全国 20 多个基因治疗项目中的 70 项临床试验进行了随机检查,并制定了新的报告要求。

12. 伦理、法律和社会影响与干细胞

鉴于我们的社会对早期胚胎的道德和法律地位持有不同的看法,因此对人类胚胎干细胞的研究无疑是有争议的。成功分离和培养这些特殊细胞的科学报告已经为治疗使人衰弱甚至致命的疾病提供了新的希望,但同时也重新引发了一场涉及人类胚胎和尸体胎儿材料的研究道德的重要全国性辩论。这场辩论促使科学界内外对成体干细胞和胚胎干细胞的生物学和生物医学

潜力形成了挑衅性和相互矛盾的主张。伦理问题不是在说流产胎儿的地位问题，但如果一个人认为堕胎是非法行为，尽管它是合法的，就可以参与由此产生的组织的相关研究吗？

人类胚胎干细胞的伦理地位部分取决于这个问题，它们应该被定义为胚胎还是专门的身体组织。

对于那些认为早期胚胎很少或几乎没有道德地位的人来说，这个问题并不重要，而对于那些认为胚胎需要得到极大保护的人来说，这个问题的答案就是他们的观点。有人提出了一系列的标准来确定人类胚胎植入前的伦理地位。这份标准检查清单包括一个胚胎拥有完整的人类基因组；具有发展成为人类的潜力；有知觉；存在良好的认知能力，如意识、推理能力，或拥有自我概念。那些认为早期胚胎具有完全道德地位的人通常强调这些标准中的前两项，即拥有完整的人类基因组和发展成为人类的潜力，他们认为这两项足以赋予其完全道德地位。

1998年11月，克林顿总统责成国家生物伦理咨询委员会对与人类干细胞研究有关的问题进行彻底审查，并平衡所有的伦理和医学方面的考虑。国家研究委员会和医学研究所成立了干细胞研究的生物和生物医学应用委员会，以探讨干细胞研究的潜力。该委员会组织了一个研讨会，于2001年6月22日举行。

根据公开证言、专家建议和已发表的著作，具有不同观点的个人之间达成了实质性的共识，即尽管人类胚胎和胎儿作为人类生命的一种形式值得被尊重，但我们不应该放弃干细胞研究的科学和临床益处。

2001年8月，布什（Bush）总统批准了一项关于干细胞资助的折中方案。176 决定允许：① 联邦政府对成人干细胞和脐带干细胞的研究提供全部资助。② 对人类胚胎干细胞的研究提供有限的联邦资助，即可用于从体外受精的多余胚胎中提取已有的细胞系。③ 对专门用于开发干细胞或用于治疗性克隆研究（通过胚胎干细胞获得与供体遗传相同且免疫相容的干细胞、组织或器官）的供体胚胎干细胞研究不提供资助。

众议院投票禁止用于研究和生殖目的的人类克隆。众议院否决了该法案的一项修正案,该修正案允许为干细胞研究进行人类克隆,但禁止为生育孩子而进行克隆。该修正案得到了医疗团体的支持。2001 年 11 月,先进细胞技术(Advanced Cell Technology)公司的科学家们宣布,他们已经创造了世界上第一个克隆人胚胎,作为干细胞研究的来源。2002 年 1 月,加利福尼亚州人类克隆咨询委员会建议州立法者和当时的州长格雷·戴维斯(Gray Davis)禁止生殖性克隆以创造相同的人类,但允许治疗性克隆,即将胚胎用于医学研究。2002 年 3 月,参议员萨姆·布朗巴克(Sam Brownback)将克隆辩论带到了参议院,他提出一项法案,该法案将所有人类克隆和使用任何胚胎干细胞或通过人类克隆获得的干细胞进行的治疗方法定为非法的。到 4 月,在白宫的一次演讲中,布什总统呼吁禁止用于研究和繁殖的人类克隆。加利福尼亚州参议员黛安娜·范斯坦(Dianne Feinstein)则提出了一项法案,禁止生殖性克隆,但允许进行治疗性研究。

2002 年 6 月,当时由民主党控制的参议院推迟了对有关人类克隆法案的辩论。9 月,加利福尼亚州州长戴维斯签署立法,批准在该州进行胚胎干细胞研究,并允许捐赠和销毁胚胎。2003 年 2 月,众议院通过了一项禁令,禁止所有用于繁殖或研究的人类克隆,并对违规者处以 100 万美元的罚款和最高 10 年的监禁。

参议院审议了两项竞争性法案:参议员范斯坦希望禁止人类生殖性克隆,但允许将体细胞核移植用于治疗目的(研究阿尔茨海默病、糖尿病、帕金森病、脊髓损伤等)。参议员布朗巴克希望禁止两种形式的人类体细胞核移植。[新的参议院多数党领袖比尔·弗里斯特(Bill Frist)医学博士已经表示支持禁止人类生殖性克隆,但允许用于治疗目的的体细胞核移植。]

2002 年,生命科学委员会发布了一份题为"干细胞和再生医学的未来"的报告,该报告认为在小鼠和其他动物身上进行实验是必要的,但还不足以实现组织替代疗法的潜力,以恢复受损器官的功能。由于非人类动物和人类发育之间以及动物干细胞和人类干细胞之间存在着巨大差异,因此用人类干细胞进行研究是取得进展的关键,这种研究应继续进行。成体干细胞和胚胎干细胞之间以及在不同类型组织中发现的成体干细胞之间也存在着重要的

177　　生物学差异。目前干细胞在医疗领域的作用还未可知,需要对所有类型的干
细胞进行更多的实验以获得更多的数据。生命科学委员会最后提出了一个
问题:我们是否可以得出这样一个结论,由于干细胞都具有成为人类的潜能,
所以他们具有同等的道德地位? 由于潜能在这里可以被理解为"自然潜能",
因此确定干细胞的道德地位,部分取决于其成为人的潜能是自然的,就像胚
胎干细胞一样,还是人工的,就像克隆细胞一样。2006 年 8 月,来自先进细胞
技术公司的罗伯特·兰扎(Robert Lanza)在《自然》杂志上发表了一篇论文,
声称已经找到一种方法来解决使用人类干细胞时所带来的伦理难题。兰扎
更新了一种名为植入前遗传学诊断的方法,该方法从八细胞期卵裂球中取出
一个细胞来测试体外受精胚胎的一系列遗传病(Klimanskaya, 2006)。该方
法自 1988 年开发以来已被广泛使用,是一种拥有并保存造血干细胞的方法。
但仔细想想就会发现兰扎改进的方法几乎不成立。首先,胚胎无法存活,因
为兰扎的方法从所有 16 个胚胎中取出了 128 个细胞中的 91 个,这意味着在
研究完成时,这些胚胎已不再能存活。如果他只从每个胚胎上提取一个细
胞,那么就需要很多的胚胎。其次,大多数被摘除的细胞根本没有任何作用,
这表明在生成细胞系时,并非所有细胞都有相同的地位。最后,这些胚胎代
表了一个狭窄的遗传范围,因为大多数经常去生育诊所的夫妇都是白种人和
不孕不育的人。对于使用在诊所中通过体外受精产生的胚胎生成细胞系的
主要批评意见是,定制设计的疗法只代表具有该特定基因组特征的人所患疾
病的潜在治疗方法。兰扎没有成为当时的英雄,反而成为被无端嘲笑的
对象。

　　2004 年 11 月,加利福尼亚州选民以压倒性的票数支持了 30 亿美元的债
券发行,以资助干细胞研究。然而,这并不足以吸引加利福尼亚大学旧金山
分校前教授佩德森(Pedersen)的回来,他于 2001 年布什妥协案时离开,前往
英国剑桥大学。在英国,干细胞和治疗性克隆已在玛丽·沃诺克(Mary
Warnock)夫人所领导的委员会设计的逻辑伦理框架下获得批准,形成了以科
学为基础的监管环境中更有利的研究氛围。佩德森发誓,在更科学友好的联
邦文化盛行之前,他不会考虑回国。

有趣的是,欧盟,特别是英国,站在一个相互排斥的立场中,他们对人类医学采取了科学而非道德的态度,但当涉及生物技术的另一面,即贬义的、科学上不准确的转基因生物时,却允许非理性而非科学占上风。这种观点也开始出现在大西洋的这一边,因为在加利福尼亚州的 4 个县,与干细胞提案 71 号共享选票的其他措施是禁止种植转基因食品作物。除了一个措施,其他措施均被否决。在 3 月的早期投票中,门多西诺县禁止转基因生物的生长和繁殖。门多西诺的措施除了将 DNA 定义为一种复杂的蛋白质外,还禁止种植混合品种植物,但该县的大多数葡萄树都是混合品种,因为它们是由嫁接在抗病砧木上的结实品种组成的。由于在制定该倡议时缺乏科学依据,所以这种种植方法在无意中被视为了非法。

当然,21 世纪还出现了许多与生物技术问题相关的枯燥的伦理窘境,有些虽然与科学的伦理难题完全无关,但却更具有新闻价值。2003 年,英克隆(ImClone)公司的前首席执行官塞缪尔·瓦克萨尔(Samuel Waksal)开始了 87 个月的监禁,且不得假释。2002 年夏天,瓦克萨尔因内幕交易和逃税而被判刑,并被罚款 400 多万美元,这源于 2001 年年底美国食品药品监督管理局决定拒绝批准英克隆公司的癌症药物爱必妥。他的犯罪同伙玛莎·斯图尔特(Martha Stewart)在 2004 年也被起诉,原因不是内幕交易本身,而是她向联邦通信委员会宣誓否认(法律定义为伪证),说她在收到瓦克萨尔关于美国食品药品监督管理局不会对英克隆公司的临床试验做出正面报告的消息后出售了股票。2004 年 2 月,出现了一个有趣的命运转折,美国食品药品监督管理局批准了爱必妥用于治疗已经扩散到身体其他部位的晚期结直肠癌患者。爱必妥是第一个被批准用于治疗此类型癌症的单克隆抗体。爱必妥是一种基因工程人源化小鼠单克隆抗体,据说它是通过靶向癌细胞表面的表皮生长因子受体并干扰其生长而发挥作用的。

13. 底部有足够的空间!

在过去的 10 年中,一个无处不在的前缀是"纳米",大多数人都会明白这

178

意味着非常小,但很少有人会告诉你这个术语真正代表什么。

纳米科学是研究原子、分子和大分子尺度上的现象和对材料进行操纵的科学,这些材料的特性与大尺寸上的材料有很大不同。而纳米技术是通过控制纳米级的形状和尺寸来生产和应用结构、设备和系统。纳米科学和纳米技术涉及在超小尺度上研究和处理物质。1 nm 是 1 mm 的 1/100 万,一根人类头发的直径约为 80 000 nm。例如,科学家们目前正在更精确地调查分子的原子结构,并研究纳米级的碳是否可以用来提高计算机电路的功率和速度。纳米科学和纳米技术成了真正的跨学科领域,跨越诸如化学、物理学、医学和分子生物学等领域的活动。

1959 年,受人尊敬的物理学家和诺贝尔奖获得者理查德·P. 费曼(Richard P. Feynman)在加州理工学院举行的美国物理学会会议上发表了演讲。他在演讲标题"底部有足够的空间"中清楚地表明了他的智慧,通过这个具有煽动性的标题,费曼介绍了纳米技术的概念,但却没有使用该术语。他讨论了在纳米尺度上做事的可能性、优势和挑战。他借用了《圣经》中天使在针头上跳舞的寓言,并以针头上的整部百科全书为例对其进行了改编,将这个比喻延伸到想象将世界上所有的书都储存在一个小册子里。他还指出,通过微型技术的发展,如更小、更快的计算机以及生物科学先进技术的进一步发展,我们的世界可以通过不同的方式进行改善。他还提出了在单个原子水平上进行控制的想法,以及这种能力将开启的巨大潜力。虽然费曼对纳米级事业的未来充满希望,但他也看到了技术层面的潜在障碍,这些障碍在任何建设性的应用出现之前都必须被克服,比如在纳米世界看到的量子力学和经典力学的不寻常结合。此后他的演讲被称为纳米技术的决定性时刻。不过,费曼的演讲并没有描述完整的纳米技术概念,是 K. 埃里克·德雷克斯勒(K. Eric Drexler)在《造物引擎:即将到来的纳米技术时代》中设想了纳米技术最著名的一幕,即自我复制的纳米机器人。当 IBM(国际商业机器)公司的研究人员创造了今天的原子力显微镜、扫描隧道显微镜以及其他探针显微镜和存储系统(如"千足虫")时,费曼对更密集的计算机电路的兴趣也更加接近现实了。

一些人认为,纳米技术是科学和工程中出现的下一件大事,它可以带来

179

许多好处。例如,科学家们正在研究纳米技术是否可用于改善抗癌药物的输送。但也有人对这种微型科学的发展可能带来的风险以及监管机构是否能在如此快速的认识进步中适当控制这些风险表示担忧。他们提出的问题包括对纳米颗粒的毒性和纳米技术的潜在军事应用的担忧。

最早提到纳米结构和纳米制造是在 1978 年,与 IBM 公司研究的电子结构制造有关,这些电子结构非常小,以至于表现出了量子现象。可以说,IBM 公司是第一个证明而不是仅假设存在纳米水平的替代现实的公司,它在开发纳米水平的诊断潜力方面处于领先地位。在纳米或其他生物传感器中,分子通常被固定在固体表面,在那里它们作为生物分子的特定配体发挥作用,如酶、抗原、抗体和 DNA。IBM 公司已经开发了一系列工具,这些工具有助于将生物分子,特别是蛋白质,在底物的表面进行图案化,并使各种纳米级别的生物活性大分子在表面上达到单个蛋白质级别的集成,以绘制单层图案。他们已经开发了微接触印刷和微流控网络,这些都是用蛋白质对基底进行图案化的强大技术。这些技术的应用实例包括:由微接触印刷创建的在玻璃载玻片上呈现的 IgG 单层荧光,由亲和力标记的瞬时轴突糖蛋白-1 呈现的神经元及其轴突生长,以及微图案白蛋白上的水凝结模式,形成了直径约为 2 μm 的液滴。

180

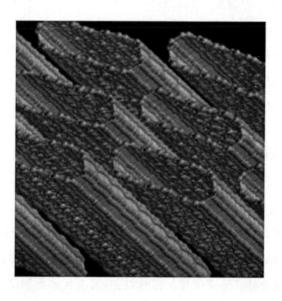

2001 年,加利福尼亚大学圣巴巴拉分校的萨米尔·米特拉格托里(Samir Mitragtori)展示了在生物介质中的纳米级传输,该技术利用小到大多数原子都在表面的磁性纳米颗粒,将药物输送到目标位置。他们建立了一个跨学科的团队,在生物运输、纳米物理、生物化学、生物材料、诊断学、复杂流体的理论和模拟以及纳米颗粒技术方面具有优势互补的背景。

细胞膜脂质双分子层是在进化过程中被选择的在分子(纳米)水平上组织生命的材料。捕捉细胞膜结构的技术可能能从活细胞中获取功能成分。来自伯克利的一个小组在活的 T 细胞及其支持膜之间创造了一个免疫突触,这个突触足够“真实”,足以欺骗 T 细胞。这是第一个能够做到这一点的非生物材料。关于此最直接的应用是利用这个装置来分析用于药物开发的细胞。

2005 年 9 月,普渡大学分子病毒学教授郭培宣与中佛罗里达大学和加利福尼亚大学河滨分校的研究人员合作,构建了一种基于 RNA 的三元纳米颗粒,这种颗粒可以作为运送工具,将治疗药物直接运送到目标细胞。

RNA 三元纳米颗粒具有适当的尺寸,可以进入细胞,并具有正确的三维结构,可以与治疗性的 RNA 伴侣链(最可能是 RNA 干扰)结合,它们有可能阻止病毒或癌细胞的增殖。该团队已经成功地测试了纳米颗粒对小鼠和人类体外细胞系中的癌细胞生长的影响。为了实现 RNA 干扰的前景,必须完整地将纳米颗粒送到靶点,而普渡大学研究小组的系统允许将多种治疗药物直接送到特定的癌细胞,在那里它们可以执行不同的任务。来自美国国立综合医学研究所的科学家简·钦(Jan Chin)指出,这一令人难以置信的成就表现了这些纳米颗粒的多功能性和潜在的医疗价值。

14. 机器的崛起?

1998 年,英国物理学家斯蒂芬·霍金(Stephen Hawking)在白宫的“千禧之夜”上勾勒了他对未来的展望,他说科学家可能很快就会解决宇宙的关键奥秘,基因工程师将迅速改变人类。令在场的一些人惊愕的是,他认为人类及其 DNA 的复杂性将迅速增加。霍金说,基因工程师将加快进化步伐,这种

181

变化可能是必要的,这样人类才能跟上自己的科技进步。他认为,如果人类要应对周围日益复杂的世界,如应对太空旅行等新的挑战,就需要提高其心理和身体素质;而且如果生物系统要领先于电子系统,也需要提高其复杂性。

他并不是唯一一个这样想的人,他认为计算机的进步可能会继续下去,直到机器在复杂性方面能够与人脑相媲美,甚至可能自己设计出新的、"更智能"的计算机。事实上,生物电子学是一种新兴技术,它在传统的集成电路技术或涉及非常规结构(如光学处理器)的应用中采用生物分子代替无机材料。这项研究的驱动力是在分子水平上构建设备的可能性,从而实现极高密度的数据存储站点和纳米级计算机。

在计算领域,微处理器正在接近基本极限。根据摩尔定律,在 2010 年至2020 年,晶体管的特征将下降到 4 或 5 个原子宽,太窄以至于无法用目前的技术可靠地发挥作用。目前正在研究许多替代方案,但除非这些技术能够实现大规模生产,否则摩尔定律将被打破。该定律(实际上是英特尔联合创始人戈登・摩尔的预测)认为晶体管密度每 18 个月就会翻一番,而这一定律在2000 年以前的 20 年里一直是正确的目标。在 21 世纪初,晶体管性能将趋于平缓,使计算机技术达到一种稳态,还是随着计算机采用先进技术而激增1000 倍或更多?

随着这一日期的临近,现在看来不仅一些技术可以取得所需的进步,而且一些领域的发展正在帮助其他领域的发展。工程师雷・库兹维尔(Ray Kurzweil)将此称为加速回报定律。随着某一特定领域的进化,进步之间的时间会缩短,在以前的改进中获得的好处会相互叠加,这将导致进步的速度进一步加快。能够成倍提高处理能力的技术包括分子或原子计算机,即由 DNA和其他生物材料制成的计算机。如果几种类型的计算机蓬勃发展,那么计算机可能不仅会变得无处不在,而且还会进入利基领域——量子计算专门用于加密和大规模数据库搜索,分子计算侧重于机械和微引擎,而光学计算则面向通信。

虽然目前的制造能力还不能可靠地生产这种设备,更不用说以低廉的价格大规模生产了,但许多科学家相信我们会找到解决方案。已经有证据表明，库兹维尔所提出的那种加速的回报确实存在。例如，上述数字微镜设备的应用提高了昂飞公司芯片生产的效率并降低了成本。同样，微型机械（微机电系统）也是利用集成电路所使用的相同蚀刻技术制造的。这些设备将传感器与相当于齿轮和杠杆的东西结合起来，以便进行物理操作。微机电系统甚至有可能建立起量子计算所需的原子级计算机。与生物系统结合，称为生物机电系统，它们将有能力在战场或犯罪现场的病人床边进行快速诊断。

生物系统能够在分子水平上存储信息，并沿着分子水平上定义的途径处理信息。尽管生物过程的运行速度比传统的固态设备慢，但这种损失可以通过操作单元密度的急剧增加而抵消。各种仿生或基于生物的材料，如蛋白质细菌视紫红质，正被评估用于生物电子学。

在生物体内，数据处理是由神经元阵列实现的。尽管单个神经元的运转已广为人知，但生物神经网络的运作在很大程度上仍需探索。最近在微电极阵列上培养单层神经元的成就有望为神经元阵列的操作提供一些启示。尽管神经元设备——生物网络不会在分子尺度上运行，但它们有可能构成包括并行处理器在内的新计算机结构的基础。

随着 21 世纪的发展，其中一个收获是，计算不仅与通信和机械融合，而且将与生物过程融合，产生诸如硬件植入、智能组织、智能机器、真正的活体计算机和人机混合体等可能性。事实上，除非摩尔定律完全失效，否则 2020 年之前的计算机将达到人脑的处理能力，$2×10^{16}$ 次/s 计算（基于 1000 亿个神经元乘以每个神经元 1000 个连接，乘以 200 次/s 计算）。库兹维尔认为，到 2060 年，一台计算机的处理能力将相当于全人类的处理能力。仅仅这种可能性就让我们在使用生物工程和基因工程来扩展人类能力的问题上不再心存疑虑。

确实，在 2000 年，惠普公司宣布在制造分子级计算机驱动元件方面取得了初步成功。惠普公司和加利福尼亚大学洛杉矶分校的科学家们宣布，他们已经使轮烷分子从一种状态切换到了另一种状态，基本上创造了一个记忆组件。下一步将是制造能够提供"和""或""非"功能的逻辑门。这样的计算机可以由三层组成，一层一个方向的电线层，与第二层轮烷分子相连，而第三层的电线则沿相反方向运行。这些部件将被电子化地配置成合适的存储器和逻辑门。惠普公司的科学家们估计,这种计算机的能效比今天的微处理器高1000 亿倍,空间效率也高许多倍。

这些组件本身不会进化,因为硅设备中包含了数以十亿计的组件,但能源和尺寸的优势将使计算无处不在。一台沙粒大小的基于分子的计算机可以由数十亿个分子组成。如果计算机能在三维空间中构建三层以上的深度,而不是今天的处理器所依据的二维光刻,那么尺寸优势将会更大。

分子技术也显示出在创建可移动和施加力的微机电系统方面的前景。一个额外的优势是,传统的蚀刻技术也可以用来制造这些设备。这种微机电系统最终可能能够组装分子或原子级的部件。分子设备的早期工作很难确保它们的最终生产,但是这条路径是对已完成工作的直线外推。一台功能齐全的分子计算机有望在 2010 年和 2020 年之间大规模生产。①

基于生物材料的计算机的工作范围很广泛,从有朝一日可以缩放到细胞尺寸的原型,到由充满 DNA 链的芯片组成的"计算机",再到从水蛭身上提取并连接到电线上的神经元。这样的生物学工作可能是最激进的,因为我们自己的细胞就是分子水平的生物机器,当然我们的大脑就是生物计算机。魏兹曼科学研究所的埃胡德·夏皮罗(Ehud Shapiro)用高 30 cm 的塑料制造了一个生物计算机的原型。如果这个装置真的是由生物分子制成的,它的尺寸将是 2500 万分之一 mm,相当于一个细胞内的单个组件的大小。夏皮罗认为,目前在组装分子方面取得的进展将使细胞大小的设备可以用于生物监测。

在一个有点奇怪的实验中,佐治亚理工学院的研究人员比尔·迪托(Bill Ditto)将一些水蛭神经元与微探针连接起来。他发现,这些神经元会根据输入形成新的相互连接。与硅设备不同,由类似神经元的物质组成的生物计算机在确定解决方案时可以在一定程度上进行自我编程。迪托希望将他的研究成果用于开发机器人大脑,因为在未来许多年里,硅设备的尺寸将大得令人望而却步。

183

---

① 这一愿景目前还未实现。——编者注

科学家们已经利用纳米生物分子设备取得了成功。2001 年，得克萨斯大学奥斯汀分校的克莉丝汀·施密特（Christine Schmidt）利用微小的蛋白质片段（即肽），制作了跨越神经元间隙的紧密连接，以连接神经元和量子点半导体的微小晶体。这种肽的一端附着在神经元的表面，另一端黏附在半导体的表面。由于体积小，该肽将两个表面紧密地结合在了一起。

在一端，肽桥上的化学钩锚住了人类神经元表面的整联蛋白。在另一端，含硫的化学基团与半导体的硫化镉相结合。利用这些肽，研究人员在神经元表面钉上了硫化镉的微小纳米晶体，直径只有 3 nm。由于这些量子点具有荧光性，所以在显微镜下很容易就可以看到由纳米晶体装饰的细胞。量子点可以作为微型电子设备，但同样的方法也可以将神经元附着在传统微电子电路的较大半导体元件上。得克萨斯大学的另一个研究小组设计出了能够识别不同种类半导体的多肽，从而提高了在两端具有选择性的肽焊接分子的可能性。

这种生物学和电子学之间的交叉可能具有有用的应用，包括制造由使用者的神经冲动直接操作的假肢，以及检测微量神经毒素的传感器。它也可能能够帮助研究大脑是如何真正工作的。这种混合体是否预示着生物计算机的出现还有待观察，因为目前还不清楚神经元的计算能力是否比目前用于微电子电路的元件更好。

2003 年和 2004 年，从以色列到美国加利福尼亚州尔湾的独立团队采取了一些不同的方法来研究这种纳米设备的发展。2003 年，加利福尼亚大学旧金山分校的杰弗里·斯特劳斯（Geoffrey Strouse，部分由本书作者的项目支持）发现，催化和空间定向聚合二氧化硅和有机硅的海绵状二氧化硅形成的蛋白质也可以用来催化和空间定向聚合氧化钛。这是第一条在环境友好条件下合成，并且可以同时控制二氧化硅、有机硅、氧化钛和相关材料的实用生物催化路线。斯特劳斯的研究团队还开发了一种可行的读写纳米设备。而这个团队正在通过生物支架设计下一代纳米材料组件。生物支架的目标是应用 DNA、蛋白质或位点特异性结合蛋白与 DNA 双链结构的组合来组装纳米级材料。这些材料作为储存装置具有巨大的潜力。斯特劳斯的团队已经

184

能够利用聚合物组件热波动后能量传输性质的变化,产生光学读写或热擦除存储器图像。

第二年,即 2004 年,加利福尼亚大学尔湾分校的理查德·莱思罗普(Richard Lathrop)和韦斯·哈特菲尔德(Wes Hatfield,也得到了本书作者项目的部分支持)同样采取了以生物为基础的方法,首次创造了稳定的 12 分支霍利迪(Holliday)交叉,作为纳米技术矩阵阵列的基本构建单元。制造大型合成基因的能力是他们将 DNA 作为纳米技术材料的研究对象的一个意外成果。他们获得了一个关于合成基因自组装方法的临时专利。

同年,也就是 2004 年,来自哈佛大学和以色列的两个研究小组开发了混合电子和磁性纳米结构材料的生物途径。麻省理工学院的安吉拉·贝尔彻[Angela Belcher,她在加利福尼亚大学圣巴巴拉分校的斯特劳斯·莫尔斯(Strouse Morse)小组接受过培训,她的研究生项目得到了本书作者的部分资助]在 1 月 9 日的《科学》杂志上报道,实现了利用基因工程噬菌体为下一代光学、电子和磁性设备大量生产微小材料。他们利用了病毒结构本身的优势。病毒有 2700 个主要的外壳蛋白拷贝,这些外壳蛋白在自我组装时,其长度不仅受到基因的控制,而且在晶体学上也是互相关联的,所以尽管病毒是单分散的,但实际上是一个晶体。他们提取并克隆了较小蛋白质的 DNA 序列,使其沿着病毒的主要外壳表达成融合蛋白,并通过注入锌和硫化物,将其作为模板,以此培育基于病毒的半导体线。他们做了电子衍射来观察病毒外壳上的晶体结构,发现尽管这种带有核酸的病毒已经形成了尺寸非常小(大约 3.9 nm)的半导体颗粒,但由于病毒模板是完美组织的,所以这些颗粒本身在晶体学上是相互关联的,就像一个单晶体一样。

贝尔彻对生物制造技术的兴趣可以追溯到她在加利福尼亚大学圣巴巴拉分校的研究生时代。20 世纪 90 年代中期,她发现鲍鱼会利用蛋白质形成纳米级的碳酸钙砖来建造一个坚固的外壳。她认为,其他生物系统可以被征召来制造技术有用的完美纳米级晶体材料的模具。由此她意识到,生物已经制造出了纳米结构,我们细胞中的运转部件已经存在于纳米尺度上。她成功地利用了生物已经拥有的这种潜力,并将其应用于还没有机会运用到的材料上。

185

2002 年，贝尔彻和她在加利福尼亚大学圣巴巴拉分校的教授兼导师胡玲（Evelyn Hu）成立了森酶（Semzyme）公司，该公司于 2006 年改名为坎布利欧（Cambrios）公司。该公司打算利用贝尔彻的策略，为电子行业制造和组装纳米组件。

以色列理工学院的研究人员利用 DNA 的构建能力和碳纳米管的电子特性，制造出了一种镀银和金的自组装纳米晶体管。这项工作被纳米技术专家形容为"杰出"和"壮观"的工作。碳纳米管具有显著的电子性能，而且直径只有 1 nm 左右，被吹捧为一种有助于推动微型化的非常有前途的材料。但事实证明，制造纳米级晶体管既费时又费力。以色列理工学院采取与贝尔彻类似的生物模板方法，通过两步过程克服了这些问题。他们先使用蛋白质使碳纳米管与 DNA 链上的特定位点结合。然后他们使用包被抗体的石墨纳米管与蛋白质相结合。接着他们加入银离子和金离子，金离子在银上成核，进而形成全导线。最终的结果是一个碳纳米管装置在两端由金银线连接。当施加在基底上的电压变化时，该装置会作为一个晶体管而运行。这导致纳米管通过弥补导线之间的间隙来完成电路的切换。该团队已经利用生物技术将两个装置连接在了一起，而且他们认为，同样的过程可以让我们创造出精致的自组装 DNA 雕塑和电路。

2005 年 1 月，加利福尼亚大学洛杉矶分校的卡洛·蒙泰马尼奥（Carlo Montemagno）用大鼠的肌肉组织为微小的硅机器人提供了动力，这种机器人只有人类头发直径的一半宽，这一发展可能会促进帮助瘫痪的人呼吸的刺激器和通过堵塞微陨石（轰击航天器外部的微小颗粒）撞击留下的孔来维护航天器的"肌肉机器人"的产生。这是肌肉组织被用来推动微电机系统的首次演示。经过 3 年的工作，该团队克服了将有机系统与无机系统结合起来的挑战，具体方法是使用一个 50 μm 宽的硅拱，并在其下面粘贴一束心肌纤维。他们给硅片涂上了一种可蚀刻的聚合物。然后去掉了拱底的涂层，并沉积了一层附着有肌细胞的金膜。为了实现这一目标，他们将拱形物放在葡萄糖培养的大鼠心肌细胞培养皿中。3 天后，这些细胞长成了肌肉纤维，并附着在金膜底部，形成了一条贯穿整个拱门的心肌电缆。从培养皿中取出后，这些

186

肌肉机器人立即开始爬行,在葡萄糖这一简单碳源的推动下,速度可达 40 μm/s。当肌肉收缩时,它将机器人的后端向前拉。当肌肉放松时,它将前端向前移动。

他们对使用活体肌肉为微机电系统提供动力感兴趣,是因为肌肉-机器混合体可用于无数的应用中。例如,由肌肉驱动的微机电系统可以作为神经刺激器,让瘫痪的人在没有呼吸机的帮助下进行呼吸;微小的尺寸使它们可以被用作生物传感器或制造分子机器的工具;美国国家航空航天局甚至正在考虑使用肌肉机器人来维护航天器的可能性。

但是,即使没有机器的帮助,我们对生物体基本工作原理的了解也会增加我们的能力,使我们有希望能追逐那最令人向往和难以捉摸的愿望,即在不降低生活质量的前提下延长寿命。直到 1992 年,人们一直认为衰老是错误的熵增。当辛西娅·凯尼恩(Cynthia Kenyon,2001)发现两个关键基因——死神基因(daf-2a)和青春之泉基因(daf-16)时,才从正反两方面支持了她的猜想,即衰老有相当大的遗传因素。凯尼恩被称为加利福尼亚大学旧金山分校赫伯特·博耶生物化学杰出教授(因为她继承了博耶教授挑战现状的传统)和蠕虫世界的统治者。既然进化的关键是在基因层面上的不断迭代,那么对于受可用资源控制的生物来说,只要该物种的基因一直存在,那么在某一特定个体已经把他的基因传递下去很久以后,继续维持该个体就没有什么优势了。因此,从最原始的生物体到蠕虫,再到人类,选择长寿并没有什么好处,直到一个物种不仅可以控制其资源,而且已经达到了一定的自我意识水平时,重点就转移到个体的生存上了。在 1993 年的《自然》杂志上,凯尼恩发表了她导师布伦纳的同名模型——蠕虫的相关研究结果,声称蠕虫的寿命增加了一倍,她因此追溯到了 daf-2。在她的发现之前,科学家们并没有意识到这些主导物质在控制高度复杂的衰老过程中所起的作用,这一过程涉及细胞和器官中的数百个(如果不是数千个的话)单独因素。daf 基因参与了使蠕虫进入 dauer① 幼虫状态的过程,这种幼虫状态是在蠕虫生命早期面临食

---

① dauer 在德文中是耐久的意思。——编者注

物匮乏时的一种反应。与正常进食状态不同,这种状态的蠕虫可以存活好几个月。食物匮乏和高温会促进 dauer 幼虫的形成。dauer 幼虫状态是由一种组成型 dauer 信息素诱导的,当动物聚集在剩余食物周围时,这种信息素的浓度会随之增加。这种幼虫在许多方面与成虫不同。它的生长是被抑制的,含有被认为是可以储存食物的肠道颗粒(由于这个原因,dauer 幼虫看起来很黑)。这时它被一种 dauer 幼虫特有的角质层所包裹,能抵抗脱水。dauer 幼虫的代谢率降低,超氧化物歧化酶水平升高,对氧化应激有相对的抵抗力,也有几种热休克蛋白的水平升高。从 dauer 幼虫状态退出的动物能恢复生长,其随后的寿命与没有经过 dauer 幼虫阶段的个体相似。

到 2004 年,凯尼恩声称,她的团队已经使得他们的蠕虫活到了 125 天,这相当于人类活了 4 个世纪。他们的研究结果表明秀丽隐杆线虫的衰老是由一个胰岛素类信号系统的激素(胰岛素样生长因子-1)控制的。当编码该系统成分的基因突变后,动物的寿命就会延长一倍,并使其保持活跃和年轻的时间比正常情况下长得多。该系统受环境信号和生殖系统信号的调节。许多基因与耗氧生物体所处的矛盾地位是相对抗的,即我们的燃料所产生的副作用是我们毁灭的原因(这与宏观社会经济层面上的情况并无二致!),所以能够抑制那些无政府主义自由基的基因也有助于减缓衰老的累积破坏。

其他研究人员已经进行了不同类型的类似凯尼恩的实验,以延长果蝇和酵母,甚至小鼠这种哺乳动物基因组模型的寿命。由法国生物医学研究机构的马丁·霍尔岑伯格(Martin Holzenberger)和哈佛大学医学院的罗恩·卡恩(Ron Kahn)独立进行的小鼠实验显示,基因工程小鼠的寿命比正常情况下长33%。凯尼恩说,这些实验仍然处于非常早期的阶段,她预计,随着研究人员技术的改进,小鼠的寿命将大大延长。对小鼠和其他生物的研究也支持凯尼恩的论点,即每个生物的寿命是固定不变的旧假设可能是错误的。她认为,寿命可能是由相对简单的遗传机制调节的,这些机制可以通过进化来增强(或减弱),正如基因库资源优化主张中所建议的那样,而不是通过个体优化来刺激对青春之泉的追求。

当我们追求永恒的生命和探索仿生未来时,毫无疑问,生物技术研究已经从所有分子生物学家熟悉的基本的体内和体外系统向前发展了。我们现在已经进入了这样一个时代:在这一领域的研究中,计算机和机器操作方法占据主导地位,并导致我们与纳吐夫人和其他文明创始人的世界相比有光年之遥的进步,甚至在短短几年前,我们的哲学中也没有梦想过这样的进步。

参考文献

Aach J, Bulyk ML, Church GM, Comander J, Derti A, Shendure J (2001) Computational comparison of two draft sequences of the human genome. Nature 409: 856-859

Atala A, Bauer SB, Soker S, Yoo JJ, Retik AB (2006) Tissue-engineered autologous bladders for patients needing cystoplasty. Lancet 2006 367(9518): 1241-1246

Birney E, Bateman A, Clamp ME, Hubbard TJ (2001) International human genome sequencing consortium. Nature 409: 860-921

Collins (2001) The New York Times, February 13, 2001. http://www.precarios.org/nrecortes/nytimes_130201.html

David B (2001) Our genome unveiled. Nature 409: 814-816

Francis F (2003) Our Posthuman Future: Consequences of the Biotechnology Revolution, Picador, 1st Picador edn

Gage FH (2000) Mammalian neural stem cells. Science 287: 1433-1438

Galli C, Lagutina I, Crotti G, Colleoni S, Turini P, Ponderato N, Duchi R, Lazzari G (2003) Animal cloning experiments still banned in Italy. Nat Med 7(7): 753

Gavin AC, Aloy P, Grandi P, Krause R, Boesche M, Marzioch M, Rau C, Jensen LJ, Bastuck S, Dumpelfeld B, Edelmann A, Heurtier MA, Hoffman V, Hoefert C, Klein K, Hudak M, Michon AM, Schelder M, Schirle M, Remor M, Rudi T, Hooper S, Bauer A, Bouwmeester T, Casari G, Drewes G, Neubauer G, Rick JM, Kuster B, Bork P, Russell RB, Superti-Furga G (2002) Functional organization of the yeast proteome by systematic analysis of protein complexes. Nature 415(6868): 141-147

188

Gavin AC, Superti-Furga G (2003) Protein complexes and proteome organization from yeast to man. Curr Opin Chem Biol. 7(1): 21-27

Gerhauser C, You M, Liu JF, Moriarty RM, Hawthorne M, Mehta RG, Moon RC, Pezzuto JM (1997) Cancer chemopreventive potential of sulforamate, a novel analogue of sulforaphane that induces phase 2 drug-metabolizing enzymes. Cancer Res. 57: 272-278

Gianessi L, Silvers C, Sankula S, Carpenter J (2002) Executive summary-Plant biotechnology-Current and potential impact for improving pest management in US agriculture. An analysis of 40 case studies. NCFAP. National Center for Food and Agricultural Policy: 1-23. http://www.ncfap.org/40CaseStudies.htm

Goldberg I (1994) Functional Foods, Designer Foods, Pharmafoods, Nutraceuticals. Chapman & Hall, New York

Harrower TP, Tyers P, Hooks Y, Barker RA (2006) Long-term survival and integration of porcine expanded neural precursor cell grafts in a rat model of Parkinson's disease. Exp Neurol. 2006 197(1): 56-69

Ho Y, Gruhler A, Heilbut A, Bader GD, Moore L, Adams SL, Millar A, Taylor P, Bennett K, Boutilier K, Yang L, Wolting C, Donaldson I, Schandorff S, Shewnarane J, Vo M, Taggart J, Goudreault M, Muskat B, Alfarano C, Dewar D, Lin Z, Michalickova K, Willems AR, Sassi H, Nielsen PA, Rasmussen KJ, Andersen JR, Johansen LE, Hansen LH, Jespersen H, Podtelejnikov A, Nielsen E, Crawford J, Poulsen V, Sorensen BD, Matthiesen J, Hendrickson RC, Gleeson F, Pawson T, Moran MF, Durocher D, Mann M, Hogue CW, Figeys D, Tyers M (2002) Systematic identification of protein complexes in *Saccharomyces cerevisiae* by mass spectrometry. Nature 415(6868): 180-183

Ito T, Ota K, Kubota H, Yamaguchi Y, Chiba T, Sakuraba K, and Yoshida M (2002) Roles for the two-hybrid system in exploration of the yeast protein interactome. Mol. Cell. Proteomics 1, 561-566

James C (2003) Global status of commercialized transgenic crops: 2003. ISAAA Briefs No. 30. International Service for the Acquisition of Agri-biotech Applications, Ithaca, NY

James C (2006) Global status of commercialized biotech/GM crops: 2005. ISAAA Briefs No. 34. International Service for the Acquisition of Agri-biotech Applications, Ithaca, NY

Jin F, Hazbun T, Michaud GA, Salcius M, Predki PF, Fields S, Huang J (2006) A pooling-deconvolution strategy for biological network elucidation. Nat Methods 3(3): 183-189.

189

https：//doi.org/10.1038/nmeth859

Kenyon, C（2001）A conserved regulatory system for aging. Cell 105（2）, 165-168

Klimanskaya I, Chung Y, Becker S, Lu SJ, Lanza R（2006）Human embryonic stem cell lines derived from single blastomeres. Nature 444, 481-485 doi: 10.1038/nature05142

Kornberg TB, Krasnow MA（2000）The Drosophila genome sequence: Implications for biology and medicine. Science 287: 2218-2220

Lorenz C, Schaefer BM（1999）Reconstructing a urinary bladder. Nat Biotechnol 17: 133-134. https：//doi.org/10.1038/6132

Marshall E（1995）A strategy for sequencing the genome 5 years early. Science 267: 783-784

Oh SH, Hatch HM, Petersen BE（2002）Hepatic oval 'stem' cell in liver regeneration. Semin Cell Dev Biol 13（6）: 405-409

Oppenheim SM, Moyer AL, Bondurant RH, Rowe JD, Anderson GB（2000）Successful pregnancy in goats carrying their genetically identical conceptus. Theriogenology 54（4）: 629-39

Runge CF, Ryan B（2004）The Global Diffusion of Plant Biotechnology: International Adoption and Research in 2004. National Press Club, Washington, D.C. http：//www.apec.umn.edu/faculty/frunge/globalbiotech04.pdf

Shreeve J（2005）The Genome War: How Craig Venter Tried to Capture the Code of Life and Save the World. Ballantine Books, Broadway, New York

Steven A, McCarroll, Coleen T, Murphy, Zou S, Pletcher SD, Chin CS, Jan YN, Kenyon C, Cornelia I, Li BH（2004）Comparing genomic expression patterns across species identifies shared transcriptional profile in aging. Nat Genet 36（2）, 197-204

Uetz P（2002）Two-hybrid arrays. Curr Opin Chem Biol 6（1）: 57-62

Venter JC, Adams MD, Myers EW, et al.（2001）The sequence of the human genome. Science 291: 1304-1351

Wang YX, Zhang CL, Yu RT, Cho HK, Nelson MC, Bayuga-Ocampo CR, Ham J, Kang H, Evans RM（2004）Regulation of muscle fiber type and running endurance by PPARδ. PLoS Biol 2004 2（10）: e294

Ye X, Al-Babili S, Klöti A, Zhang J, Lucca P, Beyer P, Potrykus I（2000）Engineering the provitamin A（beta-carotene）biosynthetic pathway into（carotenoid-free）rice endosperm. Science 287（5451）, 303-305

190

生物技术常用术语汇编

以下术语汇编表不是完整的。我们试图囊括在生物技术和基因工程的相关报道中最常用的术语。我们还努力使解释尽可能简单,避免行话。

非生物胁迫(abiotic stress):对植物造成有害影响的外界(非生物)因素,如土壤条件、干旱、极端温度等。

适应环境(acclimatization):生物体对新环境的适应。

主动免疫(active immunity):一种获得性免疫,即指对某种疾病的抵抗力是通过感染该疾病或接受该疾病的疫苗而建立起来的。

活性位点(active site):蛋白质必须保持特定形态才能发挥功能的部分,如酶与底物结合的部分,酶真正发挥酶促作用的部分。

适应(adaptation):从进化的角度来上说,提高了个体在现有环境中生存和繁衍的机会的某些可遗传的个体表征。

加性遗传方差(additive genetic variance):表征与用一个等位基因替代另一个等位基因的平均效应有关的遗传变异。

医辅药/佐剂(adjuvant):注射免疫原时可增加抗体形成和持久性的不溶性物质。

需氧的(aerobic):生长需要氧气。

亲和层析(affinity chromatography):基于生物功能或化学结构,可在生物过程工程和分析生物化学中用于分离和纯化几乎任何生物分子的一种技术,通常用于分离蛋白质。待纯化的分子被特异性并可逆地固定在基质上的互补结合物质(配体)上,基质通常呈珠状。然后洗涤基质以去除污染物,再通过改变实验条件使感兴趣的分子从配体中解离并从基质中以纯化的形式回收。

192 **凝集素(agglutinin)**:一种抗体,能够识别并结合细菌或其他细胞表面的免疫决定因子,使其聚集(凝集)。

根瘤农杆菌(*Agrobacterium tumefaciens*):一种通常导致多种植物产生根瘤病的细菌。从这种细菌中分离出了一种质粒,可用于植物基因工程。这种被称为 Ti 质粒的质粒经过了改造,因此不会引起疾病,但可以携带外源DNA 进入易感植物细胞中。

农艺性状/特性(agronomic performance/trait):涉及农业生产及其成本和农作物土地管理的实践。农艺性状包括产量、投入需求、抗逆性等。

醛缩酶/二磷酸果糖酶(aldolase):一种不受别构调节的酶,在可逆反应中,催化果糖-1,6-二磷酸裂解生成磷酸二羟丙酮和甘油醛-3-磷酸。该酶催化糖酵解途径中的第四个反应,将一个单糖分解成两个三碳单位。

等位基因(allele):给定基因的几种可选形式之一。

等位基因频率(allele frequency):常被称为基因频率。衡量一个等位基因在人群中的普遍度,某一基因位点的所有等位基因在群体中属于一种特定类型的比例。

等位排斥(allelic exclusion):在任何一个细胞中,只转录一个免疫球蛋白的一个轻链基因和一个重链基因的过程,其他基因被抑制。

同种异体(allogenic):同一物种,但基因型不同。

异源多倍体(allopolyploid):由两个物种杂交产生的多倍体。

异源多倍体植物(allopolyploid plant):有两组以上单倍体染色体的植物,从不同的物种遗传而来。

别构调节(allosteric regulation):通过在不与活性位点区域重叠的部位结合小分子来调节酶的活性。

同种异型(allotype):等位基因的蛋白质产物(或其活动的结果),在同一物种的另一个成员中可能被检测为抗原。如组织相容性抗原、免疫球蛋白等,服从简单的孟德尔遗传规律。

可变剪接(alternative splicing):真核生物信使 RNA 前体中内含子不同
的剪接方式,导致一个基因可以产生几个不同的信使 RNA 和蛋白质产物。

Alu 序列(Alu sequence):在人类基因组中发现的一种分散的中间重复
DNA 序列,大约有 60 万个拷贝。该序列长约 300 bp。Alu 的名称来源于切
割它的限制性内切酶 *Alu* I 。

埃姆斯实验(Ames test):一种广泛用于检测可能的化学致癌物的测试,
该测试基于沙门氏菌的诱变性。

氨基酸(amino acid):构成蛋白质的亚基。氨基酸通过肽键连接聚合形
成线性的链,这些链被称为多肽(或足够大的蛋白质)。常见的氨基酸有 20
种:丙氨酸、精氨酸、天冬酰胺、天冬氨酸、半胱氨酸、谷氨酸、谷氨酰胺、甘氨
酸、组氨酸、异亮氨酸、亮氨酸、赖氨酸、甲硫氨酸、苯丙氨酸、脯氨酸、丝氨酸、
苏氨酸、色氨酸、酪氨酸、缬氨酸。

扩增(amplification):增加特定基因或染色体序列拷贝数的过程。这也
包括放大信号以改善检测,作为序列扩增的替代方法。

合成代谢(anabolism):与合成反应有关的代谢。

厌氧的(anaerobic):在无氧条件下生长。

非整倍体(aneuploid):染色体数目不是单倍体数目的精确倍数,这是由
于一组染色体不完整或染色体数目过多造成的。

退火(annealing):两个互补的单聚核苷酸链自发配对形成双螺旋结构,
可以形成双链 DNA 分子、双链 RNA 分子或 DNA-RNA 杂交分子。

抑癌基因(antioncogene):一种阻止恶性(癌变)生长的基因,这个基因
通过突变而缺失会导致恶性肿瘤(如视网膜母细胞瘤)的发生。

抗生素(antibiotic):作为细菌或真菌的代谢副产物形成的化学物质,用
于治疗细菌感染。抗生素可以利用微生物自然生产,也可以通过人工合成
生产。

抗体(antibody):免疫系统针对抗原(一种被认为是外来的分子)产生的
一种蛋白质。抗体与其靶抗原特异性结合,帮助免疫系统破坏外来实体。

反密码子(anticodon)：转移 RNA 中的三联体核苷酸密码子,与信使 RNA 中的三联体配对(互补)。例如,如果密码子是 UCG,反密码子就可能是 AGC。

抗原(antigen)：一种抗体会与之特异性结合的物质。

抗原决定簇(antigenic determinant)：抗原分子中决定抗原特异性的特殊化学基团。其性质、数目和空间构型决定抗原的特异性。也可参见半抗原。

抗营养素(antinutrient)：直接竞争或以其他方式抑制或干扰某种营养物质的利用或吸收的物质。

反义 RNA(antisense RNA)：是由一段 RNA 编码的 DNA 复制和逆转产生的 RNA,通常包括一个蛋白质特异性区域,并将其置于转录控制序列旁边。这个片段可以被运送到靶细胞中,从而进行遗传转化,产生与原始的、非逆转的 DNA 片段产生的 RNA 互补的 RNA。这种互补或反义 RNA 能够与靶 RNA 的互补序列结合,从而抑制靶基因的表达。

抗血清(antiserum)：血清中含有针对某一抗原的特异性抗体。抗血清被用于许多疾病的被动免疫,并可作为抗原的分析和制备试剂。

含量测定(assay)：测量生物反应的技术。

减毒(attenuated)：减弱;关于疫苗,指由经过处理的减毒或无毒病原生物制成。

自身免疫病(autoimmune disease)：一种机体产生针对自身组织的抗体的疾病。

195 　**自身免疫(autoimmunity)**：机体对自身器官或组织产生免疫应答的一种状态。

常染色体(autosome)：性染色体以外的任何染色体。

无毒性的(avirulent)：无法致病的。

B 淋巴细胞(B 细胞)[B lymphocyte (B cell)]：一类从骨髓中释放并产生抗体的淋巴细胞。

枯草芽孢杆菌(*Bacillus subtilis*)：一种在重组 DNA 实验中常用作宿主的

细菌。这种细菌之所以重要,是因为它有分泌蛋白质的能力。

苏云金芽孢杆菌(*Bacillus thuringiensis*,简称 Bt):一种天然存在的微生物,其产生的毒素蛋白只能杀死胃内呈碱性的生物,如昆虫幼虫。作为整个防治体系的一部分,这种毒素蛋白已被用于生物防治几十年。研究人员鉴定了该细菌编码毒素蛋白的遗传信息并将其转移到了植物中,使植物具有了抗虫性。

杀菌剂(bactericide 或 germicide):一类杀死细菌的药剂,又称杀虫剂。

噬菌体(bacteriophage 或 phage):在细菌体内繁殖并杀死细菌的病毒。

细菌(bacterium):微观的、具有非常简单细胞结构的单细胞生物。有的单独利用无机前体制造自己的食物,有的作为寄生物生活在其他生物上,有的生活在腐烂的物质上。

碱基(base):在 DNA 分子上,根据它们的顺序,代表不同的氨基酸的 4 种化学单位之一。4 种碱基分别是:腺嘌呤(A)、胞嘧啶(C)、鸟嘌呤(G)和胸腺嘧啶(T)。在 RNA 中,尿嘧啶(U)替代了胸腺嘧啶。

碱基对(base pair):核酸分子不同链上的两个核苷酸碱基结合在一起。碱基一般只以两种组合配对;腺嘌呤与胸腺嘧啶(DNA)或尿嘧啶(RNA),鸟嘌呤与胞嘧啶。

批处理(batch processing):在生物处理中,于生物反应器中放置一定数量的营养物质和生物体,并在过程完成时去除。另见连续处理。

生物测定(bioassay):通过测定化合物对组织或生物体的影响来确定化合物的有效性,通常与标准制剂进行比较。

生物催化剂(biocatalyst):在生物加工中,一种激活或加速生化反应的酶。

生物化学物质(biochemical substance):生物体内化学反应的产物。 196

生物芯片(biochip):利用生物衍生或相关有机分子形成半导体的电子器件。

生物杀灭剂(biocide):一种能够杀死几乎任何类型细胞的药剂。

生物转化(bioconversion):利用生物催化剂对原料进行化学重组。

可生物降解的（biodegradable）：能够被微生物的作用分解，通常是在适宜微生物的环境条件下进行的。

生物信息学（bioinformatics）：该学科包括开发和利用计算设施来存储、分析和解释生物数据。

生物反应调节剂（biologic response modulator）：改变细胞生长或功能的物质，包括影响神经和免疫系统的激素和化合物等。

生物需氧量[biological oxygen demand（BOD）]：在降解有机物的过程中，生物体在含有有机物的水中用于生长的氧气量。

生物量（biomass）：给定区域内生物物质的总量。如在生物技术中常用，则是指利用纤维素这种可再生资源，生产可以用来产生能源或作为化学工业替代原料的化学品，以减少对不可再生化石燃料的依赖。

生物过程（bioprocess）：用活细胞或其组分生产所需终产品的过程。

生物反应器（bioreactor）：用于生物处理的容器。

生物合成（biosynthesis）：生物体生产化学物质的过程。

生物合成的（biosynthetic）：与生物体由简单物质形成复杂化合物有关。

生物技术（biotechnology）：通过生物过程开发产品。生产过程可以使用完整的生物体，如酵母和细菌，或者使用来自生物体的天然物质，如酶。

197 也可以这样来定义：自然科学与工程科学的融合，特别是重组 DNA 技术与基因工程的融合，以实现对生物体、细胞及其部分或分子类似物的产品和服务的应用。（修改自欧洲生物技术联合会，经国际食品科学技术联合会和国际营养科学联合会食品、营养和生物技术联合委员会认可，1989）。

生物胁迫（biotic stress）：能够危害植物的活体生物，如病毒、真菌、细菌和有害昆虫等。对比可见非生物胁迫。

凝血因子（blood coagulation factor）：启动血液凝固过程的各种蛋白质组分，如凝血因子Ⅷ。

牛生长激素（bovine somatotropin）：一种由牛脑垂体分泌的激素，已被用于通过提高奶牛的饲料效率来提高牛奶产量。

愈伤组织（callus）：一组未分化的植物细胞，对某些物种来说，可以诱导形成整株植物。

卡尔文循环（Calvin cycle）：在由二氧化碳合成葡萄糖的光合作用过程中发生的一系列酶促反应。

致癌物（carcinogen）：能够引起癌症的物质。

分解代谢的（catabolic）：即与分解反应有关的那部分新陈代谢。

催化剂（catalyst）：能够推动反应进行但在反应完成时本身不发生变化的物质，如酶或金属络合物。

细胞（cell）：生物体中能够独立生长和繁殖的最小结构单元。

细胞培养（cell culture）：在实验室条件下生长一组细胞，通常只有一种基因型。

细胞周期（cell cycle）：指细胞从产生到分裂形成两个子细胞所经历的一系列受到严格调控的步骤。

细胞融合（cell fusion）：参见融合。

细胞系（cell line）：在生物体外细胞培养中不断生长和复制的细胞。

细胞介导免疫（cell-mediated immunity）：获得性免疫，以 T 淋巴细胞为主。生命早期的胸腺发育对细胞免疫的正常发育和功能发挥至关重要。

细胞的（cellular）：由细胞构成的。

恒化器（chemostat）：使细菌或其他细胞培养物保持特定体积和生长速度的生长室，需要不断添加新鲜营养培养基，同时去除废旧培养物。

198

嵌合体（chimera）：单个（动物、植物或低等多细胞生物）由多个基因型的细胞组成。例如，嵌合体可以通过将一个物种的胚胎部分嫁接到一个不同物种的胚胎上而产生。

叶绿体（chloroplast）：一种存在于真核细胞中的含叶绿素的光合细胞器，可以利用光能。

染色体（chromosome）：传递生物体遗传物质的亚细胞结构，是细胞内含有 DNA 和蛋白质的线状成分。基因携带在染色体上。

顺反子（cistron）：染色体 DNA 上的一段，代表遗传的最小功能单位，本质上与基因相同。

克隆（clone）：从一个共同祖先那里衍生出来的一组基因、细胞或有机体。由于没有遗传物质的结合（如在有性生殖中），克隆的成员在遗传上与亲本完全相同或几乎完全相同。

密码子（codon）：蛋白质合成过程中一段由 3 个核苷酸碱基组成的序列，在蛋白质合成过程中指定一种氨基酸或提供停止或开始蛋白质合成（翻译）的信号。

辅酶（coenzyme）：酶发挥作用所必需的有机化合物。辅酶比酶本身小，可以紧密或松散地附着在酶蛋白质分子上。

辅因子（cofactor）：某些酶发挥功能所需的非蛋白物质。辅因子可以是辅酶或金属离子等。

集落刺激因子（colony-stimulating factor，CSF）：一组淋巴因子，能够诱导骨髓中原始细胞类型的白细胞成熟和增殖。

比较基因组学（comparative genomics）：比较不同物种的基因组结构和功能，以便进一步了解生物学机制和进化过程。

成分分析（composition analysis）：测定植物中化合物浓度的方法。通常被量化的化合物有蛋白质、脂肪、碳水化合物、矿物质、维生素、氨基酸、脂肪酸和抗营养素等。

互补性（complementarity）：核苷酸碱基在 DNA 或 RNA 两条不同链上的关系。当碱基正确配对［腺嘌呤与胸腺嘧啶（DNA）或尿嘧啶（RNA），鸟嘌呤与胞嘧啶］时，这两条链被称为互补链。

互补 DNA［complementary DNA（cDNA）］：由表达的信使 RNA 通过反转录过程合成的 DNA。这类 DNA 一般用于克隆或在 DNA 杂交研究中作为定位特定基因的 DNA 探针。

接合生殖（conjugation）：细菌细胞的有性生殖，在接触的细胞之间存在遗传物质的单向交换。

连续处理（continuous processing）：一种生物加工方法，在这种方法中，以一定的速度不断地添加新材料并去除产品，使体积保持在特定水平，通常也会保持混合物的成分稳定。另见批处理和恒化器。

常规育种（conventional breeding）：通过控制花粉从一种植物转移到另一种植物，然后通过多代选择进行植物育种以获得理想的表型。这种方法还经常包括对植物或种子进行辐照或诱变，以诱导供体材料的额外变异。

香豆素（coumarin）：白色香草芳香结晶酯，用于香水和调味品，并可以作为抗凝血剂。化学式：$C_9H_6O_2$。

杂交育种（crossbreeding）：利用不同种系、变种、品种等的亲本进行杂交选育（动物或植物）。

交换（crossing over）：配对的两条染色体之间的基因交换。

培养（culture）：作为名词，指在准备好的培养基中培养生物体；作为动词，指在准备好的培养基中生长。

培养基（culture medium）：任何用于人工培养细菌或其他细胞的营养体系，通常是有机和无机材料的复杂混合物。

细胞遗传学（cytogenetics）：对细胞及其与遗传相关成分的研究，特别是对染色体在不复制的"浓缩"状态时的研究。

细胞因子（cytokine）：细胞间信号，通常是蛋白质或糖蛋白，参与细胞增殖和功能的调节。

细胞质（cytoplasm）：存在于细胞膜内并包围细胞核的物质。

细胞毒性的（cytotoxic）：能够引起细胞死亡。一种细胞毒性物质通常比一种生物杀菌剂的作用更微妙。

防御肽（defensin）：一种从牛体内分离出来的天然防御蛋白。它可以有效地防止船运热——一种在运输过程中袭击牛的病毒性疾病，该病每年造成大约 2.5 亿美元的损失。

脱氧核糖核酸（deoxyribonucleic acid，DNA）：大多数生命系统携带遗传信息的分子。DNA 分子由 4 种碱基（腺嘌呤、胞嘧啶、鸟嘌呤和胸腺嘧啶）和一条糖-磷酸骨架组成，它们以两条相连的链排列，形成双螺旋结构。另见互补 DNA、双螺旋、重组 DNA、碱基对。

诊断（diagnostic）：用于诊断疾病或医疗状况的产品。单克隆抗体和 DNA 探针都是有用的诊断产品。

饮食（diet）：人或动物经常食用的特定的食物或饲料。

分化（differentiation）：随着生物体的发育，细胞在形态和功能上变得特化的生化和结构变化过程。

二倍体（diploid）：具有两套完整染色体的细胞。另见单倍体。

DNA：详见脱氧核糖核酸。

DNA 探针（DNA probe）：用放射性同位素、染料或酶标记的分子（通常是核酸），用于在 DNA 或 RNA 分子上定位特定核苷酸序列或基因。

DNA 测序（DNA sequencing）：确定 DNA 分子中碱基对排列顺序的技术。

剂量－反应评定（dose-response assessment）：确定化学、生物或物理因素的暴露量（剂量）与相关不良健康影响（反应）的严重程度和/或频率之间的关系。

双螺旋（double helix）：常用于描述 DNA 分子结构的术语。该螺旋由两条呈螺旋状排列的核苷酸链（糖、磷酸盐和碱基）组成，通过碱基配对横向连接。另见脱氧核糖核酸、碱基、碱基对。

201　**下游处理（downstream processing）**：发酵或生物转化阶段后的加工阶段，包括产品的分离、纯化和包装。

药物输送（drug delivery）：将配方药物给患者的过程。传统的给药途径是口服或静脉注射。正在开发的给药新方法是通过皮肤应用透皮贴剂或通过特殊配方的气溶胶喷雾穿过鼻膜。

电泳（electrophoresis）：一种在凝胶（或液体）、离子导电介质中，根据分子在外加电场中的差异运动来分离不同类型分子的技术。

核酸内切酶（endonuclease）：在特定内部结合位点破坏核酸，从而产生不同长度的核酸片段的一类酶。另见核酸外切酶。

肠毒素（enterotoxin）：影响肠黏膜细胞的毒素。

酶（enzyme）：蛋白质催化剂，催化细胞生长和繁殖所必需的特定化学或代谢反应。另见催化剂。

表位（epitope）：大分子表面能够被抗体识别的位点。一个表位可能仅由蛋白质中的几个氨基酸残基或多糖中的几个糖残基组成。一个同义词是"免疫决定因子"。

（促）红细胞生成素（erythropoietin，EPO）：一种促进红细胞生成的蛋白质。临床上用于治疗某些类型的贫血。

大肠杆菌（*Escherichia coli*，*E. coli*）：一种栖息于大多数脊椎动物肠道中的细菌。大部分使用重组 DNA 技术的工作都是在这种生物体上进行的，因为它在遗传上有很好的特征。

真核生物（eucaryote）：含有真正细胞核的有机体，细胞核周围有一层界限清楚的膜。除细菌、古细菌、病毒和蓝藻外，所有生物都是真核生物。另见原核生物。

事件（event）：用于描述含有特定插入 DNA 的植物及其后代的术语。一类事件通过其独特的引入 DNA 的整合位点而区别于其他事件。

外显子（exon）：在真核细胞中，基因中转录成信使 RNA 并编码蛋白质的部分。另见内含子、剪接。

核酸外切酶（exonuclease）：一种只在多核苷酸链的末端分解核酸的酶，因此利用核酸外切酶可以按顺序一次释放一个核苷酸。另见核酸内切酶。

202

暴露评估（exposure assessment）：对可能通过不同来源接触到的生物、化学和物理因子进行定性和/或定量评价。

表达序列标签（expressed sequence tag，EST）：来源于 cDNA 文库（因此是在某些组织中或在某些发育阶段转录的序列中获得的）的一段独特 DNA 序列。通过与遗传作图程序相组合，EST 可以被映射到基因组中的一个独特位点，并用于确定该基因位点。

表达（expression）：在遗传学中，由基因指定的特征的表现。以遗传性疾病为例，一个人可以携带导致疾病的基因，但实际上并没有患病。在这种情况下，基因存在但不表达。在分子生物学和工业生物技术中，该术语常被用来指插入新的宿主生物体中的基因产生蛋白质的过程。

凝血因子Ⅷ（factor Ⅷ）：一种大型、复杂的蛋白质，帮助血液凝固，用于治疗血友病。另见凝血因子。

原料(feedstock)：用于化学或生物过程的物料。

发酵(fermentation)：生长微生物的厌氧过程，用于生产各种化学化合物或药类化合物。微生物通常被放在有营养物质的大型罐体，即发酵罐中，在特定条件下进行培养。

黄酮类化合物(flavonoid)：作为色素存在于果实和花中的一类有机化合物。

食品添加剂(food additive)：任何物质，不论其是否具有营养价值，在制造、加工、配制、处理、包装、运输或储存此类食品的过程中，有意添加到食品中以达到技术(包括感官)目的，或可预期(直接或间接)导致该物质或其副产品成为该食品的组成部分或以其他方式影响该食品的特性，而该物质本身并不作为食品而被消费，通常也不用作食品的典型配料。该术语不包括"污染物"或为保持或提高营养质量而加入食品的物质。

移码(frameshift)：插入或删除一个或多个核苷酸碱基，使得不正确的碱基三联体被读为密码子。

203

果聚糖(fructan)：果糖的一种聚合物，存在于某些水果中。

功能性食品(functional food)：医学研究所的食品和营养委员会将功能性食品定义为"任何可能提供超出其包含的传统营养物质的健康益处的食品或食品成分"。

功能基因组学(functional genomics)：通过技术的开发和实施，以表征基因及其产物的功能和相互作用以及与环境相互作用的机制。

融合(fusion)：两个细胞的膜连接，从而产生一个新的融合细胞，其中至少包含来自两个亲本细胞的部分核物质。用于制造杂交瘤。

融合蛋白(fusion protein)：由两种或两种以上的蛋白质衍生的多肽链组成的蛋白质。表达融合蛋白的基因是由编码两种或两种以上蛋白质的部分基因通过重组 DNA 的方法制备得到的。

气相色谱法(gas chromatography)：根据混合物在高温下于惰性气体流中通过(涂层)毛细管的差异运动来进行分离的一种分析技术。该技术适用于分析挥发性化合物或可通过衍生化反应使其挥发且在较高温度下也能稳定存在的化合物。

凝胶电泳（gel electrophoresis）：生物大分子（蛋白质、DNA）通过凝胶内部施加电场进行分离的分析技术。分离可能取决于分子的电荷和大小等因素。分离的生物分子可以在凝胶内的不同位置显示为分离的条带。

基因（gene）：染色体的一部分，编码必要的调控和序列信息，以指导蛋白质或 RNA 产物的合成。另见操纵子、调节子。

基因表达（gene expression）：基因在特定时间和地点被激活从而产生其功能产物的过程。

基因机器（gene machine）：一种由计算机控制的固态化学装置，通过将化学激活的脱氧核糖核苷酸（碱基）前体按适当的顺序依次组合，合成寡脱氧核糖核苷酸。

204

基因定位（gene mapping）：确定基因在染色体上的相对位置。

基因库（gene pool）：某一特定人群中所包含的全部遗传信息。

基因测序（gene sequencing）：测定 DNA 链中核苷酸碱基序列。

基因沉默（gene silencing）：一种通常通过在细胞中表达具有互补或相同核苷酸序列的信使 RNA 来实现的方法，使信使 RNA 的表达引起靶蛋白质的下调。

基因治疗（gene therapy）：在患有遗传性疾病的生物体中替换有缺陷的基因。重组 DNA 技术用于分离功能基因并将其插入细胞中。在人类中已发现 300 多种单基因遗传病，其中相当大的比例可以通过基因治疗。

基因转移（gene transfer）：将基因转移到另一个生物体。该术语通常描述的是通过生物技术工具将基因转移到原生物体以外的其他生物体中。

遗传密码（genetic code）：遗传信息在生物体内储存的机制。该密码使用 3 个核苷酸碱基（密码子）来制造氨基酸，而氨基酸又构成蛋白质。

基因工程（genetic engineering）：一种技术，用来改变活细胞的遗传物质，使其能够产生新的物质或执行新的功能。

遗传图谱（genetic map）：一种显示遗传标记在染色体上的相对位置（基因图谱）或绝对距离（物理图谱）的图谱。

遗传筛查（genetic screening）：利用特定的生物学试验来筛查遗传性疾病或其他疾病。可以在产前进行检测，以检查发育中胎儿的代谢缺陷和先天性疾病，也可以在产后检测，以筛查遗传性疾病的携带者。

基因组（genome）：一个细胞的全部遗传物质，包括在给定物种的每个细胞核中发现的整个染色体组。

基因组学（genomics）：研究生物体基因组（即完整的遗传信息）的科学。这通常涉及 DNA 序列数据的分析和基因的鉴定。

基因型（genotype）：个体或群体的基因构成。另见表型。

生殖细胞（germ cell）：用于生殖的细胞（精子或卵子）。又称配子或性细胞。

205　**种质（germplasm）**：由生殖细胞或种子代表的、在一个特定生物种群中可用的总遗传变异性。

糖生物碱毒素（glycoalkaloid toxin）：由茄科植物产生的类固醇化合物，最著名的是茄碱，存在于马铃薯块茎中。

黄金大米（Golden Rice）：1999 年，瑞士和德国科学家宣布开发了一种能产生 β-胡萝卜素的转基因水稻作物，β-胡萝卜素可被人体转化为维生素 A。这种改良的营养大米被开发用于治疗维生素 A 缺乏症。在发展中国家，有数百万人患有维生素 A 缺乏症，特别是儿童和孕妇。

生长激素/促生长素（growth hormone）：由脑垂体产生的一种蛋白质，参与细胞生长。人生长激素在临床上用于治疗侏儒症。各种动物生长激素可用于提高产奶量以及生产瘦肉含量更高的肉类品种。

单倍体（haploid）：染色体数目为通常染色体数目的一半，或只有一个染色体组的细胞。性细胞为单倍体。另见二倍体。

半抗原（hapten）：一种小分子，当它与一种蛋白质化学偶联时，会充当免疫原刺激抗体的形成，该反应不仅针对两分子复合物，而且针对半抗原本身。

危害（hazard）：有可能对健康或环境造成不利影响的生物、化学或物理因素或状况。

危害特性（hazard characterization）：对与生物、化学和物理制剂有关的有害健康的物质的定性和/或定量评估。对于化学制剂,如果可以获得数据,应进行剂量-反应评估。

危害识别(hazard identification):识别能够对健康或环境造成不利影响的生物、化学和物理因素。

血细胞凝集(hemagglutination):红细胞聚集(凝集),如被抗体分子或病毒颗粒凝集。

遗传(heredity):能够将遗传信息从亲本细胞传递到子代。

杂合子(heterozygote):对于特定染色体位点上的特定基因,杂合子在两条同源染色体上具有不同的等位基因形式。

组织相容性(histocompatibility):组织的免疫相似性,使移植可以不发生组织排斥。

组织相容性抗原(histocompatibility antigen):一种抗原,引起基因型与宿主动物不同的动物对移植材料的排斥反应。

同源性(homology):在结构、位置或起源上对应或相似。

纯合子(homozygote):对于位于一个特定染色体位点上的特定基因,纯合子在两条同源染色体上具有同等的等位基因形式。

激素(hormone):一种化学物质,作为信使或刺激信号,传递指令以停止或启动某些生理活动。激素在一类细胞中合成,然后释放以指导其他类型细胞的功能。

宿主(host):用于生长病毒、质粒或其他形式的外源 DNA 或用于生产克隆物质的细胞或有机体。

宿主-载体系统(host-vector system):DNA 接收细胞(宿主)和 DNA 转运体(载体)的组合,用于将外源 DNA 导入细胞。

体液免疫(humoral immunity):由血浆蛋白中循环抗体产生的免疫。

杂种(hybrid):父母双方至少有一个遗传特征(性状)不同的后代。也可以是异质双链 DNA 或 DNA-RNA 分子。

杂交(hybridization):由基因不同的父母所产生的后代,或称杂种。该过程可用于生产杂交植物(通过杂交两个不同品种)或杂交瘤(通过融合两个不同的细胞形成的杂交细胞,用于生产单克隆抗体)。该术语也用于指 DNA 或 RNA 的互补链的结合。

杂交瘤(hybridoma):由两个不同来源的细胞融合产生的细胞。在单克隆抗体技术中,杂交瘤是通过融合持续分裂的细胞和产生抗体的细胞形成的。另见单克隆抗体、骨髓瘤。

免疫血清(immune serum):含抗体的血清。

免疫系统(immune system):细胞、生物物质(例如抗体)和细胞活动的集合,共同提供对疾病的抵抗能力。

免疫(immunity):对某种疾病或抗原物质的毒性作用不敏感。另见主动免疫、细胞介导免疫、体液免疫、天然主动免疫、天然被动免疫、被动免疫。

免疫分析(immunoassay):利用抗体进行物质鉴定的技术。

免疫诊断学(immunodiagnostics):使用特异性抗体测量某种物质。该工具可用于诊断感染性疾病和多种人和动物体液(血、尿等)中是否存在外来物质,目前正研究将其作为定位体内肿瘤细胞的一种方法。

免疫荧光(immunofluorescence):利用荧光物质标记的抗体来识别抗原物质的技术。通过施加紫外线并注意其产生的可见光,在显微镜下可以看到抗体和抗原的特异性结合。

免疫原(immunogen):任何能引起免疫反应的物质,尤其是产生特异性抗体的物质。与引起的抗体反应的免疫原可称为抗原。

免疫球蛋白(immunoglobulin):作为抗体行使功能的蛋白质的总称。这些蛋白质在结构上有一定的差异,可以根据这些差异将其分为 5 类:免疫球蛋白 G(IgG)、IgM、IgA、IgD 和 IgE。

免疫调节剂(immunomodulator):增强免疫系统的多种蛋白质。其中许多是细胞生长因子,可以加速特定细胞的产生,这些细胞在体内产生的免疫反应中很重要。这些蛋白质正在被研究用于可能的癌症治疗。

免疫学(immunology):研究所有与机体应对抗原攻击(即免疫、敏感性和过敏)相关的现象。

免疫毒素(immunotoxin):附着有蛋白毒素分子的特异性单克隆抗体。

单克隆抗体是针对肿瘤细胞的,当抗体与肿瘤细胞结合时,毒素就会杀死肿瘤细胞。免疫毒素也被称为"灵丹妙药"。

体外(*in vitro*):从字面意思看,为"在玻璃中",即指在试管或其他实验室仪器中进行研究。

活体(*in vivo*):在生物体内。

近亲繁殖(inbred):后代是通过亲缘关系较近的个体间的繁殖而产生的。

诱导物(inducer):通常指通过阻断相应抑制因子的作用来提高酶合成速率的分子或物质。

208

插入 DNA(inserted DNA):利用重组 DNA 技术将 DNA 片段导入染色体、质粒或其他载体中。

干扰素(interferon):一类在免疫反应中发挥重要作用的淋巴因子蛋白质。干扰素主要有 3 种:α(白细胞)、β(成纤维细胞)和 γ(免疫细胞)。干扰素可以抑制病毒感染并可能具有抗癌特性。

白介素(interleukin,IL):一种淋巴因子,其在免疫系统中的作用正在被广泛地研究。两种类型的白细胞介素已被确认。白细胞介素 1(IL-1),来源于巨噬细胞,在炎症反应期间产生,可以促进其他淋巴因子的产生。值得关注的是白细胞介素 2(IL-2),它可以调控 T 淋巴细胞的成熟和复制。

基因渗入(introgressed):通过两个植物种群的杂交后代的回交,将新基因引入一个野生种群中。

内含子(intron):在真核细胞中,一段包含在基因中但不编码蛋白质的DNA 序列。内含子的存在将基因的编码区分割成了被称为外显子的片段。另见外显子、剪接。

菊糖(inulin):一种果糖多糖,存在于一些植物的块茎和根茎中。化学式:$(C_6H_{10}O_5)_n$。

蔗糖酶活性(invertase activity):发生在动物肠液和酵母中的酶活性,可将蔗糖水解为葡萄糖和果糖。

同工酶(isoenzyme 或 isozyme):一种给定的酶可以采取的几种形式之

一。这些形式在某些物理性质上可能不同,但作为生物催化剂的功能类似。

异黄酮(isoflavone):水溶性化学物质,也被称为植物雌激素,在许多植物中都有被发现。因为它们在哺乳动物体内的作用与雌激素的作用相似,因此得名。研究最多的天然异黄酮是染料木黄酮和大豆异黄酮,存在于豆制品和草本植物红三叶草中。

同基因的(isogenic):同一基因型。

肾脏纤溶酶原激活物(kidney plasminogen activator):尿激酶的前体,具有凝血特性。

敲除(knock-out):一种主要用于遗传学的技术,用于使特定基因失活以确定其功能。

植物凝集素(lectin):通常从植物中提取的凝集蛋白。

白细胞(leukocyte, white blood cell):血液、淋巴和组织中的一种无色细胞,是机体免疫系统的重要组成部分。

文库(library):一组克隆的 DNA 片段。来自特定生物的基因组或 cDNA 序列的集合,这些序列已被克隆到载体中,并在适当的宿主生物(如细菌、酵母等)中生长。

连接酶(ligase):一种用于连接 DNA 或 RNA 片段的酶。它们分别被称为 DNA 连接酶和 RNA 连接酶。

连锁(linkage):某些基因由于在染色体上的物理位置相近而倾向于共同遗传的趋势。

连锁群(linkage group):一组已知连锁的基因位点或一条染色体。有多少个连锁群就有多少个同源染色体对。另见同线性。

连锁图(linkage map):基于重组频率的染色体位点绘制的抽象图谱。

接头(linker):一段带有限制性酶切位点的 DNA 片段,可用于连接 DNA 链。

脂蛋白(lipoprotein):在血液中运输脂质和胆固醇的一类血清蛋白。脂蛋白代谢的异常与某些心脏疾病有关。

液相色谱法(liquid chromatography):根据物质在液体流中的不同运动

209

进行分离的分析技术。一种常见的液相色谱法是柱层析法,在柱层析法中,溶解的物质可能从液体中以不同的亲和力与层析柱中的固体物质结合,随后被释放出来,从而以不同的速度被液体带着在柱中流动,因此可以为分离创造基础。

基因座(locus):复数为 loci,基因、DNA 标记或遗传标记在染色体上的位置。

淋巴细胞(lymphocyte):在血液、淋巴结和器官的淋巴组织中发现的一种白细胞。淋巴细胞在骨髓中不断生成,并成熟为抗体形成细胞。另见 B 淋巴细胞、T 淋巴细胞。

淋巴因子(lymphokine):白细胞产生的一类可溶性蛋白质,在免疫反应中发挥作用,其作用机制尚未被完全了解。另见干扰素、白介素。

淋巴瘤(lymphoma):一种影响淋巴组织的癌症。

溶胞(lysis):破碎细胞。

溶菌酶(lysozyme):一种存在于泪液、唾液、蛋清和某些植物组织中的酶,可以破坏某些细菌的细胞。

常量营养素(macronutrient):生物体健康生长发育所必需的任何大量元素,如碳、氢、氧等。

巨噬细胞(macrophage):一种产生于血管和松散结缔组织中的白细胞,能吞噬死亡组织和细胞,参与产生白细胞介素 1。当接触到淋巴因子——巨噬细胞活化因子时,巨噬细胞也会杀死肿瘤细胞。另见吞噬细胞。

巨噬细胞活化因子(macrophage activating factor):一种刺激巨噬细胞攻击和吞噬肿瘤细胞的物质。

标记(marker):任何可以通过表型、细胞或分子技术很容易地被检测到的遗传元素(基因座、等位基因、DNA 序列或染色体特征),并且在遗传分析中用于跟踪染色体或染色体片段。

质谱分析(mass spectrometry):根据电离化合物或其碎片在真空中对磁场或电场施加的反应的质量依赖行为,将真空室中的化合物电离,最终碎裂、加速和进行检测的分析技术。

介质(medium)：一种含有细胞生长所需营养物质的液体或固体(凝胶)物质。

减数分裂(meiosis)：细胞繁殖过程，由此子代细胞具有亲本细胞一半的染色体数目。性细胞由减数分裂形成。另见有丝分裂。

信使RNA(messenger RNA，mRNA)：携带指令到核糖体，用于合成特定蛋白质的核酸。

211　**新陈代谢(metabolism)**：生物体为维持生命而进行的一切生化活动。

代谢物(metabolite)：一种在代谢过程中产生或参与新陈代谢的物质。

代谢组学(metabonomics)：生成代谢物(如生物样品中的化学物质)图谱的"开放式"分析技术。通常会确定不同(组)样品的图谱之间的差异，并阐明相关代谢物的特征。与目标分析相反，代谢组学所使用的这些技术是不加选择的，因为它们不需要事先了解存在的每一种物质。

微阵列(microarray)：一种微小而有序的核酸、蛋白质、小分子、细胞或其他物质的阵列，能够对复杂的生物化学样品进行平行分析。从生物和生产系统的角度来看，有许多不同类型的微阵列。通用术语"DNA阵列""基因芯片"或"杂交阵列"被用来泛指所有类型的基于寡核苷酸的阵列。最常见的两个是cDNA阵列和基因组阵列。cDNA阵列是由已知成分的核酸分子网格组成的微阵列，在与固体基质相连后，可以用细胞或组织的总信使RNA进行检测，以揭示相对于对照样本的基因表达变化。

微生物除草剂/杀虫剂(microbial herbicide/pesticide)：对特定植物/昆虫具有毒性的微生物。由于它们的宿主范围狭窄且毒性有限，这些微生物可能比它们的化学对应物更适合于某些害虫的防治应用。

微生物学(microbiology)：对只能在显微镜下才能看到的活的有机体和病毒的研究。

微量营养素(micronutrient)：任何物质，如维生素或微量元素，对健康的生长和发育是必需的，但只需要极少量。

微生物(microorganism，microbe)：只有借助显微镜才能看到的生物体。

线粒体(mitochondrion)：存在于真核生物中的细胞器，能够进行有氧呼吸,产生驱动细胞过程的能量。每个线粒体含有少量 DNA,编码少量基因(约 50 个)。

有丝分裂(mitosis):细胞繁殖过程,子细胞在染色体数目上与亲本细胞相同。另见减数分裂。

分子生物学(molecular biology):在分子水平上研究生物过程的学科。

分子遗传学(molecular genetics):研究基因如何控制细胞活动的学科。

212

单克隆抗体(monoclonal antibody):高度特异性的纯化抗体,从一个细胞克隆中提取,只识别一种抗原。另见杂交瘤、骨髓瘤。

信使 RNA(messenger RNA,mRNA):携带遗传信息,指导蛋白质合成的一类单链 RNA。

多基因的(multigenic):由几个基因共同决定的遗传特征。

诱变剂(mutagen):诱导突变的物质。

突变体(mutant):由于 DNA 的改变而表现出新特征的细胞。

突变(mutation):在 DNA 复制过程中,由于未校正的错误而导致的 DNA 序列的结构变化。

诱变育种(mutation breeding):由自然现象或使用诱变剂引起的遗传变化。稳定的基因突变会传给后代,不稳定的突变则不会。

突变子(muton):染色体的最小元件,它的改变可导致一种突变或突变生物体的形成。

骨髓瘤(myeloma):一种肿瘤细胞,是利用单克隆抗体技术形成的杂交瘤。

纳米科学(nanoscience):在原子、分子和大分子尺度上研究材料的现象和操作,这些材料的性质与更大尺度上的材料有很大不同。

纳米技术(nanotechnology):通过在纳米尺度上控制形状和尺寸来实现结构、装置和系统的生产和应用。

天然主动免疫(natural active immunity):在疾病发生后建立起来的免疫。

自然杀伤细胞(NK 细胞)[natural killer cell(NK cell)]:一种在之前未

暴露在抗原的情况下攻击癌细胞或病毒感染细胞的白细胞。干扰素可以刺激自然杀伤细胞的活性。

天然被动免疫（natural passive immunity）：母亲赋予胎儿或新生儿的免疫。

固氮作用（nitrogen fixation）：一种生物过程（通常与植物有关），某些细菌可以将空气中的氮转化为氨，从而形成生长所必需的营养物质。

核酸酶（nuclease）：一种通过切断化学键，将核酸分解成核苷酸的酶。另见核酸外切酶。

核磁共振（nuclear magnetic resonance）：将化合物暴露在磁场中的一种分析技术，在这些化合物中的特定原子核内诱导磁偶极子。传递给这些原子的磁能随后被释放为射频波，其频谱提供了有关化合物结构的信息。

核酸（nucleic acid）：大分子，一般存在于细胞核和/或细胞质中，由核苷酸组成。两种核酸分别是 DNA 和 RNA。

核苷酸（nucleotide）：核酸的组成成分。每个核苷酸都是由糖、磷酸盐和4种含氮碱基（即 DNA 中的腺嘌呤、胞嘧啶、鸟嘌呤和胸腺嘧啶）中的一种组成的。如果糖是核糖，该核苷酸就被称为"核糖核苷酸"，而脱氧核苷酸的糖成分是脱氧核糖。核酸内的核苷酸序列决定了编码蛋白质的氨基酸序列。

细胞核（nucleus）：在真核细胞中，位于中心的包围大部分染色体的细胞器。少量的染色体 DNA 存在于其他细胞器中，最明显的是线粒体和叶绿体。

功能食品（nutraceutical）：该术语由医学创新基金会于 1991 年提出，其定义为"可被视为食物或食物的一部分并提供医疗或健康益处，包括预防和治疗疾病的物质"。

营养改善（nutritionally improved）：主要是提高必需常量营养素和微量营养素及其他化合物的数量、比例和/或生物利用度，临床和流行病学证据表明它们在维持最佳健康状态和限制饮食方面发挥着重要作用。

寡脱氧核糖核苷酸（oligodeoxyribonucleotide）：一种由少量（二到几十个）核苷酸组成的分子，以线性链将糖与磷酸盐相连在一起。

癌基因（oncogene）：细胞 DNA 序列中的任何一个家族，具有通过改变而发生恶性转化的潜能。病毒和非病毒的癌基因有 4 类:蛋白激酶、GTP 酶、核蛋白和生长因子。

致癌的(oncogenic):能够导致癌症的。

肿瘤学(oncology):有关肿瘤的研究。

214

开放阅读框(open reading frame):以起始密码子(AUG)开始,编码氨基酸的密码子紧随其后,并以终止密码子结尾的核苷酸序列。

操纵序列(operator):染色体的一个区域,与编码基因产物的序列相邻,在这里阻遏蛋白质与之结合以阻止转录。

操纵子(operon):负责合成一个分子的生物合成所需酶的基因序列。操纵子由一个操纵序列基因和一个阻遏物基因控制。

调理素(opsonin):使细菌和其他抗原物质容易被吞噬细胞破坏的抗体。

有机化合物(organic compound):一类含碳的化合物。

感官的(organoleptic):能够感知感官刺激的,如味觉等。

被动免疫(passive immunity):通过接受预先制备的抗体而获得的免疫力。

病原体(pathogen):致病生物。

肽(peptide):两个或两个以上的氨基酸通过肽键相连。

农药(pesticide):在食品、农产品或动物饲料的生产、储存、运输、分配和加工过程中,用于预防、破坏、吸引、驱除或控制任何有害生物的物质(包括不需要的植物或动物物种),或可用于控制体外寄生虫的物质。该术语包括用于作为植物生长调节剂、脱叶剂、干燥剂、疏果剂或发芽抑制剂的物质,以及在收获前或收获后防止商品在储存和运输过程中变质的物质。该术语通常不包括化肥、动植物营养素、食品添加剂和动物药品。

吞噬细胞(phagocyte):一种能吞噬入侵微生物和其他外来物质的白细胞。另见巨噬细胞。

药物基因组学(pharmacogenomics):鉴定影响治疗药物疗效或毒性的个体差异基因,并将这些信息用于临床实践中。

表型(phenotype):可观察的特征,产生于生物体的基因组成和环境之间

215

的相互作用。另见基因型

苯丙素类化合物（phenylpropanoid）：特别指肉桂醇类和肉桂酸类衍生物，因想作为制备药物的来源而从药用植物中分离出来的物质。

光合作用（photosynthesis）：植物将光能转化为化学能，进而用于支持植物生长发育的生物过程。

植酸（phytic acid 或 phytate）：谷物籽粒外壳中的一种含磷化合物，除了限制磷本身的生物有效性外，还与矿物质结合，并抑制它们的吸收。

植物化学物质（phytochemicals）：植物及植物产品所特有的小分子化学物质。

血浆（plasma）：血液的流体部分（非细胞的）。

血浆去除术（plasmapheresis）：一种用于从血液中分离有用因子的技术。

质粒（plasmid）：存在于细菌和酵母中的环状染色体外的 DNA 分子。每次当细菌分裂时，质粒就会自主复制并传递给子细胞。DNA 片段通常使用质粒载体进行克隆。

可塑性（plasticity）：能被塑造，可发生改变的性质。

质体（plastid）：植物或其他动物细胞胞质中的各种小颗粒，含有色素（见有色体）、淀粉、油脂、蛋白质等。

多效性的（pleiotropic）：导致在表型层面产生多种效应的基因或突变。这是由不同基因开始的生化途径在许多地方交叉，相互抑制、偏转和不同程度修改的结果。引入的基因也可能插入影响表型变化的位点，而不是期望的位点。

多克隆的（polyclonal）：来源于不同类型的细胞。

聚合物（polymer）：由重复亚单位组成的长分子。

聚合酶（polymerase）：进行核酸合成的酶的总称。

216　　**聚合酶链反应（polymerase chain reaction，PCR）**：一种利用酶在体外扩增特定 DNA 序列的技术，不使用传统的分子克隆程序。它允许位于两个收敛引物之间的 DNA 区域的扩增，并利用杂交到相反链上的寡核苷酸引物。引物沿着两个引物之间的区域向内延伸。一条引物的 DNA 合成产物作为另一条引物的模板,DNA变性、引物退火和延伸的重复循环导致引物所围区域的拷贝数呈指数级增长。该过程在体外模拟了所有细胞有机体中DNA复制的自然过程,即细胞的DNA分子在细胞分裂之前进行复制。原始的DNA分子作为模板来构建相同序列的子分子。

多肽(polypeptide):长链氨基酸通过肽键相连。

转录后修饰(post-transcriptional modification):蛋白质分子通过信使RNA的翻译合成后在细胞内进行生物化学修饰的一系列步骤。在产生最终的功能形式之前,蛋白质可能在不同的细胞区室中经历一系列复杂的修饰。

朊病毒(prion):一种蛋白质,它构成了一种传染性因子,现在很多研究小组都认为它是一种传染性粒子,可以将疾病从一个细胞传播到另一个细胞以及从一个动物传播到另一个动物的传染粒子。它由正常的蛋白质组成,这种蛋白质在许多细胞中都会少量产生,特别是在淋巴细胞和神经组织细胞中。

朊病毒蛋白(prion protein,PrP):它可以以多种形式存在。一种被称为PrPc(即染色体PrP),是在细胞中发现的正常类型蛋白质。一种被称为PrPsc(或PrPscrapie),是在感染细胞中发现的。它可能被称为蛋白酶抗性朊病毒蛋白(PrP-res),说明它很难用蛋白酶分解。PrP27-30是朊病毒蛋白片段经蛋白酶K切割后的产物。

朊病毒棒(prion rod):当朊病毒被蛋白酶K分解,然后又被允许重新组合成晶体形式时,就会出现微小的杆状体。

探针(probe):见DNA探针。

分析(profiling):在功能基因组学、蛋白质组学、代谢组学等分析技术的帮助下,在样品中创建无差别的物质模式。模式中可检测到的化合物的特性不需要知道。

原核生物(prokaryote):DNA不在核膜内的细胞生物(如细菌、蓝藻等)。另见真核生物。

217

启动子(promoter):一种位于编码核苷酸序列附近甚至部分区域内的DNA序列,控制基因的表达。启动子是RNA聚合酶结合以启动转录所必需的。

原噬菌体（prophage）：与宿主染色体结合但不引起细胞裂解的噬菌体核酸。

蛋白酶 K（protease K）：这是一种能非常有效地分解蛋白质的酶。对蛋白酶裂解有抵抗力的蛋白质，如朊病毒，需要特别关注！

蛋白质（protein）：蛋白质是生物体基因组编码的生物效应分子。蛋白质由一条或多条氨基酸亚单位构成的多肽链组成。蛋白质的功能作用取决于其三维结构，这是由它的氨基酸组成和任何转录后修饰共同决定的。

蛋白 A（Protein A）：金黄色葡萄球菌（*Staphylococcus aureus*）产生的一种特异性结合抗体的蛋白质。用于纯化单克隆抗体。

蛋白质组学（proteomics）：用于研究基因组的蛋白质产物以及它们如何相互作用以确定生物功能的相关技术的开发和应用。这是一种"开放式"分析技术，可以生成生物样品中的蛋白质图谱。通常用于发现不同（组）样本之间的总体差异，并确定和阐明相关蛋白质的身份。与目标分析相反，这些技术是不加选择的，因为它们不需要事先了解被分析的每一种物质的蛋白质构成。

原生质体（protoplast）：去除细胞壁后残留的细胞物质。通过机械或酶促手段去除细胞壁的植物细胞。原生质体可以从大多数植物器官的原代组织以及人工培养的植物细胞中制备出来。

原生质体融合（protoplast fusion）：两个植物原生质体的融合，每个原生质体都由一个细胞的活体部分组成，包括原生质和细胞膜，但不包括细胞壁。

纯培养物（pure culture）：仅包含一种微生物的体外培养。

数量性状基因座（quantitative trait loci）：共同控制多基因性状的基因的位置，如产量或果实质量。

218　　**放射免疫分析（radioimmunoassay，RIA）**：一种通过测量放射性标记物与抗体的反应性来定量微量物质的技术。这些测试在生物医学研究中很有用，可以研究药物如何与受体相互作用。

试剂（reagent）：化学反应中使用的物质，通常用于分析目的。

重组 DNA（recombinant DNA，rDNA）：由不同类型生物体的 DNA 片段

组合而成的 DNA。通过连接不同来源（不一定是不同生物体）的 DNA 片段而形成的任何 DNA 分子。这也可以是一条在实验室中合成的 DNA 链,通过将来自不同有机体的 DNA 链的选定部分拼接在一起,或通过将选定的部分添加到现有的 DNA 链中而得到。

重组 DNA 技术（recombinant DNA technology）:指 20 世纪 70 年代初发展起来的一些分子生物学和基因工程技术。特别是限制性内切酶的使用,可以在特定位点切割 DNA,允许操纵 DNA 分子片段插入质粒或其他载体,并在适当的宿主生物体（例如细菌或酵母细胞）中克隆。

再生（regeneration）:从一丛植物细胞中形成新植物的实验室技术。

调节基因（regulatory gene）:控制其他基因的蛋白质合成活性的基因。

调控序列（regulatory sequence）:特定蛋白质与之结合以激活或抑制基因表达的 DNA 序列。

调节子（regulon）:影响生长的蛋白质,如热休克蛋白。

复制（replication）:繁殖或倍增,如一条 DNA 链的精确拷贝。

复制子（replicon）:能够独立复制的 DNA 片段（例如染色体或质粒）。

阻遏物（repressor）:一种与结构基因邻近的操纵子结合蛋白,能够抑制该基因的转录。

生殖性克隆（reproductive clone）:在细胞水平上开展的技术,旨在产生与现有生物体具有相同基因组的生物体。

限制性内切酶（restriction enzyme）:一种识别特定 DNA 核苷酸序列的酶,通常是对称的,在识别序列内或附近切割 DNA。这可能会产生一个缺口,新的基因可以插入其中。

限制性片段长度多态性（restriction fragment length polymorphism, RFLP）:通过限制性内切酶切割 DNA 获得的片段模式的变化,这是由于遗传的氨基酸核苷酸序列在一个群体的个体 DNA 中发生了变化。

网状内皮系统（reticuloendothelial system）:即指巨噬细胞系统,是机体抵御疾病的重要防御系统。

反转录病毒（retrovirus）:一种含有反转录酶的动物病毒。这种酶可以

219

将病毒的 RNA 转化为 DNA，产生的 DNA 可以与宿主细胞的 DNA 结合，产生更多的病毒颗粒。

流变学（rheology）：对物质流动，如发酵液等的研究。

根瘤菌（rhizobium）：一类可以将大气中的氮转化为植物可利用形式并进行生长的微生物。这种微生物在某些豆科植物如豌豆和苜蓿的根部共生生长。

核糖核酸（ribonucleic acid，RNA）：一种类似于 DNA 的分子，主要功能是解码由基因携带的蛋白质合成指令，是由 4 种核苷酸亚基（A，C，G 和 U）组成的线性链构成的单链核酸分子。RNA 有 3 种类型：信使 RNA、转移 RNA 和核糖体 RNA。

核糖体（ribosome）：一种细胞组分，包含蛋白质和 RNA，参与蛋白质的合成。

核酶（ribozyme）：一种具有催化活性的 RNA 分子，用作生物催化剂。

风险（risk）：对健康产生不良影响的概率及其严重程度的函数。

风险分析（risk analysis）：该流程由风险评估、风险管理和风险沟通 3 个部分组成。

风险评估（risk assessment）：一个基于科学的风险评估过程包括以下步骤：① 危害识别。② 危害描述。③ 暴露评估。④ 风险描述。

风险描述（risk characterization）：基于危害识别、危害描述和暴露评估，对已知或潜在有害健康效应在特定人群中发生的概率和严重程度的定性和/或定量估计，包括随之而来的不确定性。

220 **风险沟通（risk communication）**：在整个风险分析过程中，风险评估者、风险管理者、普通人群、工业界、学术界和其他各方之间就危害和风险、与风险有关的因素和风险认知进行互动式的信息和意见交流，包括对风险评估结果的解释，是风险管理决定的基础。

风险管理（risk management）：与风险评估不同的是，与所有有关各方协商，权衡政策备选方案的过程，考虑风险评估和其他与保护人口健康和促进公平做法有关的因素，并在必要时选择适当的预防和控制方案。

放大试验(scale-up)：由小规模生产过渡到大规模工业批量生产。

次级代谢产物(secondary metabolite)：生物体内不为主要细胞功能所需的化学物质。次级代谢通过4条主要途径对光合作用、呼吸作用等产生的初级代谢物进行修饰。丙二酸/聚酮途径导致脂肪酸和萘醌类物质的产生。甲羟戊酸/类异戊二烯途径导致各种萜类(如薄荷醇)、类胡萝卜素和固醇类物质的产生。莽草酸途径导致芳香族氨基酸和酚类物质的产生。最后一组代谢物是氨基酸衍生物的非特定组合，包括生物碱(如茄碱)和其他混合生成物。

选择性培养基(selective medium)：营养物质的构成使其在支持特定生物生长的同时抑制其他生物的生长。

序列同源性(sequence homology)：两个核苷酸或氨基酸序列之间可测量的相似性，或者它们的相同或相似程度。

序列标签位点(sequence tagged site,STS)：短的(200～500个碱基对)DNA序列，在人类基因组中只出现一次，其位置和碱基序列是已知的。可通过聚合酶链反应检测，STS对于定位和确定许多不同实验室报告的图谱和序列数据的方向很有用，并可作为发展中的人类基因组物理图谱上的地标。表达序列标签(EST)是来自cDNA的STS。

血清结合测试(sera-binding test)：用于评估对食物、花粉或其他环境抗原过敏的个体的血清中是否存在抗原特异性IgE的免疫学测试。血清结合测试包括蛋白质印迹、酶联免疫吸附分析(ELISA)、ELISA-抑制、放射变应原吸附试验(RAST)和RAST-抑制等试验。

221

血清学(serology)：有关血清及其抗体与抗原反应的研究。

莽草酸途径(shikimate pathway)：微生物和植物中参与芳香族氨基酸家族(苯丙氨酸、酪氨酸、色氨酸)生物合成的途径，需要分支酸和莽草酸。次级代谢产物包括木质素、色素、紫外线保护剂、酚类氧化还原分子等。其他芳香族化合物，如叶酸、泛醌等也是莽草酸途径的后产物。

信号序列(signal sequence)：一种分泌蛋白的氮(N)端序列，是转运穿过细胞膜所必需的。

信号传导(signal transduction)：细胞感知外界环境变化并相应地改变

其基因表达模式的分子通路机制。

单核苷酸多态性（single nucleotide polymorphism，SNP）：单个碱基变异在人群中稳定存在的染色体位点（通常定义为每个变异形式至少存在于1%～2%的个体中）。

单细胞蛋白（single-cell protein）：微生物来源的细胞或蛋白质提取物，作为蛋白质补充剂而被大量培养。单细胞蛋白被认为具有营养上有利的氨基酸平衡。

位点专一重组（site-specific recombination）：交叉事件，如噬菌体λ的整合，只需要非常短的区域同源性，并使用针对该重组的特定酶。发生在两个不需要同源的特定序列之间的重组或由特定重组系统介导的重组。

核小核糖核蛋白颗粒（small nuclear ribonucleoprotein particle，snRNP）：小的核内核糖核蛋白（由RNA和蛋白质构成）颗粒。剪接体的组成部分，剪接体是真核生物细胞核中的内含子去除装置。

体细胞无性系选择（somaclonal selection）：由高等植物细胞体外培养产生的表观遗传或基因变化，有时表现为一种新的性状。植物的体细胞（无性系）可以在适当的营养培养基中进行体外繁殖。通过亲本体细胞的分裂而繁殖的细胞称为体细胞无性系，理论上讲，它们的基因应该与母体完全相同。有时体外细胞培养产生的细胞和植物在表观遗传上和/或基因上与母体有明显的不同。这种后代被称为体细胞无性系变异，可以提供有用的遗传变异来源。

体细胞（somatic cell）：性细胞或生殖细胞以外的细胞。

DNA印迹法（Southern analysis/hybridization/Southern blotting）：将DNA限制性片段从琼脂糖凝胶转移到硝酸纤维素膜中，在那里DNA会变性，然后与放射性探针杂交（印迹）。另见杂交。

剪接（splicing）：在RNA中去除内含子并连接外显子以形成连续的编码序列。

干细胞（stem cell）：根据所接受的环境刺激，具有分化为多种不同细胞类型潜能的细胞。

222

反-1,2-二苯乙烯(stilbene,trans-1,2-diphenylethene):一种无色或略带黄色的不溶于水的结晶性不饱和烃,用于制造染料,化学式为 $C_6H_5CH=CHC_6H_5$。它形成了几种具有雌激素活性的化合物的骨架结构。反-3,4′,5-三羟基芪,也被称为白藜芦醇,一些实验发现该物质可以抑制细胞突变,刺激至少一种可以灭活某些致癌物的酶,并可能有助于降低心血管疾病的发病率。

菌株(strain):纯繁殖系,通常是单倍体生物、细菌或病毒。

严紧反应(stringent response):原核生物的一种翻译控制机制,在氨基酸饥饿期间抑制转移 RNA 和核糖体 RNA 的合成。

结构基因(structural gene):编码蛋白质,如酶的基因。

实质等同性(substantial equivalence):在 1996 年联合国粮食及农业组织与世界卫生组织专家协商会议报告中,实质等同性是"通过证明对转基因生物或由其衍生的特定食品所评估的特征与传统比较物的相同特征相当而确定的。转基因生物特征的水平和变化必须在比较物所考虑的特征的自然变异范围内,并基于对数据的适当分析"。在《重组 DNA 植物衍生食品安全评估实施指南》(2003)中,实质等同性的概念被描述为"安全评估过程中的关键步骤"。然而,实质等同性本身并不是一种安全评价;相反,它代表了一个新食品相对于传统食品的安全性评估的起点。这个概念用于识别新食品和传统食品之间的异同。它有助于识别潜在的安全和营养问题,被认为是迄今为止对重组 DNA 植物来源的食品进行安全性评估的最合适策略。以这种方式进行的安全性评估并不意味着新产品绝对安全;相反,它侧重于评估任何已确定的差异的安全性,以便新产品的安全性可以在相对于其常规产品的背景下进行考虑。

底物(substrate):酶作用的物质。

抑制基因(suppressor gene):一种可以逆转其他基因突变影响的基因。

同线性(synteny):一条染色体上的所有基因座被称为同线性的(字面意思为在同一带上)。通过传统的连锁遗传检测,基因座可能看起来是不连锁的,但仍然是同线性的。

223

同线性测试（synteny test）：一种通过观察杂交细胞系中的一致性（标记物同时出现）来确定两个基因座是否属于同一连锁组（即同线性）的测试。

T 淋巴细胞（T 细胞）[T lymphocyte（T cell）]：产生于骨髓但成熟于胸腺的白细胞。它们在机体防御某些细菌和真菌，帮助 B 淋巴细胞产生抗体，以及在识别和排斥外来组织中发挥重要作用。T 淋巴细胞在机体防御癌症的过程中也可能很重要。

单宁（tannin）：在许多植物中发现的一类黄色或棕色固体化合物，用作鞣剂、媒染剂、医用涩剂等。单宁是没食子酸的衍生物，化学式为 $C_{76}H_{52}O_{46}$。

模板（template）：作为合成另一个分子的模型分子。

治疗药物（therapeutic）：用于治疗特定疾病或身体状况的化合物。

胸腺（thymus）：颈下部的淋巴器官，其在生命早期的正常功能是免疫系统发育所必需的。

Ti 质粒（Ti plasmid）：一种含有诱导植物肿瘤形成基因的质粒，可以将根瘤农杆菌的基因转移到植物细胞中。

组织培养（tissue culture）：从组织分离的细胞在营养培养基中的体外生长。

组织型纤溶酶原激活物（tissue plasminogen activator，tPA）：一种在体内少量产生的有助于溶解血凝块的蛋白质。

224 **毒素（toxin）**：各类生物所产生的有毒物质。

转录（transcription）：基因表达产生互补信使 RNA 分子的过程。在 DNA 模板上合成信使（或任何其他）RNA。

转录组（transcriptome）：在一定的时间点于细胞或组织中表达的总信使 RNA。

转导（transduction）：通过病毒或噬菌体载体将遗传物质从一个细胞转移到另一个细胞。

转染（transfection）：用病毒的核酸感染细胞，导致完整病毒的复制。

转移 DNA（transfer DNA，T-DNA）：根瘤农杆菌的 Ti 质粒在感染后转移到植物基因组的部分。

转移 RNA（transfer RNA，tRNA）：携带氨基酸到核糖体上蛋白质合成位点的 RNA 分子。

转化（transformation）：通过掺入外源 DNA 改变生物体的遗传结构。

转基因（transgene）：一个来源的基因整合到另一个生物体的基因组中。

转基因植物（transgenic plant）：在其种系中携带一个（或多个）导入基因的可育植物。

转基因生物（transgenic organism）：通过将外源遗传物质插入生物体的生殖细胞中而形成的生物体。重组 DNA 技术常被用于生产转基因生物。

翻译（translation）：信使 RNA 分子上的信息用于指导蛋白质合成的过程。

传染性海绵状脑病（transmissible spongiform encephalopathy）：一种可以从一种动物传染给另一种动物，并会在大脑中产生类似海绵（也就是在显微镜下可见部分清晰的细胞）变化的疾病。

转座子（transposon）：一段 DNA，可以在细胞基因组中的几个位置移动和插入，可能会改变表达。首先被描述的相关现象是芭芭拉·麦克林托克证明的玉米中的 Ac/Ds 系统导致的不稳定突变。

胰蛋白酶抑制剂（trypsin inhibitor）：存在于大豆等植物中的抗营养蛋白，如果没有通过加热或其他加工方法灭活该抑制剂，则会抑制胰蛋白酶的作用。

肿瘤坏死因子（tumor necrosis factor）：一种具有多种作用的细胞因子，包括在不影响健康细胞的情况下破坏某些类型的肿瘤细胞。然而，该物质在癌症治疗中的应用前景受到了治疗毒性的影响。它们现在正被设计用于对癌细胞的选择性毒性。

肿瘤抑制基因（tumor suppressor gene）：任何一类能抑制转化或致瘤性的基因（通常可能参与细胞生长和分裂的正常控制）。

非预期效应（unintended effect）：这种效应并不是基因改造或突变的目的。根据对引入的 DNA 和受基因改造影响的本地 DNA 的功能的了解，非预期效应可能是可预测的，也可能是不可预测的。可预测的意外效应可能是代

225

谢中间产物和终点的变化,不可预测的效应可能是未知内源基因的开启。

疫苗（vaccine）:含有由整个致病生物体(被杀死或被削弱)或这种生物体的一部分组成的抗原的制剂,用于赋予机体对该生物体引起的疾病的免疫力。疫苗制剂可以是天然的、合成的,也可以是通过重组 DNA 技术获得的。

载体（vector）:用于将新的 DNA 代入细胞的媒介(如质粒或病毒)。

病毒粒子（virion）:一种由遗传物质和蛋白质外壳组成的基本病毒颗粒。

病毒学（virology）:研究病毒的科学。

毒力（virulence）:能够感染或引起疾病的能力。

病毒（virus）:一种包含遗传信息但不能自我繁殖的亚显微生物。为了复制,它必须侵入另一个细胞,并使用该细胞的部分繁殖机制。

野生型（wild type）:自然界中出现频率最高的生物体形态。

226　　**酵母（yeast）**:以出芽生殖方式繁殖的单细胞真菌的总称。有些酵母可以发酵碳水化合物(淀粉和其他糖类),因此在酿造和烘焙中很重要。

生物技术年表

公元前 8000 年　人类种植庄稼和驯化牲畜（美索不达米亚）。
　　　　　　　　马铃薯首次作为食物被种植（安第斯山脉）。

公元前 6500 年　1983 年,爱丁堡考古学家在凯尔特人狩猎采集营地出土的陶器碎片
　　　　　　　　上的结痂残留物中发现了新石器时代的石南啤酒的遗迹。

公元前 4000 年　在底格里斯河-幼发拉底河文明摇篮,葡萄栽培建立了。巴比伦啤酒
　　　　　　　　是一种更受欢迎的饮料,这里的气候更适合种植谷物而不是葡萄。在
　　　　　　　　美索不达米亚,40% 的谷物被用于啤酒生产。

公元前 3000 年　凯尔特人独立发现了酿酒的艺术——普利尼（Pliny）长老的笔记中写
　　　　　　　　道:"西方国家通过湿润的谷物使自己陶醉。"人类学家所罗门·卡茨
　　　　　　　　认为,这些发现导致了大约在 1 万年前,从狩猎采集社会到农业社会
　　　　　　　　的转变。

公元前 2000 年　巴比伦人通过选择性地用某些雄树的花粉给雌树授粉来控制海枣的
　　　　　　　　繁殖。

公元前 1750 年　已知最早的啤酒配方被记录在苏美尔人的石板上。

公元前 600 年　橄榄树和未知的微生物一起被希腊移民带到了意大利。

公元前 500 年　中国人用发霉的豆腐乳作为抗生素来治疗疖子。

公元前 250 年　泰奥弗拉斯托斯写道,希腊人将他们的主要农作物与蚕豆轮作,以提
　　　　　　　　高土壤肥力。

公元 100 年　菊花粉在中国被用作杀虫剂。

1322　　　　　一位阿拉伯酋长首次利用人工授精培育出了优等的马匹。

1621	德国种植了来自秘鲁的马铃薯,这是外来生物找到新居住地的又一个例子。
1665	罗伯特·胡克的《显微术》首次描述了从软木塞中观察到的细胞。因为看起来像修道院里的僧房,所以他把它们命名为"细胞"。
1675	安东尼·范·列文虎克用自制的显微镜发现了细菌,他称之为"非常小的生物"。
1761	克尔罗伊特(Koelreuter)报道了不同种类农作物的成功杂交。
1770	宾夕法尼亚州殖民地的大使本杰明·富兰克林(Benjamin Franklin)从欧洲寄回了他称之为"中国商队"的种子,这些种子后来成为美国的第一批大豆。
1790	美国通过首部专利法。
1795	托马斯·杰斐逊写道:"对任何一个国家来说,能够呈现出来的最好的服务就是给它的文化带来一种有用的植物,尤其是可以做面包的谷物。"
1797	爱德华·詹纳给一个孩子接种了病毒疫苗,以保护他免受天花的侵袭。
1802	德国博物学家戈特弗里德·特雷维拉努斯创造了"生物学"一词。一群有组织的英国手工业者发起了对取代他们的纺织机器的抗议,这场抗议被称为卢德运动,开始于英格兰诺丁汉附近,由一个他们称之为"卢德国王"的人领导。
1816	关税法案免除了美国对外国树木的进口关税(外国花园种子在1842年获得豁免)。
1827	美国总统约翰·昆西·亚当斯(John Quincy Adams)指示美国驻外领事官员将任何"在适当栽培下可能会茁壮成长和有用的"植物运回美国。
1830	苏格兰植物学家罗伯特·布朗在植物细胞中发现了一个黑色的小体,他称之为"细胞核"或"小坚果"。 蛋白质的发现。
1833	发现并分离了第一个酶。 查尔斯·卡尼亚尔·德拉图尔在显微镜下的工作显示,酵母是一团通过出芽生殖方式进行繁殖的小细胞。他认为酵母是植物。

228（位于1770行左侧）

1835	施莱登和施旺提出所有的生物都是由细胞组成的。魏尔肖宣称："每个细胞都是从一个细胞中产生的。"
1839	美国国会向国会种子分发计划投入 1000 美元，由美国专利及商标局管理，用来增加邮寄给任何提出请求的人的免费种子数量。
1840	"科学家"一词是由威廉·休厄尔添加到英语中的，他是英国的博学家、科学家、圣公会牧师、哲学家、神学家、科学史学家、剑桥大学三一学院院长。在此之前，他们被称为"科学人"。
1845	晚疫病是一种侵袭马铃薯的真菌（致病疫霉）疾病，在 1845 年和 1846 年肆虐爱尔兰的马铃薯作物，超过 100 万爱尔兰人死于这场臭名昭著的马铃薯饥荒。
1852	巴黎的一场国际玉米展展示了来自叙利亚、葡萄牙、匈牙利和阿尔及利亚等多个国家的玉米品种。 美国从德国进口麻雀来防御毛虫。
1857	路易斯·巴斯德开始进行实验，最终证明了酵母是活的。
1859	查尔斯·达尔文的里程碑式著作《物种起源》在伦敦出版了。19 世纪末，精心选择亲本和淘汰变异后代的观念对植物和动物育种家影响很大，尽管他们对遗传学一无所知。
1862	《有机法案》建立了美国农业部，其前身是美国专利及商标局的农业司，农业部指示其专员"收集新的有价值的种子和植物，并将它们分发给农学家"。
1865	现代遗传学之父，奥古斯丁的修道士格雷戈尔·孟德尔，在奥地利布隆的自然科学协会上展示了他的遗传定律。但当时的科学界热衷于达尔文的新理论——进化论，并没有注意到孟德尔的发现。
1869	瑞士化学家弗雷德里克·米舍在莱茵河鳟鱼的精子中发现了 DNA，但米舍并不知道它的功能。其他来源的消息表明，他是从来自受伤士兵的带血绷带中发现了 DNA。 咖啡叶锈病是一种对咖啡树致命的疾病，摧毁了英国殖民地锡兰（现在的斯里兰卡）的咖啡产业，并促使英国成了一个饮茶者的国家。
1870	脐橙从巴西引入美国（显然叫脐橙是为了反映其在公海上对抗坏血病的作用）。
1877	德国医生罗伯特·科赫发明了一种可以对细菌进行染色和鉴定的技术。

229

路易斯·巴斯德指出，一些细菌与某些其他细菌一起培养时会死亡，这表明一些细菌会释放出杀死其他细菌的物质。但直到 1939 年，勒内·朱尔·迪博才首次分离出由细菌产生的抗生素。

1878　拉尔夫·沃尔多·埃默森(Ralph Waldo Emerson)提出，杂草实际上是"其优点尚未被发现"的植物。

1879　德国生物学家华尔瑟·弗莱明发现了染色质，即细胞核内的棒状结构，后来这些结构被称为染色体。当时它们的功能尚不清楚。
在密歇根州，达尔文的忠实信徒威廉·詹姆斯·比尔(William James Beal)为了获得更大的产量，首次进行了有控制的玉米杂交实验。

1882　瑞士植物学家阿方斯·德堪多撰写了第一本关于栽培植物起源和历史的广泛研究的书，他的工作后来在 N.I. 瓦维洛夫绘制世界多样性中心的地图中发挥了重要作用。

1883　"种质"一词由德国科学家奥古斯特·魏斯曼首创。
美国种子贸易协会成立。

1884　孟德尔神父在研究豌豆植物的遗传"因子"41 年后去世，他没有获得科学上的赞誉，在去世前不久，他说："我的时代即将到来。"
卢瑟·伯班克(Luther Burbank)在加利福尼亚州圣罗莎建立了他的研究花园，生产了足够多的新杂交种，用于发表他职业生涯中最重要的出版物，即 1893 年被他称为《水果和花卉的新创造》的目录。这本 52 页的目录列出了 100 多种由一个人生产的全新杂交植物，这真是令人感到惊讶和难以置信。Burbank 的这本小册子甚至遭到一些宗教团体的谴责，他们声称只有上帝才能"创造"一种新的植物。在他的工作生涯中，伯班克共引进了 800 多种植物品种，包括 200 多种水果，许多蔬菜、坚果和谷物，以及数百种观赏花。"我认为自己不是一个所做工作会随着个体的死亡而消失的专家，而是一个绘制了新路线并俯视植物发展的先驱者。"

1885　法国化学家皮埃尔·贝特洛提出，一些土壤生物可能能够"固定"大气中的氮。

1888　荷兰微生物学家马丁努斯·威廉·拜耶林克观察到土壤根瘤菌结瘤豌豆。

1889　当美国农业部被赋予行政地位时，农业部专员成了农业部部长和总统内阁的成员。

230

俗称瓢虫的澳洲瓢虫是从澳大利亚引入加利福尼亚州的,目的是控制吹棉蚧———一种破坏该州柑橘园的害虫。这一事件代表着北美首次科学地将生物防治用于害虫管理。

1895   一家名为赫希斯特的德国公司销售"根瘤菌剂",这是第一种从根瘤中分离出来的商业培养根瘤菌。

1896   美国将根瘤菌用于商业用途。

1898   美国农业部设立了种子和植物引种部门,将第一个植物引种编号 PI#1 分配给了一种常见的俄罗斯卷心菜。

1900   当3位科学家雨果·德弗里斯、卡尔·科伦斯和埃里克·冯·切尔马克各自独立查阅科学文献,寻找他们自己"原创"工作的先例时,他们再次发现了孟德尔的结果,遗传学这一学科诞生了。
        果蝇被用于基因的早期研究。

1901   戈特利布·哈伯兰特说:"据我所知,在简单的营养液中培养高等植物中分离的营养细胞尚未有系统、有组织的尝试。然而,这种培养实验的结果应该对细胞作为一种基本有机体所具有的特性和潜力提供一些有趣的见解。此外,它还将提供有关多细胞有机体内细胞所受的相互关系和互补影响的信息。"

1902   "免疫学"这一术语首次出现。

1906   创造了术语"遗传学"。

1909   为了描述遗传物质的载体,遗传学家威廉·约翰森用"基因"取代了孟德尔的术语"因子",用"基因型"来描述生物体的遗传组成,"表现型"来描述实际的生物体。

1911   劳斯发现了第一种致癌病毒。

1914   第一座现代化污水处理厂在英国曼彻斯特开业了,旨在用细菌处理污水。

1916   法国裔加拿大细菌学家费利克斯·于贝尔·德埃雷勒发现了以细菌为食的病毒,并将其命名为"噬菌体"或"食菌者"。
        玉米育种先驱、普林斯顿大学遗传学教授乔治·哈里森·沙尔(George Harrison Shull)出版了《遗传学》杂志创刊号。

1917   茎锈病侵袭了美国的小麦作物,摧毁了4000多万 kg 的小麦,迫使赫伯特·胡佛(Herbert Hoover)的食品管理局宣布每周有两天"无麦日"。

1918   遗传学家唐纳德·琼斯(Donald Jones)发明了"双杂交"(两个单交种的杂交),将杂交玉米从实验室转移到了农民的田里。

231

1919	匈牙利人卡尔·埃赖基创造了"生物技术"一词,用来描述生物与技术的相互作用。
1920	埃文斯和隆(Long)发现了人生长激素。
1923	自 1862 年以来,美国农业部已将 5 万多种外国植物引入美国。伴随着这些植物而来的是 90%困扰着今天农业的害虫,其中大多数是看不见的微生物。
1925	瓦维洛夫带领俄罗斯植物猎人首次进行"覆盖全球"的尝试,寻找野生植物和原始品种。
1926	享利·阿加德·华莱士(Henry Agard Wallace)在富兰克林·罗斯福(Franklin Roosevelt)的前两个任期担任农业部部长,在其第三个任期担任副总统。他创办了良种(Hi-Bred)公司——一家杂交玉米种子生产商和销售商,后来这家公司被称为先锋良种(Pioneer Hi-Bred)公司。
1928	亚历山大·弗莱明发现青霉素是一种抗生素。欧洲开始进行配制的苏云金芽孢杆菌防治玉米螟的小规模试验。这种生物杀虫剂于 1938 年在法国开始商业化生产。卡尔佩琴科(Karpechenko)将萝卜和卷心菜杂交,在不同属的植物之间产生了可育的后代。莱巴赫(Laibach)首先使用胚胎拯救技术,从作物的远缘交叉繁殖中获得了后代——现在这种技术被称为"杂交"。
1930	美国国会通过了《植物专利法》,首次承认植物育种产品在自然界中不存在,因此应该像其他人造产品一样获得专利。
1933	在玉米带的所有农田中,只有不到 1% 的农田种植了杂交玉米。然而,到 1943 年,同一片土地种植杂交玉米的面积超过了 78%。 美国人温德尔·斯坦利提纯了一份烟草花叶病毒样本,并发现了晶体。这表明,与同时代的科学观点相反,病毒不是极其微小的细菌,因为细菌不会结晶。
1934	在无机盐、蔗糖和酵母提取物构成的简单培养基上培养出了番茄根。戈特雷发现黄花柳和银白杨的形成层组织可以增殖,但其生长有限。
1936	美国农业部 1936 年和 1937 年的《农业年鉴》不仅向世界各地重要种质资源的流失发出了警报,而且是对美国现有遗传多样性进行编目的第一次也是最后一次重大努力。
1938	"分子生物学"这一术语应运而生。 日本金龟子芽孢杆菌(*Bacillus popilliae*，Bp)成为美国政府登记的第一种微生物产品。它能杀死日本金龟子。

1939	戈特雷报道在添加了生长素和 B 族维生素后培育出了第一个无限生长的植物组织,这是两年前分离出来的一个胡萝卜品系。	232

勒内·朱尔·迪博从一种常见的土壤微生物中分离出了抗生素短杆菌肽,他后来作为一名环保主义者,享有国际赞誉。在 1939 年的世界博览会上,他的发现帮助治愈了博登公司的奶牛群中暴发的乳腺炎,其中就包括那头著名的埃尔希(Elsie)。

人类第一次大规模故意将细菌释放到环境中——在康涅狄格州、纽约州、新泽西州、特拉华州和马里兰州喷洒日本金龟子芽孢杆菌,以遏制这种日本金龟子的破坏性影响。

1940	瓦维洛夫可能是世界领先的植物遗传学家,他在乌克兰进行采集探险时被捕,被苏联指控破坏农业。最初瓦维洛夫被判处死刑,后来他的惩罚得到了减轻,被送往西伯利亚(幸运的家伙)。	

多斯沃尔德·西奥多·埃弗里沉淀出了他所说的"转化因子"的纯样本,尽管几乎没有科学家相信他,但他第一次分离出了 DNA。

1941	丹麦微生物学家 A. 约斯特在波兰利沃夫技术研究所的一次关于酵母有性繁殖的演讲中创造了"基因工程"一词。

1942	电子显微镜被用来识别和表征噬菌体——一种感染细菌的病毒。 青霉素开始用微生物大量生产。

1943	洛克菲勒基金会与墨西哥政府合作,发起了墨西哥农业计划,这是第一次将植物育种作为对外的援助。 瓦维洛夫在狱中死于营养不良。

1944	埃弗里等人证明 DNA 携带遗传信息。 瓦克斯曼(Waksman)分离出链霉素——一种能有效治疗结核病的抗生素。

1945	在加拿大魁北克举行的一次会议上,来自 37 个国家的代表签署了建立联合国粮食及农业组织的章程。

1946	发现来自不同病毒的遗传物质可以组合成一种新型病毒,这是基因重组的一个强有力的证据。	

在日本执行任务的美国军事顾问萨蒙(Salmon)把诺林 10 号寄回美国,诺林 10 号是后来帮助生产绿色革命小麦品种矮化基因的来源。

认识到遗传多样性丧失带来的威胁,美国《国会研究和营销法案》成立了国家合作计划,该计划为系统和广泛的植物收集、保存和引进提供资金,旨在将美国各州和联邦政府联系起来,保护种质和国家植物种质资源系统。

233

1947	鲜为人知的遗传学家芭芭拉·麦克林托克发表了她的第一份关于"转座因子"（今天被称为"跳跃基因"）的报告，但科学界没有认识到这个发现的重要性。（她最终因这项工作获得了 1983 年的诺贝尔奖，参见下面的罗莎琳德·富兰克林！）
	联合国粮食及农业组织的一个小组委员会建议该组织成为信息交流中心，并促进全世界种质的自由交流。
1949	莱纳斯·鲍林指出，镰状细胞贫血是一种由蛋白质分子血红蛋白突变引起的"分子疾病"。
1950	艾氏剂是目前最致命的化学品之一，美国政府用它来对付中西部的日本金龟子，取代先前在东北部使用的细菌杀虫剂。
	美国陆军十号通过在旧金山上空喷洒"模拟物"，实际上是黏质沙雷菌（*Serratia marcescens*）来研究它们的传播和生存。在几天之内，一名旧金山人因感染了罕见的沙雷菌而死亡，其他许多人也因感染而生病了，但军方称这"显然是巧合"。在纽约地铁、华盛顿国家机场和其他地方也进行了类似的测试。
1951	美国人乔舒亚·莱德伯格表明，一些细菌可以结合或聚集在一起，彼此交换自己的一部分。他称这种交换的物质为"质粒"。他还发现，攻击细菌的病毒可以将遗传物质从一种细菌传播到另一种细菌。
	利用冷冻精液成功地实现了家畜的人工授精。
1953	《自然》杂志发表了詹姆斯·沃森和弗朗西斯·克里克描述 DNA 双螺旋结构的 900 字手稿，他们因这一发现而共同获得 1962 年的诺贝尔奖。
1954	普渡大学的西摩·本泽设计了一个实验装置，来绘制特定噬菌体的短基因区域内的突变，在 5 年的时间里，本泽绘制了遗传物质的重组图，以区分相邻碱基对发生的突变。
1955	首次分离出参与核酸合成的一种酶。
1956	阿瑟·科恩伯格发现了 DNA 聚合酶 I，从而了解了 DNA 的复制过程。
	海因茨·弗伦克尔·康拉特（Heinz Fraenkel-Conrat）将烟草花叶病毒拆开并重新组装了起来，展示了"自我组装"。
1957	弗朗西斯·克里克和乔治·伽莫夫提出了中心法则，解释了 DNA 如何作用以产生蛋白质。他们的"序列假说"假定 DNA 序列决定了蛋白质中的氨基酸序列。他们还指出，遗传信息只向一个方向传递，即从 DNA 到信使 RNA，再到蛋白质，这是中心法则的核心概念。

234

斯科格(Skoog)和米勒证实了营养培养基中生长素和细胞分裂素的平衡以及烟草散乱的愈伤组织的再分化模式之间的关系。细胞分裂素比生长素多有利于芽的分化,而生长素比细胞分裂素多会促进根的分化。

由于从1943年开始的在植物育种上的不懈努力,墨西哥小麦首次实现了自给自足。

哈佛商学院的雷·戈德堡(Ray Goldberg)首创了"农业综合企业"这一词语。

梅塞尔森和斯塔尔阐明了DNA的复制机制。

1958   科恩伯格分离了DNA聚合酶Ⅰ,DNA聚合酶Ⅰ成了第一个在试管中用于产生DNA的酶。

镰状细胞贫血是由单个氨基酸的改变引起的。

首次在试管中制造了DNA。

1959   世界上第一个长期种子储存场所——国家种子储存实验室在科罗拉多州的柯林斯堡开放。

弗朗索瓦·雅各布和雅克·莫诺确立了基因调控的存在,他们将其命名为"操作子",该物质位于染色体DNA序列中并具有控制功能。他们还证明了具有双重特性的蛋白质的存在。

赖纳特(Reinart)从胡萝卜愈伤组织培养中再生出了植株。

描述了蛋白质生物合成的步骤。

苏联领导人尼基塔·赫鲁晓夫(Nikita Khrushchev)参观了农场主布罗斯韦尔·加斯特(Roswell Garst)在艾奥瓦州的玉米农场,亲自核实了他听说的关于杂交玉米的精彩故事。访问结束后,赫鲁晓夫将杂交玉米引入了苏联。

内吸杀菌剂被开发了出来。

1960   洛克菲勒基金会和福特基金会与菲律宾政府共同建立了国际水稻研究所,这是第一个国际农业研究中心。

利用碱基配对创造出了杂交DNA-RNA分子。

发现了信使RNA。

1961   作为世界种子年的一部分,联合国粮食及农业组织举办了"植物探索与引进技术会议",这标志着主要国际机构首次关注植物种质资源。

国际植物新品种保护联盟在法国巴黎进行谈判,《巴黎公约》的目标是在世界范围内统一制定和执行植物育种者权利立法。

美国农业部登记了第一个生物杀虫剂——苏云金芽孢杆菌,简称Bt。

235

1962	墨西哥各地开始种植高产小麦品种（后来被称为绿色改良谷物），而且墨西哥农业计划将种子发放到了其他国家。
1963	诺曼·博洛格（Norman Borlaug）开发的新小麦品种让产量提高了70%。
1964	在联合国特别基金的支持下，联合国粮食及农业组织在土耳其伊兹密尔建立了作物研究和引进中心，以收集和研究该地区的种质。
	在国际水稻研究所取得的成功的基础上，洛克菲勒基金会在墨西哥成立了第二个国际研究中心——国际玉米和小麦改良中心。
1965	科学家们注意到，细菌中传递抗生素耐药性的基因通常携带在被称为质粒的小而多余的染色体上。依据这一观察结果，科学家们对质粒进行了分类。
	哈里斯（Harris）和沃特金斯（Watkins）成功地融合了小鼠和人类的细胞。
1966	遗传密码被"破解"了。马歇尔·尼伦伯格、海因里希·马特伊·塞韦罗·奥乔亚证明了20个氨基酸中的每一个都是由3个核苷酸碱基（密码子）组成的序列决定的。
	《马尼拉公报》的标题是：马科斯获得了神奇大米，这是第一次用"神奇大米"一词来描述国际水稻研究所（IRRI）发布的品种。
1967	完善了第一台全自动蛋白质测序仪。
	科恩伯格进行了一项研究，利用一条天然病毒DNA链来组装5300个核苷酸结构单元。随后其所在的斯坦福大学小组合成了具有传染性的病毒DNA。
	联合国粮食及农业组织和国际生物计划举办了第二次关于种质资源的重要会议，这标志着世界科学界首次认识到保护遗传资源的必要性。
	澳大利亚著名的植物育种家奥托·弗兰克尔（Otto Frankel）爵士创造了"遗传资源"一词。
1968	苏联将列宁全联盟植物工业研究所更名为瓦维洛夫全联盟植物工业研究所，以纪念这位在20世纪20年代和30年代将列宁全联盟植物工业研究所建设成为世界上最大的种质资源库的人。
	联合国粮食及农业组织创建了一个作物生态和遗传资源所，作为植物采集考察信息的交换中心。
	美国国际开发署的一名管理人员威廉·高德（William Gaud）创造了超级术语"绿色革命"。

1969	首次在体外合成酶。

联合国粮食及农业组织作物生态组的一项调查显示,在全世界持有的大约200万份种质资源样本中,只有28%得到了适当的储存。

联合国粮食及农业组织的作物生态组赞助了首个世界遗传资源开发的标准化、计算机化数据库,以便育种者能够找到他们需要的种质。

1970　　霍华德·特明和戴维·巴尔的摩各自首次分离出了逆转录酶,他们的工作描述了感染宿主细菌的病毒RNA如何利用这种酶将其信息整合到宿主的DNA中。

汉密尔顿·史密斯发现了位点特异性限制性内切酶 Hind Ⅱ。

玉米小斑病横扫美国南部,摧毁了美国15%的玉米作物。

美国国会颁布了《植物品种保护法》,将专利保护扩大到了通过种子进行有性繁殖的植物品种。

诺曼·博洛格因在绿色革命小麦品种方面的工作而成为第一位获得诺贝尔奖的植物育种家。国际玉米和小麦改良中心与国际水稻研究所则共享了联合国教科文组织科学奖。

1971　　第一次合成完整基因。

在世界银行、联合国开发计划署和联合国粮食及农业组织的联合赞助下,成立了国际农业研究磋商组织,联合国粮食及农业组织成立了一个技术咨询委员会来协助国际农业研究磋商组织。

联合国粮食及农业组织的《植物引种简报》更名为《植物遗传资源简报》,反映了全世界对自然资源的日益关注。

1972　　保罗·伯格利用限制性内切酶、连接酶和其他酶将两条DNA链组合在一起,形成了一个杂交的环状分子,这是第一个重组DNA分子。

发现人类的DNA组成与黑猩猩和大猩猩的DNA组成有99%的相似性。

初步进行胚胎移植工作。

美国国家科学院发布了《主要作物的遗传易损性》——这是一项由1970年的玉米小斑病引起的研究。主要作物缺乏遗传多样性的问题一度受到媒体的关注,并成为一个国家性问题。

在斯德哥尔摩召开的联合国人类环境会议将环境保护运动推向了国际舞台,并在短时间内引起了全世界对保护世界上日益减少的动植物遗传资源的迫切关注。

1973	斯坦福大学的斯坦利·科恩和加利福尼亚大学旧金山分校的赫伯特·博耶在将外来基因拼接到细菌 DNA 两端后,成功地重组了细菌 DNA 的末端,生物技术时代由此开始。他们称自己的作品为"重组 DNA",但媒体更喜欢称之为"基因工程"。

237　分子生物学家罗伯特·波利亚克(Robert Pollack)早期对某些重组 DNA 实验的安全性存在担忧,所以他出版了《生物研究中的生物危害》,这是第一本警告人们关注世界生物技术潜在黑暗面的书。

当阿拉伯国家突然开始将石油价格上涨 1000% 时,廉价能源的时代结束了,通过推高燃料和化肥的价格,世界经济增长和绿色革命被阻碍了,而燃料和化肥是提升高产品种生产率的两个关键。

1974　美国国立卫生研究院成立了重组 DNA 咨询委员会来监督重组基因研究。

国际农业研究磋商组织和联合国粮食及农业组织同意建立国际植物遗传资源委员会,并作为协调世界各地保存作物种质工作的领导机构。

为了整顿结构松散的州/联邦新作物研究计划,国家植物种质资源系统在美国农业部农业研究局的领导下建立了。

1975　科学家齐聚加利福尼亚州阿西洛玛,参加关于重组 DNA 潜在危险的第一次国际会议,并建议在工作中制定监管指南,这是科学家前所未有的自我监管行动。

第一个单克隆抗体产生了。

为了指导美国国家植物种质资源系统和美国农业部制定关于作物遗传资源的国家政策,国家植物遗传资源委员会成立了。

1976　重组 DNA 这一技术首次应用于人类遗传性疾病。

分子杂交用于 α-地中海贫血的产前诊断。

酵母基因在大肠杆菌中表达了。

确定特定基因的碱基对序列(A、C、T、G)。

首个重组 DNA 实验指南由美国国立卫生研究院下的重组 DNA 咨询委员会发布。

1977　当人造基因第一次用于在细菌中制造人类蛋白质时,基因工程成为现实。生物技术公司和大学纷纷投入竞争中,繁殖的世界再也不会是原来的样子了。

利用电泳技术对 DNA 长片段进行快速测序。

在从联合国粮食及农业组织作物生态组继承了开发种质标准化计算机系统的项目后,国际植物遗传资源委员会认为该项目成本太高而退出。

1978	病毒的高级结构首次被鉴定出来。

1978　　病毒的高级结构首次被鉴定出来。

首次生产出重组人胰岛素。

北卡罗来纳的科学家表明,在 DNA 分子的特定位置引入特定突变是可能的。

1979　　首次合成人生长激素。

基因打靶。

RNA 剪接。

早期对重组 DNA 危害的担忧已经减弱,美国国立卫生研究院的指南也有所放宽。

238

加拿大经济学家帕特·穆尼的书《地球的种子》是第一本警告私人部门可能控制种质资源的出版物。书中许多有争议的主张引发了国际上关于控制和利用遗传资源的争论。

1980　　美国国会就扩大 1970 年《植物品种保护法》的修正案提案举行听证会,这是首次就植物专利保护展开公开讨论。虽然有人强烈反对植物专利,但会议仍然通过了修正案。

在戴蒙德起诉查克拉巴蒂案中,美国最高法院以 5 比 4 的投票结果支持转基因微生物的可专利性,为所有转基因生命形式打开了更多专利保护的大门。

科恩和博耶获得了美国的基因克隆专利。

基因泰克公司成为第一家上市的重组 DNA 公司。该公司的上市创造了华尔街的历史,在以每股 35 美元开始交易后仅 20 分钟,每股价格就达到了 89 美元的高点,最终收于 71.25 美元。

第一台基因合成机器研制成功。

研究人员成功地将一种人类基因(一种编码干扰素蛋白质的基因)导入细菌。

伯格、吉尔伯特和桑格因创造了第一个重组分子而获得了诺贝尔化学奖。

1981　　俄亥俄大学的科学家通过将其他动物的基因转到小鼠体内,培育出了第一批转基因动物。

中国科学家首次克隆出了鱼类——一条金鱼。

玛丽·哈珀和两位同事绘制了胰岛素的基因图谱。那一年,原位杂交作图成为一种标准方法。

在罗马举行的第 21 届联合国粮食及农业组织大会上,当许多非工业化国家抗议说遗传资源保护主要是由工业化国家完成并为其服务时,遗传资源保护成了一个国际政治化问题。

1982   加利福尼亚大学伯克利分校的史蒂夫·林多请求获准测试基因工程菌，以控制马铃薯和草莓的霜冻损害。

美国应用生物系统公司推出了第一台商用气相蛋白质测序仪，极大地减少了测序所需的蛋白质样本量。

开发出第一个用于牲畜的重组 DNA 疫苗。

美国食品药品监督管理局批准了第一个生物技术药物：由转基因细菌生产的人胰岛素。

首次对植物细胞进行基因改造：矮牵牛。

美国国家环境保护局将转基因生物纳入监管微生物害虫控制剂（用于控制害虫和杂草）的政策中，将其作为有别于化学品的独特存在。

239   位于温哥华不列颠哥伦比亚大学的迈克尔·史密斯开发了一种方法，可以精确地改变蛋白质中的任何位置的氨基酸。

《多样性》杂志首次亮相，这是第一本也是唯一一本专门讨论遗传资源问题的非政府期刊。

植物育种研究论坛是向国会和公众宣传保护作物种质资源必要性所做出的最大努力，该论坛举办了由先锋良种公司赞助的 3 次年度会议中的第一次会议。先锋良种公司与 90 多个国家都有合作业务。

柬埔寨在战争中失去、忽视或吃掉了当地的大部分水稻品种，因此柬埔寨请求国际水稻研究所提供近 150 份水稻种质样本，该研究所的科学家在 1973 年收集了柬埔寨水稻品种。面对柬埔寨的请求，国际水稻研究所给予了帮助。

1983   首次用 Ti 质粒对植物细胞进行了遗传转化。

森德克斯公司的沙眼衣原体（*Chlamydia trachomatis*）单克隆抗体诊断测试获得了美国食品药品监督管理局的批准。

杰伊·利维在加利福尼亚大学旧金山分校的实验室里分离出了 HIV，几乎同一时间，巴黎的巴斯德研究所和美国国立卫生研究院也分别分离出了该病毒。

美国国立卫生研究院一致批准了林多的实验，即有关一种重组微生物——"霜禁"的实验。美国国家环境保护局批准了在环境中释放该重组菌。美国先进基因科学公司在康特拉科斯塔县的一块草莓地里进行了"霜禁"的实地试验。

《科学》杂志报道了赛特斯公司的 PCR 技术。PCR 利用高温和酶来无限复制基因和基因片段，后来成为全世界生物技术研究和产品开发的主要工具。

第一条人工染色体合成。

首次发现特定遗传性疾病的遗传标记。

第一个由生物技术培育的整株植物:矮牵牛。

首次证明转基因植物能将其新性状传给后代:矮牵牛。

生产基因工程植物的公司获得了美国专利。

澳大利亚首次批准销售基因工程生物(用于控制果树的冠瘿病)。

穆尼的第二本书《种子定律》出版,该书声称在专利的保护下,跨国公司正在接管种子和生物技术产业,不仅试图控制种质资源,还试图控制世界上的食物。这本书在世界各地的植物育种者和管理者那里引发了无数公开或私人的愤怒回应。

在联合国粮食及农业组织第 22 届会议上,种质资源成为一个政治足球,在墨西哥代表团的带领下,一个由第三世界国家组成的大集团赢得了投票,将世界遗传资源置于联合国粮食及农业组织的"主持和管辖"之下。

科罗拉多大学的马文·卡拉瑟斯设计了一种方法来构建从 5 个碱基对到大约 75 个碱基对长度的 DNA 片段。他和加州理工学院的勒罗伊·胡德发明了可以自动制造这种片段的仪器。

240

1984　　美国国家环境保护局公布了重组 DNA 测试指南。

开发了 DNA 指纹技术。

企隆公司宣布首次克隆和测序了整个 HIV 基因组。

当参众两院会议委员会同意为美国农业部的生物技术计划拨款 2000 万美元时,对农业生物技术的兴趣浪潮传到了国会,这一数字几乎是美国农业部所有作物种质活动预算的两倍。

由于 1984 年和 1985 年美国国家植物种质系统的预算没有什么变化,而且预计 1986 年也不会有什么变化,根据 1981 年公布的美国国家植物种质系统的"长期计划",到 1987 年该系统将有 3000 万美元的资金缺口。

联邦地区法院法官约翰·西里卡暂时停止了所有联邦资助的涉及故意释放重组 DNA 生物的实验,导致许多联邦机构争先确定谁应该对这一迄今为止仍然未知的领域承担监管责任。

一个处于行业领先地位的农业生物技术公司——农业遗传学公司,被俄亥俄州威克利夫的化学品制造商路博润公司以 8 亿美元收购,这是种子和生物技术行业走向集中的第一个例子。事实上,在过去 10 年中,有 100 多家种子和生物技术公司被收购。

加利福尼亚州成为第一个启动自己的"遗传资源保护项目"的州。该项目设立在加利福尼亚大学戴维斯分校，旨在保护对该州经济至关重要的种质资源，其主要功能是协调加利福尼亚州目前的保护工作，包括私营和公共机构的保护工作。

美国农业部和加利福尼亚大学宣布计划建立植物基因表达中心，该中心旨在回答关于调控植物基因表达的基本问题。将这个独特的联邦/州场所设在加利福尼亚州的决定进一步巩固了该州作为世界植物研究中心的声誉。

美国专利及商标局在回应日本专利协会提交的调查问卷时宣布，任何属于1930年《植物专利法》或1970年《植物品种保护法》的植物都不能在一般专利法下获得专利，这让美国的种子和生物技术公司非常震惊，这与1980年查克拉巴蒂案的判决所表明的情况完全相反，当时有超过10亿美元的私人资金押注在农业生物技术研究上。

241 现代遗传学之父格雷戈尔·孟德尔在100年前去世了。尽管他没有活着看到这一点，但他的工作——全部是用豌豆植物完成的——开启了基因序列，现在正咆哮着进入植物科学的新领域，这既合乎情理，又具有讽刺意味。

1985 抗虫害、病毒和细菌的基因工程植物首次进行了田间试验。

卡尔生物试剂（Cal Bioreagents）公司克隆了编码人类肺表面活性蛋白的基因，这是减少早产并发症的重要一步。

发现肾脏疾病和囊性纤维化的遗传标记。

指纹作为证据出现在了法庭上。

美国国立卫生研究院批准了在人身上进行基因治疗试验的指南。

1986 首个用于人类的重组疫苗：乙肝疫苗。

第一种通过生物技术生产的抗癌药物：干扰素。

鉴定出核酶和视网膜母细胞瘤。

美国政府公布了《生物技术管理协调框架》，对重组DNA生物制定了比传统基因改造技术生产的生物更严格的监管。

加利福尼亚大学伯克利分校的一位化学家描述了如何将抗体和酶（抗体酶）结合起来制作药品。

美国国家环境保护局批准了首个转基因作物——基因改造烟草的上市。

科学家开发出了抗除草剂大豆，到20世纪90年代中期，这种大豆将成为最重要的转基因作物。

管理国家生物技术安全的经济合作与发展组织的专家组指出:"与传统技术相比,重组 DNA 技术引起的基因变化通常具有更大的可预测性。与重组 DNA 生物相关的风险评估方法与非重组 DNA 生物相关的风险评估方法大体相同。"

1987   阿克伐司(Activase©)被批准用于治疗心脏病。

干复津(Infergen©)被批准用于治疗丙型肝炎。

新基公司获得了番茄多半乳糖醛酸酶反义序列的专利。抑制该酶的产生可以延长水果的保质期。

首次批准对转基因食品植物进行田间试验:抗病毒番茄。

"霜禁"是一种转基因细菌,可以抑制农作物结霜,在加利福尼亚州的草莓和马铃薯地进行了田间测试,这是首次获得授权的户外重组细菌试验。

1988   哈佛大学的分子遗传学家获得了美国首个转基因动物——转基因小鼠的专利。

一项用于制造在洗涤剂中使用的抗漂白蛋白酶的工艺专利被授权。

美国国会为人类基因组计划提供资金。人类基因组计划是一项旨在绘制和排序人类遗传密码以及对其他物种的基因组进行排序的大规模尝试。

242

1989   重组病毒作物保护剂首次进行田间试验。

首次批准转基因棉——抗虫棉进行田间试验。

开始植物基因组计划。

重组 DNA 动物疫苗获准在欧洲使用。

微生物在石油泄漏清理中的应用:生物修复技术。

加利福尼亚大学戴维斯分校的科学家开发了一种针对牛瘟病毒的重组疫苗,这种病毒曾导致发展中国家的数百万头牛死亡。

加利福尼亚大学戴维斯分校的科学家首次对转基因树进行了实地试验。

1990   一种人工生产的用于制作干酪的凝乳酶 Chy-Max™ 问世,这是美国食品供应中第一个采用重组 DNA 技术的产品。

英国批准首个生物技术食品:转基因酵母。

第一种防虫玉米:Bt 玉米。

第一个转基因脊椎动物野外试验:鳟鱼。

加利福尼亚大学旧金山分校和斯坦福大学获得了第 100 个重组 DNA 专利许可证。到 1991 年年末,这两个学校都从这项专利中赚取了 4000 万美元。

新基公司进行了第一次成功的转基因棉花田间试验。这种植物经过改造后可以抵抗除草剂溴苯腈的使用。

美国食品药品监督管理局授权企隆公司进行丙型肝炎抗体检测，以帮助确保血库产品符合标准。

植物基因表达中心的分子生物学家迈克尔·弗罗姆报告了使用高速基因枪稳定转化玉米的情况。

加利福尼亚大学伯克利分校的流行病学家玛丽·克莱尔·金报告说，在45岁之前乳腺癌发病率高的家庭中发现了与乳腺癌有关的基因。

基因药物公司培育出了第一头转基因奶牛。这头奶牛用于生产婴儿配方奶粉中的人乳蛋白。

一个患有腺苷脱氨酶缺乏症（一种破坏免疫系统的遗传性疾病）的4岁女孩成为第一个接受基因治疗的人。该疗法似乎有效，但在学术界和媒体上却掀起了一场关于伦理的激烈讨论。

人类基因组计划，即绘制人体所有基因图谱的国际合作已经启动，费用估计为130亿美元。

1991	生物芯片在昂飞公司的指导下开发并用于商业。
1992	美国食品药品监督管理局宣称，基因工程食品"本质上并不危险"，不需要特别监管。

美国和英国科学家公布了一项技术，可以在体外检测胚胎的遗传异常，如囊性纤维化和血友病。

243　　　　欧洲首个针对致癌物敏感的转基因动物专利颁发给了哈佛大学的"肿瘤鼠"。

在联合国环境规划署主持下谈判的《生物多样性公约》于1992年5月22日通过，并于1993年12月29日生效。截至1998年8月，该公约有174个缔约方。公约第19.3条规定，缔约方应考虑是否需要一项议定书并考虑其形式，规定可能对生物多样性及其组成部分产生不利影响的转基因生物的安全转让、处理和使用程序。

1993　　　　倍泰龙（Betaseron©）被批准为20年来第一个治疗多发性硬化症的药物。

美国食品药品监督管理局批准重组牛生长激素用于提高奶牛的产奶量。

美国农业部发布的最终规则通知取代了根据特定安全标准进行实地测试的基因工程生物许可程序。

1994	美国食品药品监督管理局首次批准了一种通过生物技术生产的天然食物:佳味(FLAVRSAVR™)番茄。
	第一个乳腺癌基因克隆成功。
	重组人DNA酶获批,它可以分解聚集在囊性纤维化患者肺部的蛋白质。
	牛生长激素Posilac©进行商业化生产。
1995	首例从狒狒到人的骨髓移植手术在一名艾滋病患者身上进行。
	第一个除病毒以外的生物体——流感嗜血杆菌的完整基因序列完成测序。
	基因治疗、免疫系统调节和通过重组产生的抗体进入临床应用以抗击癌症。
	美国农业部对转基因生物的要求和程序进行了简化。允许根据通知程序引进大多数被视为受管制物品的基因工程植物,前提是符合特定的资格标准和性能标准。
	在未观察到意外或不利影响的情况下,降低实地测试报告的要求。
1996	与帕金森病相关的基因的发现为研究这种使人衰弱的神经疾病的原因和潜在的治疗方法提供了一条重要的新途径。
	美国国家环境保护局想要扩大其对植物特性的联邦监管权力,以帮助植物抵御病虫害。该机构为这些特征创造了一个新名词,称为"植物杀虫剂"。所有植物都能预防、消灭、驱赶或减少害虫,减轻疾病。这种能力是自然形成的,一些作物已经被培育出对特定害虫的抗性。美国国家环境保护局建议将那些通过DNA重组技术转移到植物上的抗虫害品种单独分离出来进行监管。
	来自11个专业科学学会的报告(1996年7月):对具有抗虫害遗传特性的植物进行适当监督。
	对植物中物质的安全性评价应基于该物质的毒理学和暴露特性,而不是看该物质是否能保护植物以免受害虫危害。
1997	苏格兰科学家利用成年母羊体细胞的DNA,成功克隆了一只名为多莉的母羊。
	一项新的DNA技术结合了聚合酶链反应、DNA芯片和计算机程序,为寻找致病基因提供了一种新的工具。
	第一个商业化的抗杂草和抗虫害转基因作物:抗草甘膦大豆和抗虫棉花。

244

全球转基因作物商业化种植面积近 2 万 km^2，包括阿根廷、澳大利亚、加拿大、中国、墨西哥和美国。

俄勒冈州的研究人员声称已经克隆了两只恒河猴。

美国国家环境保护局介绍了《生物技术的微生物产品》《有毒物质控制法》的最终条例。受该规则约束的微生物是指商业上用于生产工业酶和其他特殊化学品、农业实践产品（如生物肥料）以及分解环境中的化学污染物等目的的"新"微生物。

美国国家环境保护局声称将根据产品和风险逐案审查每个申请，而不是根据创造生物体的方式。然而，有趣的是，非定向突变、大多数转化接合子和质粒消除突变株都不需要能耗产品指令。然而，无论产品或风险如何，所有活的重组 DNA 都需要能耗产品指令。

1998	夏威夷大学的科学家从成熟卵丘细胞的细胞核中克隆了三代小鼠。
	人类胚胎干细胞系建立。
	日本近畿大学的科学家利用从一头成年奶牛身上提取的细胞克隆了 8 头完全相同的小牛。
	第一个完整的动物基因组——秀丽隐杆线虫的基因组测序完成。
	人类基因组的草图制作完成，显示了 3 万多个基因的位置。
	5 个东南亚国家组成了一个开发抗病木瓜的联盟。
1999	英国首次利用基因指纹技术定罪。
	基因工程狂犬病疫苗在浣熊身上测试。
	发现遗传性结肠癌是由 DNA 修复基因缺陷引起的。
	基于生物技术的生物杀虫剂被批准在美国销售。
	具有特定移植基因的小鼠获得专利。
2000	绘制了第一张完整的植物基因组图谱：拟南芥。
	世界上第一窝克隆小猪在弗吉尼亚州布莱克斯堡的 PPL 治疗公司出生。
	转基因作物在 13 个国家的 44 万 km^2 土地上种植。
	有关"黄金大米"的声明允许发展中国家使用这项技术，希望改善营养不良者的健康状况并防止某些形式的失明。
	第一种在肯尼亚进行田间试验的生物技术作物：抗病毒甘薯。
	美国总统比尔·布林顿和英国首相托尼·布莱尔宣布，塞莱拉公司（一家私营企业）和国际人类基因组计划都已经完成了人类基因组"生命之书"的初步测序。

245

关于人类基因组最令人惊讶的一点是人类基因组只包含大约 35 000 个基因,只比许多"低等"生物多出一小部分,远远少于最初预测的人类基因数量。

美国总统克林顿签署行政命令,禁止联邦雇主利用遗传信息雇佣或提拔员工。

2001	第一张完整的粮食植物基因组图谱完成:水稻。

中国国家杂交水稻研究人员报告称,培育出了一种"超级稻",其产量可以是普通水稻的两倍。

对农业重要的细菌——苜蓿中华根瘤菌(一种固氮物种)和根瘤农杆菌(一种植物病原体和原始植物"基因工程师")进行了完整的 DNA 测序。

加利福尼亚大学戴维斯分校的科学家爱德瓦尔多·布卢姆瓦尔德将拟南芥的单一基因插入番茄植株中,创造了第一个能够在盐水和盐渍土中生长的作物。

生物钢——重组蛛丝是在羊奶中生产的。蜘蛛拖丝的抗拉强度是钢的 80 倍。

美国总统布什在向全国发表的第一次讲话中,批准了一项关于干细胞联邦资助的折中方案。决定允许:① 为成人干细胞和脐带干细胞的研究提供全部联邦资助。② 限制联邦资助用于人类胚胎干细胞的研究,即可用于从体外受精的多余胚胎中提取已有的细胞系。③ 对专门为开发干细胞或为治疗性克隆(以获得与捐赠者基因相同和免疫兼容的人类胚胎干细胞、组织或器官)研究创造的捐赠者胚胎的人类胚胎干细胞研究不提供联邦资助。

2002	酵母蛋白质组(蛋白质复合物及其相互作用的整个网络)功能图谱的初稿完成。酵母基因组图谱于 1996 年发表。

国际联盟对导致疟疾的寄生虫和传播该寄生虫的蚊子的基因组进行了测序。

人类基因组完整图谱的草图公布,人类基因组计划的第一部分在预算之内提前完成。

246

科学家们在阐明控制干细胞分化的因素方面取得了巨大进展,鉴定了 200 多个参与这一过程的基因。

来自 16 个国家的 59 万 km^2 土地种植了转基因作物,比 2001 年增加了 12%。9 个发展中国家的种植面积超过了全球种植面积的 1/4(27%)。

研究人员宣布，一种预防宫颈癌的疫苗取得了成功，第一次证实了疫苗可以预防对应的一类癌症。

科学家们完成了水稻中最重要的病原体的初步序列测定，这种真菌每年破坏的水稻足以养活 6000 万人。通过结合有关真菌和水稻基因组的认识，科学家们将阐明植物和病原体之间相互作用的分子机制。

当科学家们发现小片段 RNA 在控制细胞的许多功能方面有多么重要的作用时，他们被迫重新开始思考对 RNA 的看法。

基因组学研究所宣布成立两个非营利组织：生物能源替代研究所，用以分析代谢碳或氢的生物体的基因组来获得更清洁的能源替代物；基因组学促进中心，一个生物伦理学智囊团，由克雷格·文特尔科学基金会支持。文特尔说："我们的目标是建立一种新的独特的测序设施，能够处理大量需要测序的生物，并能够进一步分析那些已经完成的基因组，而且成本如此之低，根据个人 DNA 量身定制的医疗保健将是可行的。"

2003　　2 月，美国众议院通过了对所有人类克隆的禁令。众议院法案禁止所有人类克隆，不管是用于繁殖还是研究，并对违法者处以 100 万美元的罚款和最高 10 年的监禁。参议院将审议两个竞争性议案：一个由参议员黛安娜·范斯坦提出，禁止生殖性克隆，但允许将体细胞核移植用于治疗目的（研究阿尔茨海默病、糖尿病、帕金森病、脊髓损伤等）；另一项是参议员萨姆·布朗巴克提出的议案，禁止两种形式的人类体细胞核移植。（新的参议院多数党领袖比尔·弗里斯特医学博士已经表示支持禁止生殖性克隆，但允许将体细胞核移植用于治疗。）

人类基因组计划完美结束！在马里兰州贝塞斯达，由美国国家人类基因组研究所和能源部领导的国际人类基因组测序联盟宣布，人类基因组计划比预期提前两年多成功完成。

247　　双螺旋生日快乐！1953 年 4 月 25 日，詹姆斯·沃森和弗朗西斯·克里克在《自然》杂志发表了具有里程碑意义的论文，描述了 DNA 双螺旋结构。《自然》杂志为纪念这一事件 50 周年，特设立专辑，免费提供《自然》网站，包含新闻、特写和网络专题，庆祝双螺旋结构发现对历史、科学和文化的影响。

爱达荷大学的戈登·伍德等人克隆了一匹名为爱达荷宝石的健康骡子,这是马科动物的第一个克隆成员。由于骡子不能以传统方法生育后代,因此克隆可能使育种者培育出相同的冠军骡子。爱达荷宝石是赛骡冠军小胡子的兄弟,爱达荷宝石也将接受比赛训练。另一头克隆骡子犹他州先锋于 6 月 9 日诞生。

英克隆公司前首席执行官塞缪尔·瓦克萨尔被判 87 个月监禁,不得假释。2002 年夏季,瓦克萨尔因内幕交易和逃税被判刑并被罚款 400 多万美元,这源于 2001 年底美国食品药品监督管理局拒绝批准英克隆公司的抗癌药物爱必妥的事件。

美国食品药品监督管理局批准使用礼来公司的生长激素 Humtrepe 来增加矮小但健康儿童的身高。自 1987 年以来,生长激素一直被用于治疗生长激素缺乏的儿童,但现在,礼来公司将能够向生长激素水平正常的矮小儿童销售生长激素。

世界上第一匹克隆马由它基因相同的双胞胎所生:意大利科学家从产下它的母马——健康雌马普罗米泰亚的体细胞中,创造了世界上第一匹克隆马。普罗米泰亚是已知的世界上首例由克隆它的母亲生下来的自身克隆体哺乳动物。

与人类关系最密切的物种——黑猩猩的基因组序列组装是由美国国家人类基因组研究所资助的小组完成的,具体是由同时就职于礼来公司、麻省理工学院布罗德研究所和哈佛大学的埃里克·兰德博士,以及圣路易斯华盛顿大学医学院基因组测序中心的理查德·K. 威尔逊(Richard K. Wilson)博士领导的团队进行的。

2004 年 1 月	生物计算是获得混合电子和磁性纳米结构材料的生物学途径。麻省理工学院的安吉拉·贝尔彻在 1 月 9 日的《科学》杂志上报道,她利用对人类没有感染性的基因工程病毒,大规模生产用于下一代光学、电子和磁性设备的微型材料。
	以色列理工学院的研究人员利用 DNA 塑造了一种纳米晶体管,这种晶体管由涂有银和金的石墨纳米管构成。
2004 年 2 月 12 日	韩国科学家报道了首个通过体细胞核移植(克隆)制造的人类胚胎干细胞系。科学家们说,他们的目标不是克隆人类,而是增进对疾病起因和治疗的理解。患有帕金森病和糖尿病等疾病的患者一直在等待被称为治疗性克隆的开始,以制造出与患者基因完全匹配的胚胎干细胞。然后,患者希望这些细胞可以转化为替代组织,在不引发人体免疫系统排斥的情况下治疗或治愈他们的疾病。

248

2004 年 2 月 26 日	基因泰克公司今天宣布美国食品药品监督管理局批准了阿瓦斯汀,这是美国食品药品监督管理局批准的第一种抑制血管生成的治疗药物。血管生成是新血管形成的过程,是支持肿瘤生长和转移所必需的。癌细胞们,要小心了!(注:8 月 13 日,美国食品药品监督管理局和基因泰克公司发布了一项警告,称阿瓦斯汀会增加血栓的风险,从而导致脑卒中或心脏病发作。在这一警告消息传出后,基因泰克公司的股价下跌了近 6%。)
2004 年 4 月 2 日	启航海洋基因组——魔法师 II 远征:生物能源替代研究所所长文特尔在《科学》杂志上公布了对从百慕大附近的马尾藻海中采集的样品进行测序和分析的结果,文章题目为《马尾藻海环境全基因组鸟枪测序》。生物能源替代研究所的研究人员利用为人类基因组测序开发的全基因组鸟枪测序和高性能计算,测序了超过 10 亿碱基对的 DNA,在马尾藻海中发现了至少 1800 个新物种(主要是微生物)和 120 多万个新基因,所有这些都是在文特尔不到 17 m 长的游艇上进行的。
2004 年 7 月 14 日	有个令人惊讶的发现!家犬的基因组现已可用:一组科学家(麻省理工学院、哈佛大学和阿让库尔生物科学公司)成功地组装了家犬(犬科动物)的基因组。研究中所针对的家犬品种是拳师犬,它是基因组变异最小的品种之一,因此可能提供最可靠的参考基因组序列。接下来被测序的哺乳动物包括:红毛猩猩、非洲象、鼩鼱、欧洲刺猬、豚鼠、马岛猬、九带犰狳、兔子和家猫(每一种都处于哺乳动物进化树上的重要位置,很可能在帮助解释人类基因组方面发挥重要作用)。
2004 年 7 月 30 日	DNA 先驱弗朗西斯·克里克逝世,享年 88 岁。世界各地的科学家向共同发现 DNA 结构的英国科学家克里克致敬。
2004 年 8 月 12 日	为干细胞克隆开了绿灯:英国纽卡斯尔大学获得了首个从人类胚胎中提取胚胎干细胞用于研究的许可。这一决定使英国(与韩国)跻身于人类胚胎干细胞技术全球研究的前沿。
2004 年 8 月 23 日	马拉松小鼠:来自加利福尼亚州的科学家罗恩·埃文斯等人用基因工程技术培育出了一种小鼠,它比同窝的其他小鼠拥有更多的肌肉、更少的脂肪和更强的身体耐力。该研究主要是增加了调节 PPARβ 活性的单个基因,该基因参与调节肌肉发育。转基因小鼠在停止之前跑了 1800 m,并且比正常小鼠在跑步机上多待了一个小时,正常小鼠只能保持跑步 90 min 和 900 m 的路程。转基因小鼠似乎也可以免受高脂肪、高热量饮食带来的不可避免的体重增加。"给我报名参加临床试验吧!"该研究 2004 年 10 月(周二)在线发表于《美国科学公共生物学图书馆》(*PLOS Biology*)杂志上。

249

2004 年 11 月   加利福尼亚州选民通过干细胞倡议。
2 日

2005 年 1 月   加利福尼亚大学洛杉矶分校的卡洛·蒙泰马尼奥使用大鼠肌肉组织
            为只有人类头发直径一半宽度的微型硅机器人提供动力,这一进展可
            能会促进帮助瘫痪者呼吸的刺激器,以及通过堵塞微陨石撞击造成的
            洞来维持航天器的"肌肉机器人"的开发。这是第一次用肌肉组织来
            推动微机电系统。

2005 年 2 月   纳米细菌是真的吗? 当患有慢性盆腔疼痛(被认为与尿路结石和前列
            腺钙化有关)的病人报告称,在接受纳米细菌(NanoBac)公司的实验
            性治疗后情况"明显改善"时,卡扬德(Kajander)和奇夫特吉奥卢
            (Ciftcioglu)证明了纳米细菌是真的。2004 年,梅奥(Mayo)的研究发
            现,纳米细菌确实可以自我复制,并证实了这些粒子是生命形式的观点。

2005 年 3 月   美国卫生官员表示,在一个预计在 9 年内耗资 13.5 亿美元的项目中,
            美国政府提出了"人类癌症基因组计划",为抗癌斗争开辟了一条新
            战线。目前还不确定资金的来源,但该计划可能会从一些规模较小的
            试点项目开始。该计划将编制一份表征癌症特征的基因异常完整目
            录,规模将超过绘制人类基因蓝图的人类基因组计划。它将寻求确定
            数千个癌症样本的 DNA 序列,寻找导致癌症或维持癌症的突变。包
            含所有这些突变的数据库将免费提供给研究人员,并将为开发诊断、
            治疗和预防癌症的新方法提供宝贵的线索。

2005 年 4 月   来自得克萨斯大学西南分校的马修·波蒂厄斯(Matthew Porteus)博士   250
            与位于加利福尼亚州里士满的桑加莫(Sangamo)公司的科学家合作,
            通过人工启动被称为同源重组的 DNA 修复过程,在人类细胞中替换
            了编码部分白细胞介素-2 受体(IL-2R)的基因突变,恢复了基因功
            能和 IL-2R 蛋白质的产生。IL-2R 基因的突变与一种罕见的免疫性
            疾病有关,这种疾病被称为重症联合免疫缺陷病。

2005 年 5 月   2005 年年中,几类神奇的基于 RNA 干扰的分子药物正在经历漫长的
            临床试验过程。其中一种治疗老年性黄斑变性的药物已进入第一阶
            段临床试验,其他针对艾滋病、丙型肝炎、亨廷顿病和各种神经退行性
            疾病的 RNA 干扰药物仍处于临床前开发阶段。

2005 年 6 月   康奈尔大学生物工程学助理教授罗丹(Dan Luo)领导的一个研究小组
            创造出了"纳米条形码",这种条形码在紫外光下会发出不同颜色的
            荧光,可以用计算机扫描仪读取,也可以用荧光显微镜观察。这项技
            术只需要用合成的树形 DNA 制成的彩色编码探针来标记它们,就可以像
            超市结账一样容易地识别基因、病原体、非法毒品和其他化学物质。

2005 年 7 月	来自劳伦斯伯克利实验室的尼娜·比斯尔（Nina Bissell）证明了一个关键分子途径，通过这个途径，一种通常帮助重塑组织的酶启动了通往乳腺癌的途径。同样的分子途径将癌变器官中组织结构的丧失和单个癌细胞中基因组稳定性的丧失联系了起来。这项研究证明了组织的结构和功能是如何密切相关的，以及结构的丧失本身是如何导致癌症的。因此，器官（由组织组成的）的功能单位就是器官本身。基质金属蛋白酶在生物体的发育和伤口愈合过程中非常重要，但这种酶也可以促进癌症的发生。其中一种是基质金属蛋白酶–3，它能使正常细胞表达 Rac1b 蛋白，这种蛋白质以前只在癌症中发现过。Rac1b 蛋白刺激高活性氧分子的产生，从而通过两种方式，即通过导致组织解体和破坏基因组 DNA 的方式促进癌症的发展。

2005 年 9 月	《科学》杂志报道了转录组项目。基因组探索研究小组的 FANTOM 联盟是一个由包括斯克利普斯研究所佛罗里达校区的研究人员在内的科学家组成的大型国际研究小组，他们公布了一项进行了多年的大型项目的结果，该项目旨在绘制哺乳动物的转录组图谱。转录组——或有时被称为转录谱——是任何组织中的细胞在任何给定时间从 DNA 中产生的 RNA 转录本的总和。它是衡量人类基因如何在活细胞中表达的一种方法，它的完整图谱让科学家们对哺乳动物基因组的工作原理有了重要的了解。反义转录曾经被认为是很罕见的，但转录组揭示了它发生的程度是很少有人能想象的。这一发现对生物学研究、医学和生物技术的未来具有重大意义，因为反义基因可能参与控制许多甚至所有的细胞和身体功能。如果这些发现是正确的，那么将从根本上改变我们对遗传学的理解，包括信息如何存储在我们的基因组中，以及这些信息如何处理以控制哺乳动物极其复杂的发育过程。

2005 年 12 月	由圣迭戈抗癌（AntiCancer）公司团队领导的研究人员发现，来自小鼠毛囊的干细胞可以用来重新连接小鼠模型中被切断的神经。抗癌公司的研究人员利用毛囊干细胞重新连接了被实验切断的小鼠腿上的神经。在注射毛囊干细胞后，小鼠的神经重新连接并能够恢复功能，使其能够再次正常行走。 全球最大的生物技术公司安进（Amgen）公司与发现、开发和制造人类治疗性抗体的安根尼克斯（Abgenix）公司宣布，双方已签署最终合并协议。根据该协议，安进公司将以大约 22 亿美元的现金外加承担债务的方式收购安根尼克斯公司。

251

提供非胚胎人类干细胞的 BioE 生物医学公司宣布,由位于英国泰恩河畔的纽卡斯尔大学和位于明尼阿波里斯市的明尼苏达大学的研究人员进行的研究证实,该公司的新型脐带血干细胞,即多系祖细胞有望用于组织工程、骨髓移植和再生医学方面的应用研究。

2006 年 1 月 陶氏益农(Dow AgroSciences)公司获得了美国农业部兽医生物制品中心对植物疫苗的全球首个监管批准。这一批准代表了公司和行业的创新里程碑。

斯克利普斯研究所首次揭示了 Sec13/31 的结构,这是一种"纳米笼子",可以将大量蛋白质从内质网运输到细胞的其他区域,它占了整个内细胞膜的一半以上。新发现的笼子结构揭示了一个自组装的纳米笼子,它在很大程度上有助于塑造人类从出生到死亡的基本生理机能,并可能在未来为包括糖尿病和阿尔茨海默病在内的多种疾病带来新的治疗方法。这一新知识将使人们能够进一步研究该结构在构建和维持输出关键分子所需的膜的功能方面的作用,如与糖尿病发病有关的胰岛素和与阿尔茨海默病有关的 β 淀粉样蛋白。这项新发现发表在 2006 年 1 月 12 日(第 439 卷)的《自然》杂志上。

安德森克斯(Adcentrx)制药公司证实,该公司的广谱抗病毒药物噻韦(Thiovir)可以抑制甲型流感病毒。该公司正在进行甲型流感的临床前研究,其中包括 H5N1 禽流感毒株。该测试是由位于圣迭戈的病毒学专业公司维拉普(Virapur)和首席研究员马里卢·吉布森(Marylou Gibson)博士合作进行的。安德森克斯公司于 2006 年 1 月 27 日就这些发现向美国专利及商标局提交了临时专利申请。是一种广谱抗病毒药物和非核苷类逆转录酶抑制剂,设计用于口服给药,是针对 HIV 感染的高效抗反转录病毒疗法的组成部分。

安捷伦(Agilent)科技公司推出了业内首个双模、单色或双色微阵列平台,为基因表达研究提供了前所未有的灵活性和良好性能。基因表达谱分析代表了大部分 DNA 微阵列实验。昂飞公司推出了人类平铺 1.0R 阵列组和小鼠 1.1R 阵列组基因芯片,是唯一可用于全基因组转录谱分析的商业化微阵列。根据昂飞公司的说法,这些新的阵列远远超出了已知的蛋白质编码基因,可以提供整个人类和小鼠基因组最详细和最公正的视图,使研究人员能够绘制转录因子和其他蛋白质结合域的图谱。一些利用昂飞公司平铺阵列技术的科技出版物揭示了在基因组的大片区域中存在着广泛的转录活性,这些区域曾经被认为是"垃圾"DNA。

252

<table>
<tr><td>2006 年 2 月</td><td>普罗基尼克斯(Progenics)制药公司宣布,PRO 140 已被美国食品药品监督管理局指定为治疗 HIV 感染的快速通道产品。美国食品药品监督管理局快速通道开发计划促进了药物的开发并加快了监管审查,旨在解决严重或危及生命的疾病未得到满足的医疗需求。PRO 140 属于一类新的 HIV 感染治疗药物,是一种病毒进入抑制剂,旨在保护健康细胞免受病毒感染。PRO 140 是一种针对 HIV 病毒进入细胞的分子门户 CCR5 的人源化单克隆抗体,目前正处于 HIV 感染者的 1b 阶段临床试验。</td></tr>
</table>

253

来自德国莱比锡马克斯·普朗克人类认知和脑科学研究所的研究人员发现,人类大脑中的两个区域负责不同类型的语言处理需求,简单的语言结构是在一个系统发育上更古老的区域进行处理的,类人猿也拥有这个区域。相比之下,复杂的语言结构会激活一个相对年轻的区域,而这个区域只存在于进化程度更高的物种——人类身上。相关研究结果发表在《美国国家科学院院刊》上,这些结果对我们进一步了解人类语言能力是至关重要的。

国际干细胞治疗中心报告了于 2005 年 11 月对一名 42 岁爱尔兰男子进行干细胞移植的成功结果,该男子三年前被诊断患有进行性多发性硬化症。塞缪尔·邦纳是爱尔兰纽敦阿比的一名店主,他的身体越来越虚弱,包括说话困难和血液流通不畅。他在爱尔兰的两家医院接受了多发性硬化症的传统治疗,但几乎没有效果。国际干细胞治疗中心安排邦纳先生接受注射干细胞生物溶液的治疗。几天之内,邦纳的语言和行动能力都有了很大的改善。两周后,他已经恢复了爬楼梯的能力,而不需要用手抬起左腿。双手指尖的麻木感也渐渐消退,后来只是偶尔出现了。

纳米病毒药物(NanoViricides)公司宣布,他们已经获得用于其抗流感药物 FluCide-I 的一种纳米杀菌化合物的初步测试结果。该公司正在研制用于抗病毒治疗等特殊用途的纳米材料。纳米杀菌剂是一种特殊设计的柔性纳米材料,带有或不带有封装的活性药物成分和针对特定类型病毒的靶向配体,就像制导导弹一样。

杰龙公司公布的研究报告表明,从人类胚胎干细胞分化而来的心肌细胞在移植到梗死大鼠心脏后能够存活、植入并预防心力衰竭。这些结果提供了概念上的可行性,即移植的人类胚胎干细胞来源的心肌细胞有望作为心肌梗死和心力衰竭的治疗方法。

2006 年 3 月   加利福尼亚大学欧文分校的研究人员发现,一种新的化合物不仅可以缓解阿尔茨海默病的认知失常症状,还可以减少这种毁灭性疾病的两种典型脑损害,从而阻止其发展。尽管目前市场上存在治疗阿尔茨海默病症状的药物,但 AF267B 是第一种缓解该疾病的化合物,这意味着它似乎可以影响患该疾病的根本原因并减少两种标志性病变,即斑块和缠结。

约翰斯·霍普金斯大学的科学家报告了一种只在脑脊液中发现的分子量大小为 12 500 的胱氨酸蛋白质,这种蛋白质可以用来诊断早期阶段的多发性硬化症,也可以通过测量其在脑脊液中的水平来监测治疗情况,或识别那些有衰弱性自身免疫疾病风险的人。

重组学(Recombinomics)公司根据在俄罗斯阿斯特拉罕分离的 H5N1 青海毒株中识别出美洲序列而发出警告。阿斯特拉罕分离株中存在的美洲序列表明 H5N1 已经迁移到北美。他们报告说,在接下来的几个月里,迁移到北美的新序列将补充本土物种的 H5N1 水平。

癌症疫苗(CancerVax)公司提交了 D93 的研究性新药申请,D93 是一种人源化的单克隆抗体,具有新的抗血管生成和肿瘤抑制作用机制。临床前研究表明,D93 在几种类型的癌症体内模型中具有减少血管生成和抑制肿瘤生长的能力。

普渡大学的研究人员发现了一种分子机制,该机制可能在癌症抵抗化学治疗和放射治疗的能力中起着至关重要的作用,也可能与阿尔茨海默病和心脏病有关。科学家们利用普渡大学发明的一种创新成像技术,发现一种以前被认为局限于健康细胞细胞核内的蛋白质,实际上在细胞核和细胞质(细胞核周围的细胞区域)之间穿梭。此外,这种蛋白质的穿梭是由细胞核中另一种蛋白质的存在以及它与这种蛋白质的附着所控制的。利用小鼠 F9 畸胎癌恶性肿瘤细胞进行实验,当接收到正确的生化信号时,这些肿瘤细胞具有改变其特性的能力,被认为是"癌症干细胞"。假想的癌症干细胞抗癌作用可以解释为什么肿瘤在治疗后会复发。

来自耶鲁大学、芝加哥大学和澳大利亚维多利亚州帕克维尔的霍尔研究所的研究人员在 2006 年 3 月 9 日的《自然》杂志上指出,人类和黑猩猩之间的巨大差异更多的是由于基因调控的变化,而不是单个基因本身的差异。这一发现并不令人惊讶,因为就像爱因斯坦关于空间曲率的证明是多年后通过日全食附近的光线弯曲所提供的一样,他们的工作在某种程度上证明了一个 30 年前的理论,该理论是由加利福尼亚

254

大学伯克利分校的玛丽·克莱尔·金和艾伦·威尔逊在一篇经典论文中提出的。1975年的那篇论文记录了人类和黑猩猩99%的基因相似性，并指出基因调控的变化，而不是编码的变化，可能解释了为什么如此少的基因变化会导致两者在解剖学和行为上的巨大差异。

2006年8月　据《自然》杂志报道，加利福尼亚大学圣克鲁斯分校的豪斯勒团队，由现供职于加利福尼亚大学戴维斯分校的凯蒂·波拉德领导，设计了一个显示人类基因组中显著进化加速区域的排名。他们发现，一种被称为"人类加速区"的基因 *HAR1* 是一种新的 RNA（而非蛋白质）基因（*HAR1F*）的一部分，该基因与一种蛋白质相关，这种蛋白质在皮质神经元发育的关键时期特异表达在正在发育的人类新皮质中。此外，人类和黑猩猩的 *HAR1* RNA 分子的形状也有很大的不同。该团队推测，*HAR1* 和其他人类加速区域为寻找独特的人类生物学提供了新的候选研究对象。

255

来源：

生物技术产业组织，网址：www.BIO.org

基因泰克公司，追求完美网络工程项目

科学信息中心简介图书《生物技术90：迈向下一步》，史蒂文·威特（Steven Witt）

《十年》，安永高科技集团的史蒂文·伯里尔（G. Steven Burrill）

国际食品信息理事会

基因组网络新闻，ISB 新闻报道

国际农业生物技术应用获取服务处

得克萨斯州生物医学研究学会

《科学新闻》杂志

《遗传工程新闻》杂志

《科学家》杂志

索　引①

译 后 记

我在大学本科和硕士研究生阶段所学专业为生物学,但的确没有学过生物科学史和生物技术史课程。后来,我考上了经济史专业博士研究生,我的导师欧阳峣教授指导我在生物技术史和生物经济学领域里耕耘。记得他经常用经济学大师约瑟夫·熊彼特教授的箴言教导我们,学习历史科学是特别重要的,因为它可以提供典型化事实,使我们的研究具有历史感,在认识上达到逻辑和历史的一致,获得真理性的科学认识。由此,我萌发了系统学习和研究生物技术史的愿望,并开始收集这个领域的国内外文献。

我翻阅学校图书馆的藏书目录,没有搜索到有关生物技术史的书籍,只有少数关于中国生物学发展和中国生物制品发展史的著作。欧阳峣教授委托在美国工作的朋友收集,最后在斯坦福大学图书馆找到了马丁娜·纽厄尔-麦格劳林和爱德华·布赖恩·雷所写的这部著作。我们迫切希望将这部著作翻译成中文版,使国内读者有机会了解全球生物技术发展的历史概况。具体分工是由我带领梁嘉欣、刘玲、吕瑾瑞三位研究生翻译书稿,我负责统稿和修改,谢华平教授负责审校。

本书的作者是国际生物技术领域享有盛誉的专家。在广阔的历史背景下,面对很难挖掘的旧资料和更迭如潮的新资料,用早期历史、早期技术、生物技术时代的黎明、繁荣以及飞向无限和超越五个章节的篇幅,描述从史前到 21 世纪初期的生物技术发展历程。透过生物技术发展的重要事件,从动植物驯化到发酵技术,从细胞观察到灭菌技术,从 DNA 发现到细胞分裂和染色技术,从生物技术专利到生物科技公司,从基因治疗到克隆技术,从异种移植、生物材料到干细胞和转基因技术,生动地展现了一幅世界生物技术发展的整体画卷。最后,本书的结尾明确提出一个新时代的到来,这就是计算机和机器操作方法在生物技术领域占据主导地位的时代,信息技术和生物技术的深度融合,特别是新一代信息技术的兴起,将为现代生物技术开拓无限的发展空间。

在本书即将付印的时候,我谨向指导我们翻译出版的欧阳峣教授、仔细校阅书稿的谢华平教授、跟我共同翻译书稿的三位研究生以及北京大学出版社的编辑老师致以诚挚的谢意!

陶文娜

2024 年 10 月 23 日于长沙御西湖